カナレットの
景観デザイン

―新たなるヴェネツィア発見の旅―

萩島　哲／著

技報堂出版

まえがき

　最初にヴェネツィアを訪れたのは，2000年9月ベローナからミニバスに乗って，ローマ広場に着いたときである．総勢6名の同乗者とともにまだ日差しの強い季節，イギリスの風景画家ターナーが描いた構図を求めてヴェネツィアを訪問した記憶が昨日のようによみがえってくる．

　以来，18世紀のヴェネツィアを描いた画集と資料を収集しはじめたが，写真のように描いた風景画がおびただしい数あつまり，画家への関心は強くなった．画家の名前はカナレット．ターナーが崇拝した画家であり，ヴェネツィアの市街地の景観を中心にカプリッチョ（空想的風景画）を含めて約500点以上，その他スケッチ，エッチングの類を含めると約700点以上の作品を描いていた．いわば18世紀の代表的な風景画家であって，ヴェネツィアを紹介する現代のガイドブックや各種の表紙を飾っているのが，カナレットの絵画に多いこともわかってきたのである．

　現在でもイタリア，イギリス等では，カナレットを紹介する本が刊行されている．しかしながら日本ではカナレットに対する関心は低く，ほとんど知られていない．私が調べたのは，画集から拾い出したごく一部の絵画である．本書は，カナレットの絵画を基本にすえていることから，美術書と思われそうであるが，もっと幅広い観点から風景画をとらえている．カナレットは，都市の街並みを透視図のように描いている．しかもヴェネツィアを素材に．私どもが都市・建築分野で取り扱う景観デザインの，格好の素材である．

　カナレットが描いた絵画を「景観デザイン」の観点から読み解いて，ヴェネツィア空間の再発見に寄与したいと思いとりまとめたのが本書である．ただ，長年の大学生活の「ヤな」習慣が抜けないために，「私」がでしゃばり，読者の自由な思考を妨げることを，あらかじめお断りする．

　国際観光統計によると，日本からイタリアへの訪問客は，かつてヨーロッパの中ではトップ，1996年には128万人を記録したが，2006年では28万人までに減少して，ヨーロッパの中ではドイツ，フランス，スイスに抜かれて第4位となっているという．理由は定かではないが，少なくとも従来の買う，食べる，遊ぶだけの観光スタイルのイタリア旅行では困難である，という答えがでている．

　日本側もそうであるがイタリア側も，相変わらず観光業者の深みのない案内ではリピータは発生しない．それが，ヴェネツィアにすべて当てはまるとは思えないが，現在のヴェネツィア観光の一面であることに違いはない．日本側旅行業者のツアーのメニューを見ると，ヴェネツィアの見学日はわずか0.5日～1日で，ゴンドラとサン・マルコで時間をつぶすのである．新たな訪問の目的があるはずなのに，それに対応しているようには思えない．

　本書によって，景観デザインの観点からヴェネツィアへの新たな発見の旅に，向かわれることを祈念している．

2010年　春

萩島　哲

目　次

第 1 部　ヴェネツィアを読むにあたって　1

1　幻想の都市ヴェネツィア……………………………………………………… 2
2　私はヴェネツィアに何を見出したいのか？ ………………………………… 3
3　ヴェネツィアを計る ……………………………………………………………… 4
4　カナレットの人物像 …………………………………………………………… 6
5　カナレットが描いた絵画 ……………………………………………………… 7

第 2 部　描かれたヴェネツィア景観　9

第 1 章　序……………………………………………………………………… 11
第 2 章　描かれた広場景観………………………………………………… 13
 2.1　モーロ河岸の景観 ……………………………………………………… 15
 2.2　「公共（特別）広場」の景観 …………………………………………… 23
 2.3　サン・マルコ広場に描かれた人物の分布と視点場の関連………… 42
 2.4　「公共（一般）広場」の景観 …………………………………………… 46
 2.5　サン・マルコ広場と対照的なカンポ ………………………………… 60
第 3 章　描かれた運河景観………………………………………………… 61
 3.1　水辺の祭り ……………………………………………………………… 61
 3.2　大運河を上る景観 ……………………………………………………… 63
 3.3　大運河を下る景観 ……………………………………………………… 74
 3.4　描かれた都市活動 ……………………………………………………… 89
第 4 章　運河景観の 4 類型 ………………………………………………… 91
 4.1　運河景観を図る尺度 …………………………………………………… 91
 4.2　運河景観は 4 類型 ……………………………………………………… 93
 4.3　絵画に見る人物の行動 ………………………………………………… 94
 4.4　運河景観を特徴づける構成要素 ……………………………………… 96
第 5 章　複数の視点場，視点移動 ………………………………………… 97
 5.1　運河景観における視点移動 …………………………………………… 97
 5.2　広場景観における視点移動 …………………………………………… 99
 5.3　複数の視点場 …………………………………………………………… 101
 5.4　パノラマ景観とフォーカスの強調 …………………………………… 102

第 3 部　広場と運河の空間構成　*103*

第 1 章　序 …………………………………………………………………………… 105
第 2 章　広場の空間構成と利用 ……………………………………………………… 107
　2.1　広場の空間構成と装置 …………………………………………………………… 107
　2.2　広場の空間特性 …………………………………………………………………… 111
　2.3　広場の利用者数 …………………………………………………………………… 126
　2.4　広場内での視点場の位置 ………………………………………………………… 129
　2.5　広場の 3 つの機能 ………………………………………………………………… 130
第 3 章　運河空間の水際線 …………………………………………………………… 133
　3.1　大運河空間のプロポーション …………………………………………………… 133
　3.2　水際線の多様な構成 ……………………………………………………………… 136
　3.3　水際線の工夫 ……………………………………………………………………… 140
　3.4　運河沿いの街路・広場の空間構成と人の流れ ………………………………… 140
　3.5　街路・広場の歩行者交通量 ……………………………………………………… 152
　3.6　運河沿い街路や広場の空間構成 ………………………………………………… 154
第 4 章　描かれた景観デザインの解読 ……………………………………………… 155
　4.1　視点場や視対象としての段差・階段 …………………………………………… 155
　4.2　デザイン・ボキャブラリーの発見 ……………………………………………… 158
　4.3　景観の共有 ………………………………………………………………………… 167
　4.4　焦点，偏向，切断，丸屋根 ……………………………………………………… 168

第 4 部　まとめ　*171*

　1　広場景観の諸特徴 …………………………………………………………………… 172
　2　カンポ（広場）の利用と空間装置 ………………………………………………… 172
　3　運河景観の諸特徴 …………………………………………………………………… 173
　4　運河沿いの広場と街路の利用 ……………………………………………………… 173
　5　運河景観と広場景観 ………………………………………………………………… 173
　6　複数の視点場から 1 点の絵画を描く ……………………………………………… 174
　7　景観デザイン・ボキャブラリー，解読から共有へ，そして景観デザイン …… 174
　8　カナレットの絵画と景観デザイン ………………………………………………… 175

　謝辞と絵画のタイトル，所蔵元，出典 ……………………………………………… 177

第1部
ヴェネツィアを読むにあたって

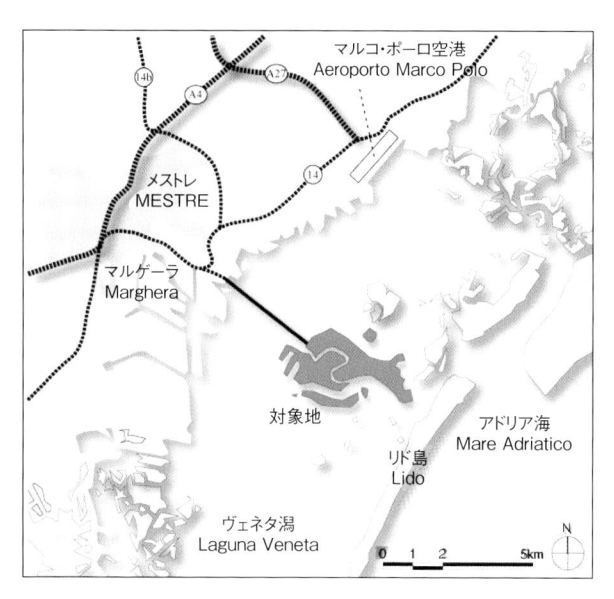

図◇広域図

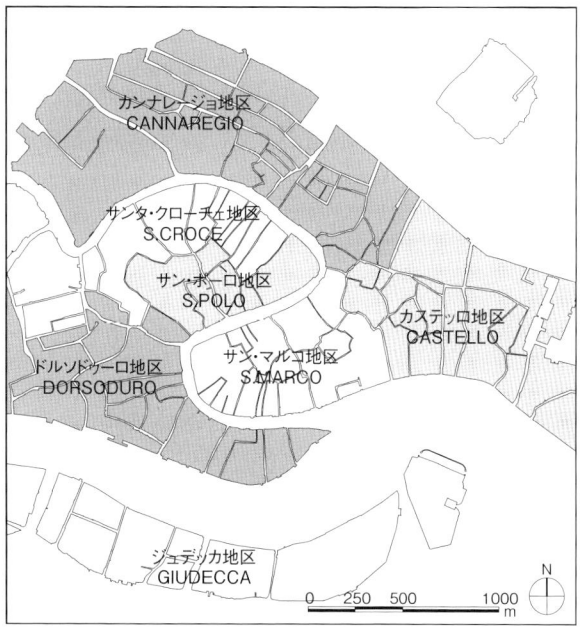

図◇行政区域

1　幻想の都市ヴェネツィア

　18世紀，ヴェネツィアの都市景観を写実的に描いた画家がいた。ジョバンニ・アントニオ・カナル（通称カナレット）である。1697年ヴェネツィア生まれ，1768年に没するまで，ヴェネツィアの大運河の景観，サンマルコ広場の景観など数多くのヴェネツィア景観を描き，広くヨーロッパの観光客に評価され，時代の寵児となった。

　カナレットは，「祭り」「宴会」抜きのヴェネツィアを描いた最初の人で，ヴェデゥータ（風景画）というジャンルを確立し，人物を建物の背景として扱った最初の，そして代表的な画家であった。それ故に，カナレットを評価する際には，街並みを「正確」に映し出し，当時の街並みを「現実」のように描く，という言葉が用いられ，結局はそれは「写真」のようだという評価につながっていったのである[1]。画家としての確かな目を持っていたことは，一般的には深く認知されていたのである。

　さて，カナレットが描いた当時のヴェネツィアは，どのような都市であったのか。

　当時ヨーロッパはグランド・ツアーのブームで，ヴェネツィアを訪れる観光客は年ごとに増加し，とりわけイギリス人は，定期的に洪水のように殺到していた。ヴェネツィアは，幻想を持っていなかった人々を元気づける想像の都市であった[2]。それは，はるか遠くにしか存在しえない国と考えていた人々にとって，やがてヴェネツィアを見た人は，現実の都市として認識するに至った。

　文学において取り上げられてきたヴェネツィアの都市の姿の一部を，概観しておこう。

　ゴンドラから夕方のヴェネツィアを見て，「わたしは体を乗り出して都市を見た，そして／夕方の薄明りの中で，多くの島々の間から／天まで積み上げられた魔法の建物のような／寺院や大邸宅を見ることができた」[3]。

　ヴェネツィアを初めて訪れた時の印象を，水上に浮かぶ幻想的な都市と喩えている。

　「やがて我々は，その都市に入港した。そして大運河に沿ってリアルト橋まで行った。そこでは両側には素晴らしい高さと美しい建物が見えた」[1]。

　ついで大運河に入り，大運河と両岸の建物群のプロポーションの良さが，訪問者によっても認められていたのだ。

　「サン・マルコ寺院の大理石の玄関や柱廊には夕方のきらめく光と影が投げかけられていた。彼らの舟がすべるように進むにつれて，この都市のいっそう壮大な様相がはっきりと見えてきた。空中の聳える荘厳な建物を戴いたその台地は，いまや落日の輝きを帯びて，人間の手で建てられたというよりもむしろ魔法の杖によって大洋から呼び出されたかのように見えるのだった」[3]。

　そして，サン・マルコ聖堂を始めとしてヴェネツィアの各建築群が，人の手でつくられたことに対して，「魔法の杖」によって生み出されたかのように見えると最高の賛辞を与えているのである。

　「我々は大運河と呼ばれる主要道路を通過した。私が思うに，それは世界で最も優れた通りで……今まで見た中で，最も成功した都市である」[3]。

　文学に書かれているように，大運河やサン・マルコ聖堂の光景などの18世紀のヴェネツィアの都市景観は，ヨーロッパ中の人々の絶賛の対象であった。

　大運河の両岸の建物のいくつかは，カナレットの時代からすでに600年以前のもので，他の多くは，ヴェネツィア大発展時代に建てられたものである。商人貴族らは，神やヴェネツィアへの信仰心を，彫刻家や職人に表現させる機会

を与えることに競争しあった。

一方でヴェネツィアは，カーニバル・シーズンには，ヨーロッパ中から貴族や冒険を求める人が合法・非合法の快楽にふけるために集まり，快楽の地として，陽気な人々が6カ月に及ぶカーニバルに酔いしれた。しかし「ヴェニス人の外見の裏にはあった真実は，……気取ってみせる長年のヴェニス人気質，壮麗な都市建築物で来訪者の目を眩ませることで，堅固で安全な雰囲気をつくりだし，防御の不備を偽装していた。すべての目くらましの背景には，ヨーロッパの羨望的であった過去の共和国政府による強固な基礎があったことによる」[1),4)]ものであった。当時，腐敗し不健康なヴェネツィアの凋落を，多くの著作が指摘している[5),6)]。

このように，「ヴェネツィアが，すでに滅亡の路をたどっていた時期，……カナレットがヴェネツィアの都市自体を絵画の対象としたことは，彼の自意識のなかに過去に向かっていく事態を象徴」し，……「過去は，現在が提供しうるものよりも偉大であり，感嘆に値するもの」[7)]と彼は思っていたにちがいない，と評価されることもあった。

すでにヴェネツィアの持っている負の側面も，知られるところであった。

カナレットが活躍した時代の，それ以前のヴェネツィアの歴史は，すでに1000年を有し，このような歴史的蓄積をカナレットは描いた。安定した体制を維持してきたヴェネツィア共和国は，外圧により1797年に滅亡する。しかしヴェネツィアの景観は残ってきた。

2 私はヴェネツィアに何を見出したいのか？

カナレットが描いたヴェネツィア景観は，18世紀という時代でありながら，現代でも通用する高密度なヴェネツィアの市街地の姿である。

ヴェネツィアの街は，文学のみならず絵画の素材ともなった。ターナーやコローの「スキャヴォーニ河岸通り」，ホイッスラーの「ピアッツェッタ」，マネやルノワールの「ヴェネツィア大運河」，モネの「ドゥカーレ宮殿」，シニャックの「サルーテ教会」など，印象派の画家を始め数多くの画家たちが，ヴェネツィアをさまざまな角度から描いた[8),9)]。それらの構図の多くは，18世紀のヴェネツィア風景画家であるカナレットの構図に，影響を受けていた。カナレットが描いた絵画は，当時のメディアを通して，ヨーロッパ中に広がっていた。

カナレットは，ヴェネツィアの高密度市街地の建築物の街並みを，窓，その窓枠，屋根，煙突あるいはポルティコの1つひとつを，丁寧に描いた。一見して写実的と思う。写実的に切り取ったこの景観を，まずは紹介したい。

ヴェネツィアの市街地をよく描いていながらも，絵画と実景を詳細に見比べると，少し異なっている部分も見受けられる。そのような絵画が，少なからずある。この相違もまた，明らかにしよう。絵画を手にしながら詳細に見比べてみる。

何故にそのような絵画を描いたのか。カナレットが意識するとしないとにかかわらず，18世紀の絵画における「写実」には，このような技法上の限界があったのだろうか。そうではなく，もっと深い理由が隠されてはいないか。カナレットは，景観デザインの設計書として描いたのではないか。

日本では，カナレットが描いた絵画と実景を系統的に調べた著作がない。カナレットの目を通して描かれたヴェネツィアの都市景観が，「景観デザインの設計書」という新たな切り口を提供することを願いながら本書を構想した。

カナレットが描いたヴェネツィア景観の絵画を読み解きながら，景観デザインに応用できる教訓を取り出していきたいと思う。

第1部　ヴェネツィアを読むにあたって

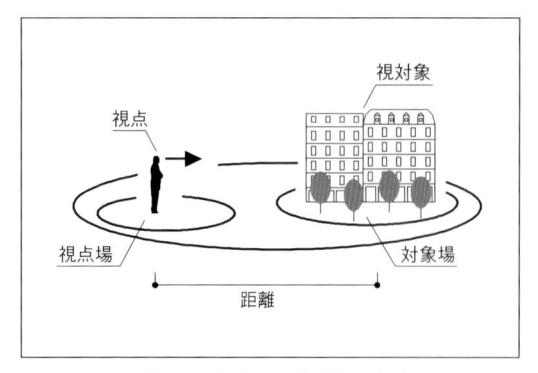

図◇1.1　視点場・視対象の概念

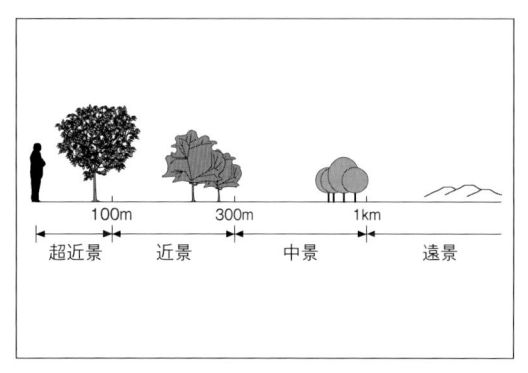

図◇1.2　視対象までの距離

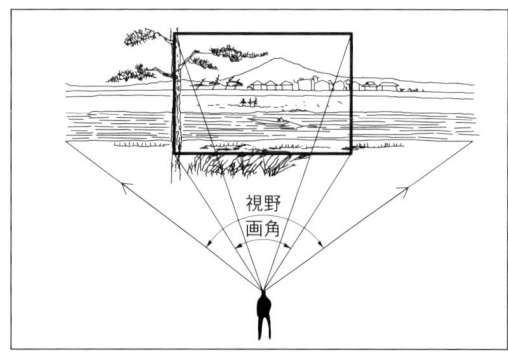

図◇1.3　画角・視野の概念

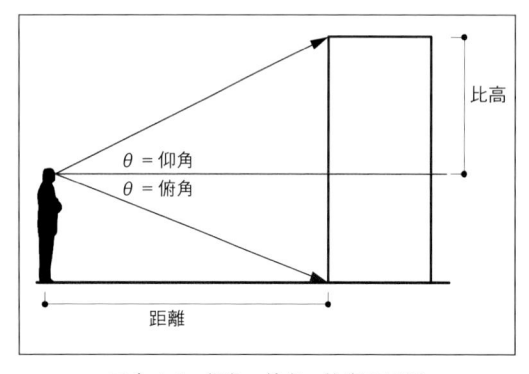

図◇1.4　仰角・俯角・比高の図解

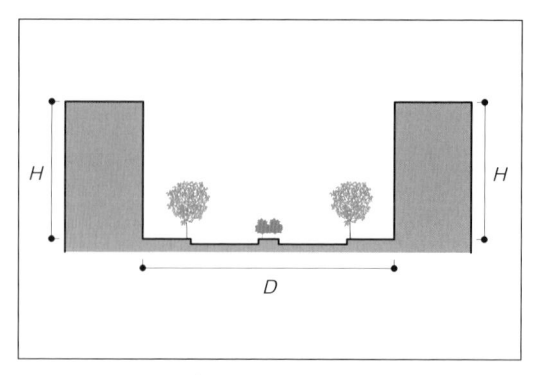

図◇1.5　D/Hの図解

3　ヴェネツィアを計る

　カナレットが描いた絵画のうち，60数点を取り上げてヴェネツィア景観を解読するが，その方法と用語を，あらかじめ概説しておこう。
　絵画の視点場を探し当て，視点場からどの方向を見て描いたのか，その描いた方向を写真撮影し，視界の領域を地図上に示し，絵画と実景を見比べている。その際，見える主な視対象の仰角，俯角，距離などを計り，景観を調べている。絵画であるから，厳密に計ることはあまりなじまないと思う。景観デザインで確立されている基本的な事項のみを述べることにする[10]。
1) 視点場
　画家がイーゼルを立てたと推定される位置（図1.1）。
2) 視対象
　画家が描いた対象物である建物，道路，河川，あるいは樹木などをさす（図1.1）。
3) 視対象までの距離（超近景，近景，中景，遠景）
　視点場から主な視対象までの距離。
　超近景とは画家の位置から100m以内の距離，近景とは300m以内の距離，中景とは1kmまでの距離，遠景とは1km以上の距離のことである（図1.2）。
4) 画角，視野

図◇1.6　正面景

図◇1.7　軸景

本書でいう画角とは，画家がキャンバスに描いた時の水平の角度であり，視野角は，画家が立ったその位置から，周辺の水平の障害物のない開放度あるいは見晴らし度の意と定義しておく。

カメラの 35mm レンズでの画角は，水平 54 度，50mm レンズでの画角は，実測すると水平 37 度（図 1.3），と言われている。

5) 仰角，俯角：視点場の位置から視対象を見る場合，視点場から視対象までの距離と視対象の高さとの角度である（図 1.4）。

仰角 5～10 度は遠景のシンボリックな建造物を見る場合，10～20 度はゆっくりと歩きながら見る「絵になる景観」，20～30 度は立ち止まって注視するシンボリックな「絵になる景観」，30 度以上は首を上下に動かし眺め回すシンボリックな建造物の景観である。

6) 比高

視点場の標高と視対象の高さを比較した時の高さの差をさす（図 1.4）。

7) D/H（道路の幅員／建物高さ）あるいは（広場の奥行き長さ／建物の高さ）

道路幅員とそれに面している建物の高さの比で，広場の場合は広場の奥行き長さと建物の高さの比をさす（図 1.5）。

8) 正面景（対岸景）

建物の正面を見る景観のことである。河川の場合は，流軸と直角の対岸を見る景観をさす（図

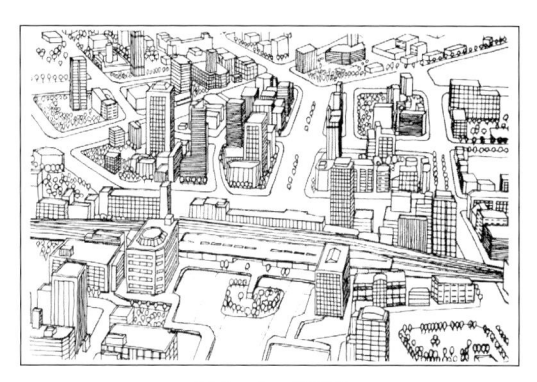

図◇1.8　俯瞰景

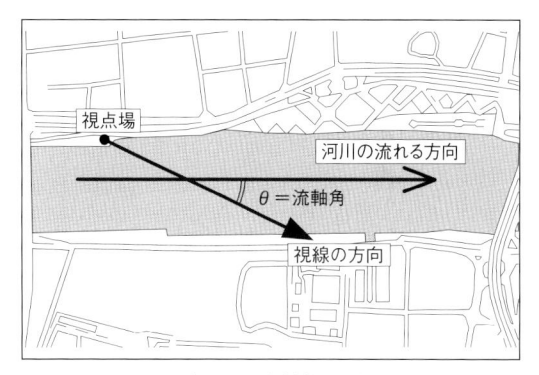

図◇1.9　流軸角の図解

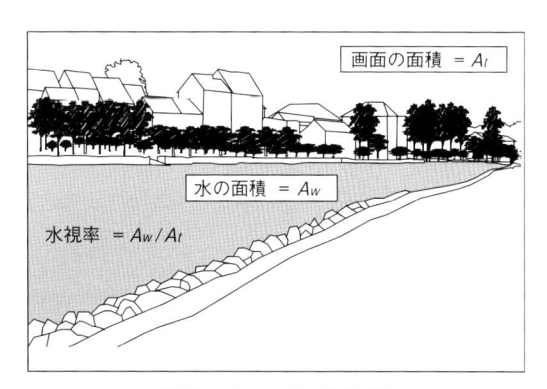

図◇1.10　水視率の図解

1.6)。

河川幅100m近傍以上の場合に選択される。

9) 軸景（流軸景）

道路の方向を見る景観，河川の場合は流れる方向を見る景観である（図1.7）。

河川幅100m近傍以下の場合に選択される。

10) 俯瞰景

高い視点場から低い位置にある視対象を見る景観である（図1.8）。

11) 流軸角

河川の流れる方向と視線の方向との角度である（図1.9）。

12) 水視率

絵画の画面上，あるいは撮影された写真の中での水の面積の占める割合で（図1.10），水視率20%近傍が水景観の限界である。

やや煩雑ではあるが，文中に適宜これらの数値を示している。

4 カナレットの人物像

カナレットは，1697年にヴェネツィアのサン・マルコ地区に生まれた[1],[11]。この頃のヴェネツィア共和国は，すでに国家としては衰退の方向に向かっていたが，文化・芸術の面では未だ興隆を誇っていた。父は舞台装置の画家であり，まずは舞台背景の画家として透視画法の技術を身につけていく。父のもと，ヴェネツィアやローマで舞台背景のデザインを勉強し，舞台装置を壮大に見せ役者を小さく見せる工夫等，新しい試みを加えながら遠近法の技術を習得していった[12]。

1719年には，この舞台装置の仕事からはなれ，1720年に，ヴェネツィアに戻ったカナレットは，ヴェネツィアの画家組合に登録し，純粋に風景画家として活動を始めた。以降ロンドンに一時移住するまでの26年間で，ヴェネツィアを描いた数多くの風景画を残した。

とくに1730－1742年の間は，カナレットの経歴で最も生産的な時期である。ただ彼本人の生活記録がほとんど残されていず，カナレットの絵画を所蔵しているコレクター側，つまりパトロン側の資料に拠って類推しているのが現状である。

カナレットの細緻な作品は，現在の絵葉書にあたる旅行の土産物として重宝され，ヴェネツィア人よりもヨーロッパから来た旅行者，とりわけイギリス人にもてはやされた。こうしてイギリス人のパトロンに恵まれ，画家としての成功をおさめたのである。

しかし1740年に始まったオーストリア王位継承戦争により，ヴェネツィアを訪れる客が激減，今までの旅行者相手では絵画が売れなくなる[13],[14]。一方では，風景画家もヴェネツィアでは，過剰になる。以前からカナレットの絵を購入していたイギリス人のパトロンが，ヴェネツィアを訪問することが困難となり，そこで，カナレット自ら作品を持参して，ロンドンを訪問したと推測される[13]。

やがてカナレットは，1746年から10年間をロンドンで過ごし，王侯貴族の依頼のままにテムズ川周辺の景観や貴族邸宅の広大な庭園を伸びやかに描くなど，イギリスの風景絵画を数多く残した。

カナレットは，ヴェネツィアに帰国後も，制作活動を続けた。しかしながら晩年は，「型にはまった構図」を描く画家として，評価されることもあった。美術史家や評論家は，ヴェネツィア派の宗教画や人物画にしか興味を示さず，風景画を評論できなかったのが事実であろう。

しかしながら1763年には，ついにヴェネツィアのアカデミー会員になり，1768年にヴェネツィアで生涯の幕を閉じた。

5　カナレットが描いた絵画

　カナレットのほとんどの絵画は，カナレット独自の手法で構成される。彼は，視対象の位置や釣合いを熟慮し，視点の移動によって同一の絵画内に2つ以上のデッサンを統合する。まとめられた1枚の絵画は，ほとんど疑いなくその景観を，現実と同一であると感じてしまう[12]。

　また，カナレットは，庶民の生活を大運河やサン・マルコ広場とともに描いている。建物の壁面の汚れ，橋や船にかかる筵，広場には薄汚れた露店，運河上には船を寄せる垂直の杭の群，浮かぶ各種の船舶など。さらに，絵画内には人物を添景として必ず描いており，そこには当時のヴェネツィアに暮らす人々の生活の一端も描き出されているようだ。

　もう1つ触れておきたい点は，いくつかの視点からのモチーフが組み合わされていながらも，対象物は全体として正確な1点透視画法に従って描かれていることである。言わば市街地の街並み全体がパースペクティブな構図になっているのである。そのため連続する市街地の建築群がリアルに再現された。

　これは，2点透視画法を適用したグアルディや他の画家の絵画と比べると良く理解できる。グアルディは，単体の建築物が建ち並んでいる街並みを，2点透視画法によって描いているために街並みの連続性をうまく表現できていない。

　カナレットの絵画の多くは，そのような街並みをなめらかに表現することに成功している。

　画角はやや広角であり，現実には一目で絵画と同じ景観を得ることはできず，視点場に立った私たちは，頭を巡らしたり背筋を反らしたりしなければならない場合も少なくない。

　また，絵画全体が俯瞰的に描かれる場合が多く，遠くまで見通すことができており，このことが，またパースペクティブ的で奥行き感を強調した絵画になったと思われる。したがって，写実的とはいえ，建築設計を超えた画家としての工夫，アイデアがここに投影されている。

　このようなパースペクティブな画風のため，カナレットは，制作するときに光学機器を援用したのではないかとする見方が，しばしば指摘されている。カナレットを中心に編集された画集や文献には必ずと言ってよいほど，この点に言及される[1],[12],[15]。

　確かに光学器械を覗いて，市街地の姿を眺めたと思われる。そして2次元の画面上では，どのようなものが写し取られるのか，それを理解し，表現するきっかけにしたとは思われる。定規，デバイダーなどの製図機器は確かに使用した。しかしながら，カメラを直接的に使用して描いたとは考えられない。彼の描いた絵画は，1点透視画法によるものが大半であり，カメラを用いなくても建築の製図手法を用いれば，容易に描ける画法であったし，カメラを用いては，逆に1点透視画法の絵は，描き得なかった。ただ，1760年以降になるとカナレットは，サン・マルコ広場の構図など，2点透視画法を用いて描くことも多くなるが。

　このような透視遠近法であるため，2点透視画法を厳格に適用していないことに対する批判があると同時に，工学的な知識に乏しい評者からは「無意味な現実の模倣」であり，「説明的」で通俗的な画家に過ぎないという諸批判もある[2]。またその援護としてカナレットのカプリッチョを解読してみせて評価し，カナレットを援護するというもって回った評論もある[16]。カナレットに関する従来のこれらのコメントは，文献[17]としてコンパクトにまとめられている。

　重要なことは，カナレットは，生き生きとしたヴェネツィア景観を表現するための構図をうる「視点場を発見」して，そして「絵になる景観」を描いたことである。

第1部　ヴェネツィアを読むにあたって

　ロンドン滞在中にカナレットは，ロンドンの2つの橋，ロンドン橋とウエストミンスタ橋を描いている。この2つの橋に関して，カナレットの絵画を都市史の観点から史実として取り上げ，当時の地図を参照しながら他の資料を渉猟し，都市空間を再現して，その建設過程を詳しく検討された興味深い論考がある[18]。カナレットの絵画が，多様な側面から検討可能であることを示す1事例である。

　景観を考える上では，描かれた場所を図示する地図や図面での表現が不可欠であり，本書では絵画，実景の写真と同時に，視点場から視対象までの視線方向図，広場などの空間構成図を示して，「絵になる景観」の背景を示している。

　もし読者がヴェネツィアを訪問・調査旅行される際に，本書を持参されて一つひとつチェックいただければ幸いである。カナレットの目を通した別なヴェネツィアが見えてくるに違いない。

　いや，「カナレットの視線を通さずに，ヴェネツィアの街路や運河をみることができるものは，いないであろう」。

◎参考文献

1) J.G.Links：Canaletto, Phaidon, 1994
2) Michael Levey：Painting in Eighteenth Century Venice, Yale University Press, 1994
3) 山川鴻三：ヴェニスと英米文学－シェクスピアからヘミングウェイ－, 南雲堂, 2004
4) 永井三明：ヴェネツィアの歴史－共和国の残照, 刀水書房, 2004
5) 鳥越輝昭：ヴェネツィアの光と影－ヨーロッパ意識史のこころみ－, 大修館書店, 1994
6) F・ブローデル, 岩崎力 訳：都市ヴェネツィア－歴史紀行, 岩波書店, 1986
7) マクニール, 清水廣一郎 訳：ヴェネツィア－東西のかなめ－, 岩波現代新書, 岩波書店, 2004
8) Julian Halsby：Venice-The Artist's Vision-, Unicorn Press, 1990
9) Martin Schwander：Venice-From Canaletto and Turner to Monet, HATJE CANTZ, 2008
10) 萩島哲：都市風景画を読む－十九世紀ヨーロッパ印象派の都市景観－, 九州大学出版会, 2002
11) C.ベイカー, 越川倫明, 新田建史 訳：カナレット, 西村書店, 2001
12) Filippo Pedolocco：Visions of Venice Paintings of the 18th Century, Taulis Parke, 2002
13) David Bomford, Gabriele Finaldi：Venice through Canaletto's Eyes, National Gallery Publications, 1998
14) J.G.Links：Views of Venice by Canaletto, Dover Publication, 1971
15) Giovanna Nepi Scire：Canaletto's Sketchbook, Canal & Stamperia Editrice, 1997
16) Andre Corboz：Canaletto, Una Venezia immaginaria, Alfieri Electa, 1985
17) Alberto Conttino, Jeffery Jennings：Canaletto, Pockets Electa, 1996
18) 近藤和彦：カナレットが描いた二つの橋－十八世紀ロンドンにおける表象の転換－, 江戸とロンドン（別冊都市史研究）, 山川出版社, 2007
19) 陣内秀信：ヴェネツィア, 都市のコンテクストを読む, 鹿島出版会, 1986
20) 陣内秀信：ヴェネツィア, 水上の迷宮都市, 講談社, 1992

第2部
描かれたヴェネツィア景観

COPYRIGHT© Museo Thyssen-Bornemisza, Madrid

第1章 序

　ヴェネツィアは，湿地帯の上に人工的につくり上げられた都市である。自然に任せておけば消失してしまうが，さまざまな工夫によって住まいをつくり，しだいにそれが街並みを形成し，自然災害の圧力に対しても建築土木技術を駆使して，世界に誇る水上都市をつくり上げてきた。街並みには歴史的に積み重ねられてきた知恵が導入され，そこに私たちが学ぶべき多くのものが含まれている。

　カナレットは，このような光景をリアルに描いて私たちを刺激し，その描かれた絵画には，忘れがたい親しみ深さを感じさせる。

　第2部では，このような絵画がヴェネツィアの如何なる場所で描かれたのかを，逐一見ていくことにする。

　第1章は，第2部の構成を述べている。

　第2章は，ヴェネツィアの代表的な景観であるサン・マルコ広場の景観，サン・マルコ小広場の景観，そして，カンポ広場の景観の各視点場を探してその位置を確定する。視点場をすべて地図上に示し，その実景を写真で示して両者を比較する。

　第3章は，描かれた大運河の景観の視点場について調べる。広場景観と同様の方法で視点場の位置を探索して確定，視点場を地図上に図示している。運河景観はいずれも流軸景であることから，両岸には目印になる建築物が配されていることを確かめる。

　アントニオ・クアドリ[1]は1827年，大運河両岸の建築物のファサードとサンマルコ広場の周辺建築物を詳細に描き，その特徴を解説している。その際，ヴェネツィアを訪問する観光客に，まずは大運河を見た後に，サン・マルコ広場に上陸することを勧めている。すでにヴェネツィアは観光産業が台頭してきた時期で，クワドリはそれを強く意識して主張しているのである。その後1846年にはメストレからの鉄道が整備されることになる。

　私は逆に，モーロ河岸通りから上陸し，サンマルコ広場を見て，その後大運河を見るように設定した。何故なら，ここがヴェネツィアの玄関だからである。

　第4章は，第3章の補論である。運河の景観は流軸景であるが，画面の景観を構成する要素を調べて，4つの景観類型がえられることを述べる。

　このように見てきたヴェネツィアの広場の景観，運河の景観の絵画の中でカナレットは，複数の視点場から1枚の画面としてまとめている。第5章では，この経緯と理由を，景観デザインの観点から解読している。

第 2 章　描かれた広場景観

図◇2.0.1　調査対象の広場の位置図

　カナレットは,「祭」や「宴会」を抜きにした他の主題, つまり「風景」を描いた最初の画家である。ヴェネツィアの市街地, 運河さらには周辺の本土へ出かけては多くの風景画を描いた。ロンドンに滞在してはロンドンの市街地の風景を描き, 生涯で700点以上の絵画を残した[2]。

　その中にあってカナレットは, ヴェネツィア最大の祭であった「海との結婚」ブチントーロの絵画を12点描いている。12点が多いのか, それとも少ないのかは, 判断に苦しむところで

第2部　描かれたヴェネツィア景観

絵画◇2.0.1　キリスト昇天祭におけるモーロ河岸のブチントロ
The Royal Collection © 2009, Her Majesty Queen Elizabeth Ⅱ

あるが，少なくともこの祭がヴェネツィアにとって重要なものでありながら，その割には描いた絵画が少ないという印象が，第三者にはあったことは確かであろう。その画題の絵画の一点は「キリスト昇天祭のブチントーロの帰還（海との結婚が終わって帰還する総督を乗せた船）」（絵画2.0.1）で，当時のイギリス人画商のジョゼフ・スミスに依頼されたものである。

この絵画は，サン・マルコ湾に面したモーロ河岸へと，ピアッツェッタにある2本の円柱（聖テオドルスの像と有翼の獅子像）に向かって，無数のゴンドラを従え，ブチントーロに乗って帰還する総督一行を描いたものである。「海との結婚」は，金色に輝くブチントーロに乗り込んだ総督が干潟の外の海に向かい，ヴェネツィアと海との永遠の結びつきを祈って金の指輪を投げ込む，安全な航海を祈念する行事として，今日までヴェネツィアの代表的な祭として，続いているのである。

少し長くなるが文献を引用しよう。この儀式は，「総督がサン・マルコ広場で行列を行い，御座船で出航する。サン・タドレア聖堂の砦の前で総大司教の乗った平底船に出会った後に，リド港の外にでて，指輪を海に投げ入れてクライマックスを迎える。リド島へ向かう際，御座船はサン・マルコ湾をスキャヴォーニ河岸沿いに航行した。戻るときは，リド島のサン・ニコロ聖堂に立ち寄ってミサに列席した」[3]という。また，一方では「海との結婚は，ある漁夫が総督に指輪を献上したという伝説とも結びついている」[2]とも言われている。しかしながらやがて，この儀式は国家行事というよりも華やかな祝祭として執り行われるようになった。

カナレットは，この当時の儀式の様子を描いているが，このような公式の儀式を描いたのは，おそらくはじめてだと思われる。

この絵画の視点場は，私の推定ではモーロ河岸から沖250mのサン・マルコ湾の中である。

外国からやってくる大使などの賓客を受け入れる場合も，このモーロ河岸からドゥカーレ宮

第 2 章　描かれた広場景観

殿に招じ入れられ，このようなセレモニーが行われている様子も描いている。ヴェネツィアにとって，ここドゥカーレ宮殿の前のモーロ河岸は，文字通り外国からの窓口の役割を担っていたのである。

したがってこれらの絵画は，ヴェネツィアにとって最もシンボリックな行事を描いた絵画の1つである。儀式の際にも，ヴェネツィア共和国の力の象徴であるガレー船が，モーロ河岸の中央部に覆いをかけて係留されており，それが描き込まれてれているところにも注視してほしい。

しかし，祭事のない時のモーロ河岸，サン・マルコ湾は，役者がいない海の舞台，幕が上がりっぱなしの舞台である。しいて役者をあげるとすれば，正面にあるゴンドラ（待合所）であろう。観光客も手持ち無沙汰で湾に背を向けて，ドゥカーレ宮殿に目を向けているだけ。「海の結婚」があるときに，初めてここサン・マルコ湾は活き活きとする。

一方サン・マルコ湾側から見るモーロ河岸通りには，そびえる鐘楼と列柱を持つドゥカーレ宮殿，中央に 2 本の円柱があり，まさに絵になる景観で，やはりヴェネツィアの玄関口と呼ぶに相応しい。この湾側からヴェネツィアに入っていくのである。「ヴェネツィアの最も美しい景観は，サン・ジョルジョ島からの眺望だろう。この場所からならば，時代の隔たりを感じることなく過去のヴェネツィアの壮麗さを心ゆくまで堪能することができる」[4]。かつてヴェネツィアの港は，ここモーロ河岸にあったのだ。

筆者もまた広場景観の話を進めていく皮切りに，モーロ河岸通りの景観（絵画 7 点）を眺めることから始めたいと思う。続いて本題となるサン・マルコ小広場（ピアツェッタ）の景観とサン・マルコ広場（ピアッツァ）の景観（絵画 15 点），最後にカンポ広場の景観（絵画 11 点）へと話を進めたいと思う。

図◇2.1.0　「海との結婚」の地点

表◇2.1.0　「広場」の分類

分類	名称	備考	例
公共（特別）	ピアッツァ Piazza	サン・マルコ広場のみ。イタリア語でいう「広場」の名を唯一冠することからも特別な場所であることが分かる。	Piazza San Marco
公共（特別）	ピアツェッタ Piazzetta	サンマルコに附随する2つの広場のみこれに該当する。PIAZZAに対する「小広場」的位置付け。	Piazzetta San Marco Piazzetta dei Leoni
公共（一般）	カンポ Campo	カンポヴェネツィアにおける一般的な広場。イタリア語でいう「空き地」の名はその成立の歴史的背景による。	Campo San Polo Campo Sant'Angelo Campo S.Maria Formosa
公共（一般）	カンピエッロ Campiello	CAMPOに対する「小広場」的位置付け。街路等の余剰空間としての色合いが濃い。辻広場。	Campiello del Teatro Campiello Vendramin Campiello Barozzi
私的	コルテ Corte	主に大邸宅等の中庭などで，公共領域というよりは当該家族やコミュニティ専用の私的領域となっている。	Corte Civran Corte de l'Albero Corte Erizzo

なおヴェネツィアの広場は，表 2.1.0 に示すように分類されている。あらかじめカナレットが描いたこれらの広場の位置を，図 2.1.0 に示しておいた。

2.1　モーロ河岸の景観

「モーロ河岸」の景観は，モーロ河岸通りとサン・マルコ湾を対象にしたものである。

モーロ河岸の東に連続しているパーリア橋を渡り新牢獄前から湾沿いに続く街路は，スキャヴォーニ河岸通りと呼ばれている。現在スキャヴォーニ河岸通りは，アルセナーレのすぐ西側まで広がる全長 546m，幅員 29.6m ほどの広幅員の湾岸の街路であるが，カナレットが描いた 18 世紀当時には，橋の幅員程度で狭かった。本書では便宜上スキャヴォーニ河岸を含めてモーロ河岸として一括して述べる。

第2部　描かれたヴェネツィア景観

▶ 2.1.1 「モーロ河岸：西を望む」

まずはモーロ河岸に立ちサン・マルコ湾の西方向を眺めよう。絵画と実際の風景を見比べていると，カナレットが立った場所は，モーロ河岸から突き出しているゴンドラの船着場であることがしだいにわかってくる。

絵画は，モーロ河岸の西方向を見たもので，サン・マルコ小広場と結節する地点から西方向にサン・マルコ湾，大運河を眺めた景観である（絵画2.1.1）。画面の右手に聖テオドルスの柱，マルチャーナ図書館，造幣局，穀物倉庫と同じ位置の建築線で連なる街並み，左手にはサルーテ教会の丸い屋根と税関を配している。湾上には多くのゴンドラ，河岸通りには多くの人物を配している。

次に取り上げる「造幣局とともに望む，西に面する船着場」（絵画2.1.2）と酷似した作品であるが，対岸のサルーテ教会が大きく見え，またジュデッカ運河の対岸のレデントーレ教会が構図に入っていない点に違いがある。

視点場は，1箇所であり（図2.1.1），モーロ河岸の水際のゴンドラの船着場である。実景を写真2.1.1に示す。画角は，72度。サルーテ教会までの距離は506m，仰角は6.1度である。

モーロ河岸は，サン・マルコ小広場と繋がった空間であり，サン・マルコ広場を訪れる人たちはこの湾岸まで歩いてくる。この通りは，アドリア海からリド，そしてサン・マルコ，もしくはヴェネツィアへとアクセスする玄関にあたる空間で，巨大な客船から小さなゴンドラに至るまで，すべての船舶がここを経由して大運河の入り口である税関舎前を通過，あるいはジュデッカ運河の方向に進む。

絵画内の右手に描かれている聖テオドルスの柱は，ゲートのシンボルであり，後に示す絵画2.1.6の構図と対をなし，重要な景観要素となった。

絵画◇2.1.1　「モーロ河岸：西を望む」
Tatton Park/Cheshire East Council/The National Trust, Credit：John Bethell, Copyright：© NTPL/John Bethell

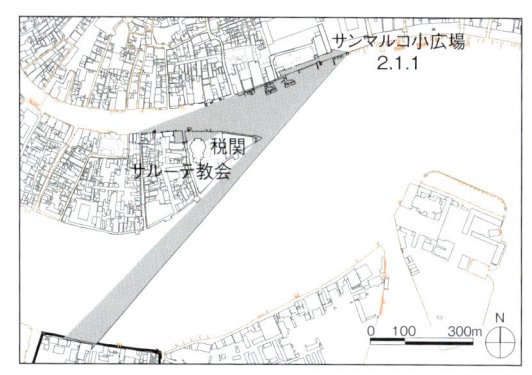

第 2 章　描かれた広場景観

図◇2.1.1　モーロ河岸：西を望む

絵画◇2.1.2　「造幣局とともに望む西に面する船着場」
Pinacoteca del Castello Sforzesco, Milano

写真◇2.1.1　視点場からの実景

写真◇2.1.2　視点場からの実景

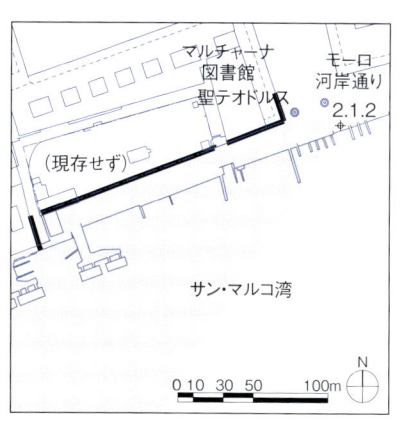

▶ 2.1.2 「造幣局とともに望む西に面する船着場」

　先の視点場から同じ方向を見るが，視野をやや南方向に広げてみよう。画角は 82.4 度と広角になる。西方向を眺め，右手に聖テオドルスの柱からモーロ河岸の街並み，それに左手にサルーテ教会と税関を配しているまでは，同じ構図であるが，さらに左手ジュデッカ島に建つレデントーレ教会が小さいながらもとらえられている点が異なる（絵画 2.1.2）。

　実景を写真 2.1.2 に示す。

　視点場は，1 箇所（図 2.1.2a），モーロ河岸の水際にあり，構図の中心線に設定している。これもまた，先に見た絵画 2.1.1 との違いであるが，小さく見えるレデントーレ教会までの距離は 1074m と遠景域となる（図 2.1.2b）。造幣局側には露店が見え，混雑したモーロ河岸の様子が描かれた。

図◇2.1.2a　視点場周辺の平面図

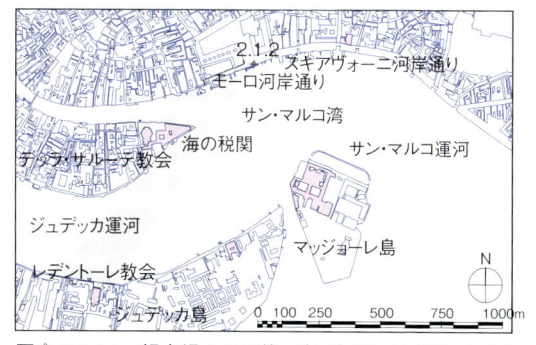

図◇2.1.2b　視点場からの絵画内可視壁面と視界平面図

第2部　描かれたヴェネツィア景観

絵画◇2.1.3　「サン・マルコ小広場より望む大運河への入り口」
The Royal Collection © 2009,
Her Majesty Queen Elizabeth Ⅱ

写真◇2.1.3　視点場からの実景

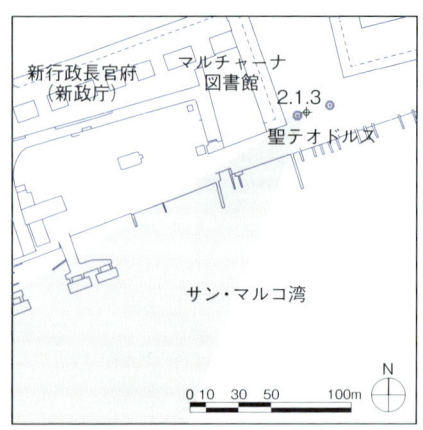

図◇2.1.3a　視点場周辺の平面図

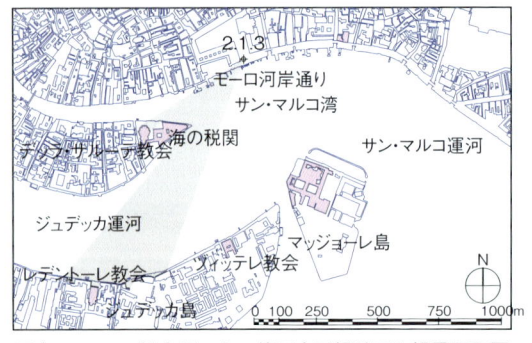

図◇2.1.3b　視点場からの絵画内可視壁面と視界平面図

かつての穀物倉庫は公園へと姿を変え，現在では，建築線は途切れている。また，モーロ河岸西部の植樹により，通り方向の見通しは悪い。

▶ 2.1.3 「サン・マルコ小広場より望む大運河への入り口」

続いて聖テオドルスの像の円柱に近づき，大運河の入り口方向を眺めてみよう。

サン・マルコ小広場とモーロ河岸の接点あたりから西南方向を眺め，右手近景に聖テオドルスの柱とマルチャーナ図書館（距離13.8m)，画面中央にサンタ・マリア・デラ・サルーテ教会（距離471m）を見る（絵画2.1.3）。この絵画は，縦使いの画面構成で，手前の円柱を垂直に，左手にサンタ・マリア・デラ・サルーテ教会のドームの構成を対照的に描いている。つまり，右側の超近景から左側の中景が一挙に描かれ，前景と後景が切断された特異な構図を示している。円柱の足元にはゴンドラの漕ぎ手が客待ちしている。

視点場は1箇所であり，ちょうど聖テオドルスの柱と有翼の獅子の柱の両円柱間に位置する（図2.1.3aおよび図2.1.3b）。

サン・マルコ湾を通して見ているはずのサンタ・マリア・デラ・サルーテ教会は，実景よりも大きく描かれている。実景を写真2.1.3に示すが，円柱は小さ目に描かれている。サンタ・マリア・デラ・サルーテ教会はやや見難いが，絵画ほどには大きく見えないことが写真（実景）を見てもわかる。

▶ 2.1.4 「大運河への入り口：モーロ河岸の西端より望む」

モーロ河岸をさらに，西方向に歩を進めよう。
この絵画は，モーロ河岸通りの西端，かつての造幣局の南側の地点から，南東方向を眺めたものである。右手にモーロ河岸通り，その突き当たりに建築物（かつてはマルテイマ邸），正面に対岸のサンタ・マリア・デラ・サルーテ教会と税関舎を配し，大運河の入り口方向を見た

第 2 章　描かれた広場景観

絵画◇2.1.4　「大運河への入り口：モーロ河岸の西端より望む」
Gift of Mrs. Barbara Hutton, Image courtesy of the Board of Trustees, National Gallery of Art, Washington

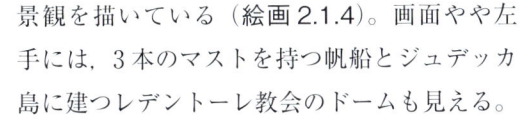

写真◇2.1.4a　視点場aからの実景

写真◇2.1.4b　視点場bからの実景

写真◇2.1.4c　現在のモーロ河岸通りの西側部分

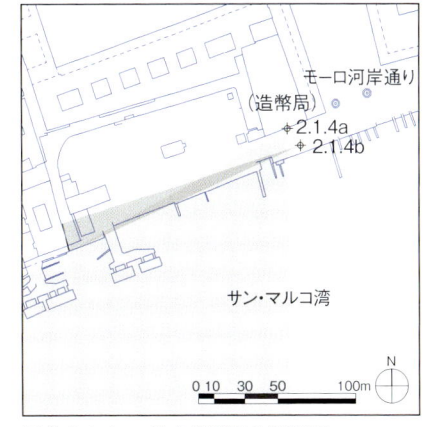

図◇2.1.4a　視点場周辺の平面図

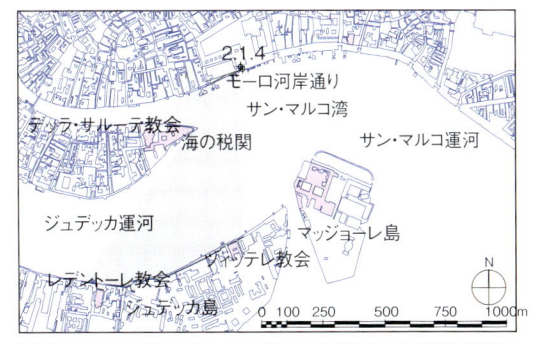

図◇2.1.4b　視点場からの絵画内可視壁面と視界平面図

景観を描いている（絵画2.1.4）。画面やや左手には，3本のマストを持つ帆船とジュデッカ島に建つレデントーレ教会のドームも見える。

視点場は，2箇所である（図2.1.4aおよび図2.1.4b）。視点場aからサンタ・マリア・デラ・サルーテ教会までの距離は，450.9m，仰角は6.8度，同じくジュデッカ島に位置するレデントーレ教会は遠景域に位置し，仰角も小さい。

視点場aから南のサン・マルコ湾近くへ移動し，モーロ河岸通り西の建築壁面を見る位置に，視点場bがある。それぞれの視点場からの実景を，写真2.1.4a，2.1.4bに示す。

視点場となるモーロ河岸通りの西端部は，当時と比べて大きく変化しており，海岸沿いには高さ0.9m程の手摺，それに木製の桟橋が設けられ，多くのモーターボートが停泊している。これに沿って植樹がなされ（写真2.1.4c），通りに面しては，13基のキオスクが並び，ベンチが一定間隔に置かれている。床面は，赤レンガの切り石張りで，比較的新しい。

モーロ河岸の西端部は，現在，観光案内所が

第2部 描かれたヴェネツィア景観

絵画◇2.1.5 「ドゥカーレ宮殿とともに望むスキャヴォーニ河岸通り」
Pinacoteca del Castello Sforzesco, Milano

図◇2.1.5a 視点場周辺の平面図

写真◇2.1.5a 視点場からの実景

写真◇2.1.5b モーロ河岸通りの賑わい

図◇2.1.5b 視点場からの絵画内可視壁面と視界

あり，その南側にはヴァポレットの停留所が置かれている。観光案内所脇に公衆トイレも設置されている。海岸部は人通りも多く，植樹の木陰で休息する人も少なくない。

▶ 2.1.5 「ドゥカーレ宮殿とともに望む東に面するスキャヴォーニ河岸通り」

　先の西方向の視線を反対方向，東方向のモーロ河岸に移す。
　この絵画は，モーロ河岸から東方向を眺めたものである。左手にきれいに並んだ列柱のドゥ

20

第2章　描かれた広場景観

カーレ宮殿，そして新牢獄，サンタ・マリア・ヴィジタジオーネ教会（ピエタ教会）と連続した建築線の街並みが，奥行き感を強める（絵画2.1.5）。一方，その前面に広がるモーロ河岸とサン・マルコ湾上には，ゴンドラを始め多くの船舶が停泊しており，ガレー船も見える。

視点場は1箇所で，モロー河岸の水際である（図2.1.5aおよび図2.1.5b）。

画角は78.6度と広角であるが，一目でモーロ河岸全体を見渡すことが可能である。スキャヴォーニ河岸通りより始まるこの大通りは，サン・マルコ湾の端まで湾曲しながら続き，壮大な景観を構成する。モーロ河岸の東側のドゥカーレ宮殿前には，宮殿内部の見学者用入口があるため，時間帯によっては観光客の行列ができる（写真2.1.5a）。

モーロ河岸通りからパーリア橋を渡ってスキャヴォーニ河岸通りの西側に至る一帯では，露店の土産店が数多く営業されている。たいへん賑やかなこの場所は，街路でありながらも滞留や多様な行動が見られ，水辺が見えない側では広場としての景観を垣間見せる（写真2.1.5b）。

▶ 2.1.6 「スキャヴォーニ河岸：東を望む」

さらに東方向に歩を運び，先の絵画とほぼ同じ東方向を見る。

この絵画は，先の絵画2.1.5と類似の構図をとっており，モーロ河岸通りの地点から，サン・マルコ湾を東方向に眺めた景観が描かれている（絵画2.1.6）。ただ，先の絵画2.1.5との大きな相違点は，左側の有翼の獅子の柱の位置が，ドゥカーレ宮殿の角の左手にある点である。

画面に描かれているスキャヴォーニ河岸通り上の人物数を細かくカウントすると，合計100人以上の人物が描かれている。

視点場は，1箇所であり（図2.1.6），モーロ

絵画◇2.1.6　「スキアヴォーニ河岸：東を望む」
Tatton Park/Cheshire East Council/The National Trust, Credit：John Bethell, Copyright：© NTPL/John Bethell

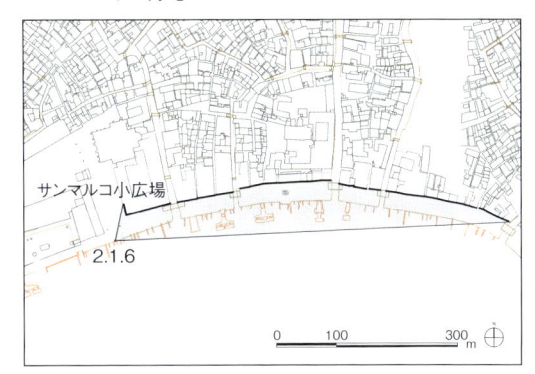

図◇2.1.6　スキアヴォーニ河岸：東を望む

写真◇2.1.6a　視点場からの実景

写真◇2.1.6b
視点場からの実景

河岸から伸びた船着場の突端である。実景を写真2.1.6に示す。画角は81度と大きい。

この視点場は，「モーロ河岸：西を望む」（絵画2.1.1）の視点場とまったく同じ位置にあり，この位置から東方向に視線を向けた構図である。

第2部　描かれたヴェネツィア景観

絵画◇2.1.7　「サン・マルコ湾を小広場より望む」
[出典] Fondazione Giogio Cini：Canaletto Prima Maniera, Electa, 2001

写真◇2.1.7a　視点場aからの実景
写真◇2.1.7b　視点場bからの実景

図◇2.1.7a　視点場周辺の平面図

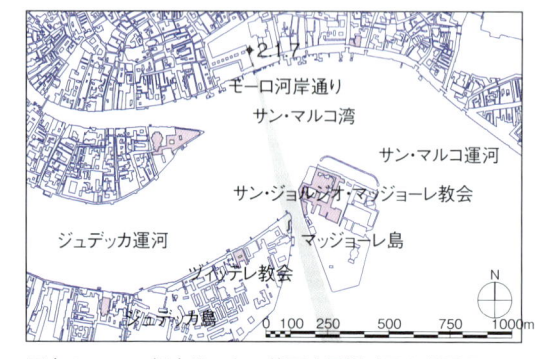

図◇2.1.7b　視点場からの絵画内可視壁面と視界平面図

▶ 2.1.7　「サン・マルコ湾を小広場より望む」

　次には，モーロ河岸からサン・マルコ小広場に少し入り，サン・マルコ湾方向を眺めてみよう。

　この絵画は（絵画2.1.7），右手にマルチャーナ図書館の一部，正面手前に聖テオドルスの円柱と有翼の獅子の円柱の一部を配し，正面に広がるサン・マルコ湾と，対岸のサン・ジョルジョ・マッジョーレ島を見た景観が描かれている。聖テオドルスの円柱とマルチャーナ図書館の間には，ジッテーレ教会の鐘楼が見える。

　2本の円柱やマルチャーナ図書館の壁面が，その後景部分を切り取り，額縁の役割を果たしている。2本の柱を配してサン・マルコ湾を見る構図は，この絵画のみである。

　視点場は，2箇所（図2.1.7aおよび図2.1.7b）。ともにサン・マルコ小広場に位置している。視点場aからは，有翼の獅子の柱とマッジョーレ教会を望む。画角13.2度。距離は約600mあるが，思いのほかマッジョーレ教会が近くに見える。「小広場に立って手を伸ばせば，マッジョーレ教会の鐘楼に触れそうに思えるほど」[4)]であるが，仰角は2.6度と小さい。

　視点場bからは，マルチアーナ図書館と聖テオドルスの柱を前景にして，ジュデッカ島のジッテーレ教会を望む。画角は10.1度。

　視点場のこの移動は，マッジョーレ教会やジュデッカ島東部などの中景部分と，超近景となる2本の円柱との位置関係によっている。それぞれの実景を，写真2.1.7aと写真2.1.7bに示す。画角が10度程度ときわめて小さく，教会を画中にはめ込むという意図をもって描かれた特異な構図である。

▶ 2.1.8　まとめ

　サン・マルコ広場やサン・マルコ小広場は，

デザイナーによって設計された建築物に囲まれた空間である。一方このモーロ河岸の景観は，景観構成要素をどのように配置すべきかは，風景画家が自由に決定できた。極論すれば，デザインされていない外部空間であるために，「絵になる景観」の構図の発見は，風景画家に任されたといえよう。

カナレットは，このような空間構成の中で，モーロ河岸通りの軸景を多く選んで描いている。

視点場は，すべてモーロ河岸にある。対岸にサルーテ教会，遠くにはマッジョーレ教会が見える。この視点場を選択したからこそ，ヴェネツィアの，他の景観タイプでは描き得ない遠景要素が画面に奥行きを与えたのである。

2.2 「公共（特別）広場」の景観

次に取り上げるのは，モーロ河岸とつながるサン・マルコ小広場（ピアッツェッタ）と，サン・マルコ広場（ピアッツァ）の景観である。

(1) 視点場と視点数

絵画（15点）の視点場の位置と視線方向を，図2.2.0に示す。この広場を描いた絵画は，単独の視点場で描いた絵画が4点，複数の視点場から描いた絵画が11点である。

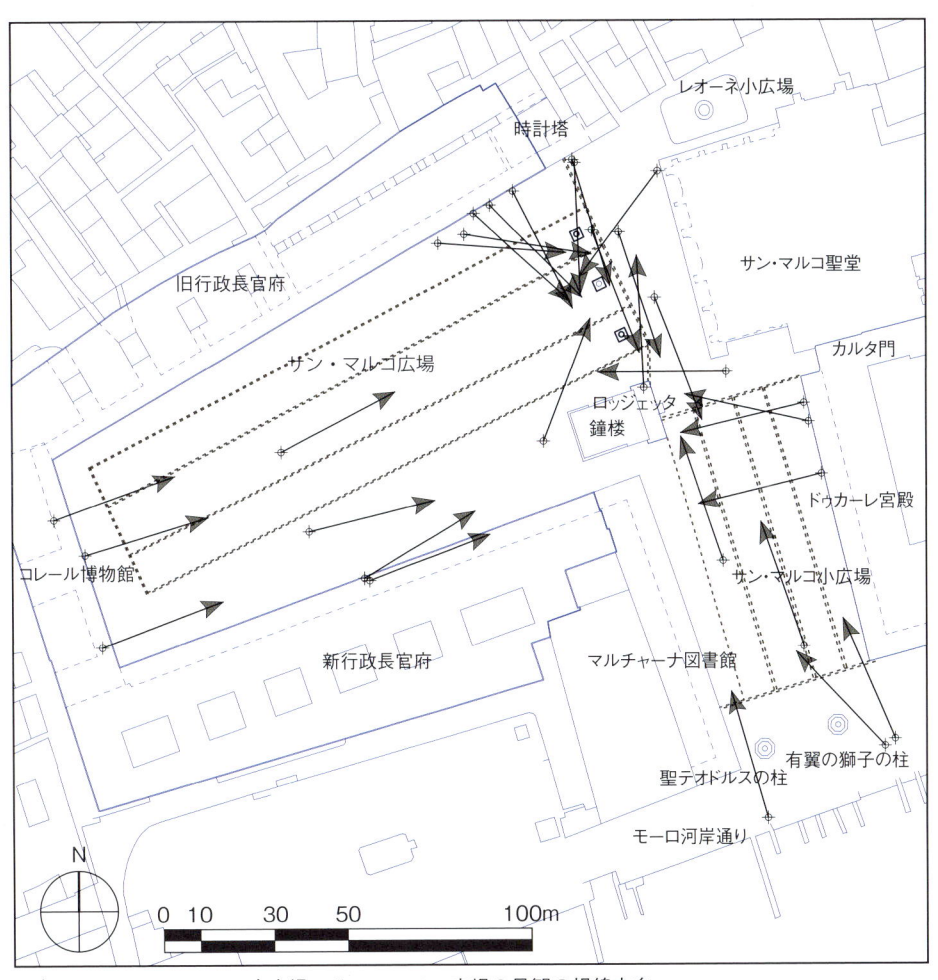

図◇2.2.0　サン・マルコ小広場、サン・マルコ広場の景観の視線方向

第2部　描かれたヴェネツィア景観

　視点場の分布を見ると，多くの視点場が，広場のL字平面の角にあたるサン・マルコ広場北東部(時計塔，サン・マルコ聖堂近傍)にあり，その数は11点である。そのすぐ背後(5m以内)には建築壁面があるが，ポルティコ内部に視点場を持つ絵画は，15点中11点，同じく視点場数で見ると29箇所のうち，19箇所が該当する。

　視線方向を概括すると，1つはモーロ河岸やサン・マルコ小広場から，ドゥカーレ宮殿とともに北方向に時計塔や鐘楼を見る視線。2つは時計塔やサン・マルコ聖堂近傍から，南方向にサン・マルコ小広場や2本の円柱とサン・マルコ湾，マッジョーレ教会を見る視線。3つはサン・マルコ広場において西側から，東方向に聖堂と鐘楼を正面に見る視線。この3方向である。

　サン・マルコ聖堂側から西方向のコレール博物館側を見る構図が少ないこと，サン・マルコ小広場からドゥカーレ宮殿を正面に見た構図がないこともまた，カナレットの絵画の特徴である。

(2)　視対象

　主な視対象は，サン・マルコ広場，サン・マルコ小広場，レオーニ小広場，それにこれらの広場を囲む建築物である。

　広場を囲む建築物は，サン・マルコ聖堂，鐘楼，時計塔，ドゥカーレ宮殿，マルチャーナ図書館，新旧の行政長官府，コレール博物館である。ここサン・マルコ広場は，これら共和国の中枢施設群に囲まれている。1階はポルティコを構成する列柱，2階以上も列柱で構成されたテラスが繰り返される。広場に立って見渡せば，その列柱によって奥行き感が，自動的に感じられる仕掛けになっている。

　鐘楼とその基壇であるロッジェッタ，サン・マルコ旗台，聖テオドルス像や有翼の獅子像の花崗岩の円柱は，この広場には欠かせない垂直の視対象である。対象絵画の15点中12点は，広場を構成するこれらの垂直要素を，添景としてではなく，主な視対象として取り扱っている。

　このサン・マルコ広場の外縁部にあって描かれている建築物は，マッジョーレ島にあるサン・ジョルジョ・マッジョーレ教会，あるいは建物ごしに見える鐘楼である。

a.　サン・マルコ聖堂

　サン・マルコ聖堂は，部分的なものも含めるとすべての絵画に描かれており，サン・マルコ広場の景観には欠かせない視対象となっている。ちなみに広場内の視点場から描かれた聖堂の平均の仰角は23度であり，建造物を見る場合の最適な角度である。

b.　サン・マルコの鐘楼

　サン・マルコの鐘楼(以降は鐘楼と略)は，15点中12点の絵画に描かれ，広場の中に屹立する。98.6mの高さのため，どの視点場からも31度以上の高仰角でしか望むことが叶わず，素直に全体像をとらえることはできない。描かれた絵画では最も小さな仰角で31度で，最も大きい仰角は，62.4度に達する。多くは30～40度の仰角で描かれているが，やはり高仰角である。したがって，鐘楼を描いた絵画のうち，全体像を描いた絵画は9点であり，他の3点は画枠によって頂部が切り取られている。鐘楼はそれ故に，広場とそれを囲む建築群を統轄する役割をになっている。構図上，垂直方向を強める最大の要素である。

　この鐘楼が無ければサン・マルコの広場の景観は成立しない。「マストのない船」のようなものである[5]。カナレットは，この鐘楼を数多く描いたが，正確なプロポーションで描いたものはほとんどなく，実物よりもスリムにそして高く見えるように描いた。鐘楼の高さは，実際には土台の約8倍程度の高さであるが，カナレットは，9～10倍の高さで描いている。カナレットは，鐘楼のプロポーションがそのままでは，周りの建物に比べて絵にならないと考えた。また屋内階段の小さな開口部を9つ描く場

合もあり，しかもそれを左側から右側に移動させて描いた例もある。

c. 新旧行政長官府など

サン・マルコ広場を両側から挟みこむようにして，取り囲んでいるのが，新旧の行政長官府であり，15点中6点，描かれている。サン・マルコ小広場側のマルチャーナ図書館の壁面とドゥカーレ宮殿の壁面が同時に描かれる絵画は，少なく2点である。

d. 構図について

以上のことから，サン・マルコ聖堂から西方向コレール博物館を正面に見た景観が描かれていないことに気づく。コレール博物館が整備される以前，カナレットが描いた時代，ここには美しいバロック様式のサン・ジェミニアーノ教会のファサードがあった。しかしジェミニアーノ教会と新旧行政長官府の建物群だけを対象にしたのでは，「絵になる景観」にならない。何故なら垂直要素が無いからだ。聖堂側から西方向を見る場合に，鐘楼を左手端に配して垂直要素を入れた構図としたいところであるが，鐘楼を見る仰角が大きすぎる。奥行きは，両側の建築のポルティコによって強められるが，垂直要素が使えないので構図にならない，とカナレットは判断したにちがいない。かくしてコレール博物館側の構図は成立しなかった。

もう1つは，小広場からドゥカーレ宮殿を正面に配した構図がないのは，引きが足りないし，都市の景観における垂直要素の取扱いが難しく，「絵になる景観」とはならないのである。

e. 距離と画角

主な視対象までの距離は，平均で102mである。超近景と近景の境界となる100m前後で視対象をとらえる場合が多く，超近景に広場内の様子，その背後に近景の建築物を見る構図をとっている。また，サン・マルコ湾を通して見るサン・ジョルジョ・マッジョーレ教会は，300m以上の中景域にある。

絵画◇2.2.1 「サン・マルコ小広場：北を望む」
The Royal Collection © 2009, Her Majesty Queen Elizabeth Ⅱ

視対象の壁面を基準とした水平方向の画角は，平均で49.0度で，おおむね一望できる景観であり，カメラ撮影が可能な景観が多い。しかし，画角が100度近くある絵画も少なからず存在しており，このような場所では，首を左右に動かさねばならない。

さて，全体を見渡したところで，サン・マルコ小広場から絵画を1つひとつ取り上げて，話を進めていこう。

▶ 2.2.1 「サン・マルコ小広場：北を望む」

まずは，モーロ河岸から視線を，サン・マルコ小広場に向けよう。

この絵画は，モーロ河岸から中央に鐘楼（仰角40度），右側にドゥカーレ宮殿の壁面とサン・マルコ小広場をおき，そこを通して見える時計塔，左側には有翼の獅子の柱とマルチャーナ図書館を見る景観が描かれている。視点はやや高く，伸びやかな俯瞰的な構図となっている（絵画2.2.1）。ドゥカーレ宮殿と有翼の獅子の柱の間が広い。

この構図の視点場は，2箇所（図2.2.1）。

視点場aからは，鐘楼の右奥に旧行政長官府の一部と時計塔，さらに手前右手側にドゥカーレ宮殿の壁面が見える。しかしながらこの視点場では，マルチャーナ図書館と有翼の獅子の柱の位置関係が，絵画のようには見えない。つまり背後に見えるマルチャーナ図書館のポルティコの数が一致しない。

視点場bは，視点場aからわずかに西側へ移動した地点にある。主に鐘楼とマルチャーナ図書館，有翼の獅子の柱を望む。視点場の位置決定は，この有翼の獅子とマルチャーナ図書館の位置関係による。それぞれの実景を，写真2.2.1aと2.2.1bに示す。有翼の獅子の柱が左

図◇2.2.1　視点場からの絵画内可視壁面と視界平面図

図◇2.2.2　視点場からの絵画内可視壁面と視界平面図

写真◇2.2.1a　視点場aからの実景　　写真◇2.2.1b　視点場bからの実景

写真◇2.2.2a　視点場aからの実景　　写真◇2.2.2b　視点場bからの実景

第 2 章　描かれた広場景観

絵画◇2.2.2　「サン・マルコ小広場：北を望む」
The Royal Collection © 2009, Her Majesty Queen Elizabeth Ⅱ

チャーナ図書館の足元，その近傍に赤いマントをまとった人物を配し，人物を注視させる構図でもある。しかしながら実際には，図書館と聖テオドルスの柱の間は狭く，この構図はありえない。

　視点場は，2 箇所（図 2.2.2）。

　視点場 a は，モーロ河岸通りの湾に近い場所に位置している。マルチャーナ図書館とその上部に見える鐘楼，聖テオドルスの柱とサン・マルコ聖堂を見る（仰角 11.7 度）。

　視点場 b は，サン・マルコ小広場へ移動した位置である。視点場 a から見ることのできない旧行政長官府の壁面とサン・マルコ旗台を見る。各視点場からの実景を，写真 2.2.2 に示す。

　現在ではサン・マルコ小広場にあるグラン・カフェ・キオッジャの席がマルチアーナ図書館

手に描かれていることにより，視点場 a でドゥカーレ宮殿のファサード，視点場 b では有翼の獅子の柱と図書館を望むこととなる。

▶ 2.2.2　「サン・マルコ小広場：北を望む」

　先の絵画の視点場から，位置を少し東側に移動する。

　この絵画は，モーロ河岸から北側サン・マルコ小広場を眺めたもので，左手に垂直に聳える鐘楼と手前のマルチャーナ図書館，右手にサン・マルコ聖堂，中央奥に時計塔を見る景観が縦長の画面に描かれている（絵画 2.2.2）。左手に聖テオドルスの柱の一部がわずかに見える。

　前述の同名の絵画 2.2.1 は，ドゥカーレ宮殿と有翼の獅子の柱の間に時計塔を見る構図をとっていた。一方この絵画は，右手の聖テオドルスの柱と左手にマルチャーナ図書館の間に時計塔を見る構図で，1 点透視画法の特徴を最大限に生かし奥行き感を強めた構図である。マル

絵画◇2.2.3　「サン・マルコ広場の時計塔」
The Nelson-Atkins Museum of Art, Kansas City, Missouri. Purchase: William Rockhill Nelson Trust, 55-36. Photograph by Mel McLean.

図◇2.2.3　視点場からの絵画内可視壁面と視界平面図

第2部　描かれたヴェネツィア景観

写真◇2.2.3a　視点場aからの実景

写真◇2.2.3b　視点場bからの実景

絵画◇2.2.4　「サン・マルコ広場」
[出典] Fondazione Giogio Cini : Canaletto Prima Maniera, Electa, 2001

図◇2.2.4　視点場からの絵画内可視壁面と視界平面図

と聖テオドルスの柱の近くに並んでいるため，店が営業していない時間にしか，この間を通り抜ける人はいない。

▶ 2.2.3「サン・マルコ広場の時計塔」

ついで，サン・マルコ小広場の中央部に移動しよう。視線の向きは北方向である。

この絵画は，先の絵画からサン・マルコ広場に近づき，サン・マルコ小広場の位置から，ロッジェッタに遮られることなく画中の正面に，時計台とその前のサン・マルコ広場を眺めている。右手にサン・マルコ聖堂の一部，左手に鐘楼の一部とその基壇であるロッジェッタを見る景観である（絵画2.2.3）。

視点場は，2箇所（図2.2.3）。

視点場aは，サン・マルコ小広場の中央部に位置し，左手に鐘楼の根元の一部とその先に時計塔を望む。時計塔までの距離は116.4m，仰角は10.8度。

しかし右手に描かれたサン・マルコ聖堂のファサードとその奥の建物群を，充分に望むことができないが（写真2.2.3a），視点場bにおいてこれが可能となる。視点場bは，視点場aから北側に移動した地点で，ロッジェッタのテラス上に位置する（写真2.2.3b）。

視点場となったロッジェッタは現在，鐘楼へのエントランスとなっており，テラス部分は南北15.8m，東西5.5mほどの空間で，高さ1.4m

写真◇2.2.4a　視点場aからの実景

写真◇2.2.4b　視点場bからの実景

写真◇2.2.4c　視点場cからの実景

の石造の手摺に囲まれている。

▶ 2.2.4 「サン・マルコ広場」

ついでサン・マルコ小広場からサン・マルコ聖堂のカルタ門広場まで近づき，それから西方向のサン・マルコ広場を眺める。やや囲まれた空間の間からサン・マルコ広場を見ることとなり，苦しい視線方向である。

画面中央やや左手に鐘楼の全体が描かれ，右手にサン・マルコ聖堂の側壁部，さらにその奥に，長い旧行政長官府をパースペクティブに見る景観が描かれている（絵画2.2.4）。

視点場は，2箇所（図2.2.4）。

視点場aは，サン・マルコ小広場のドゥカーレ宮殿の脇にあり，鐘楼までの距離は49.7m，仰角は62.4度，鐘楼の全体像が描かれた絵画で，仰角は最も大きい。聖堂までの距離は27.1m，その仰角は41.2度。実景は，写真2.2.4のように魚眼レンズで全体を収めるのがやっとで，絵画と同じように目視することはできない。

視点場bは，カルタ門前広場上にあり，視点場aから北側へ移動した地点である。コレール博物館をとらえることができるのは，視点場bであり，視点場aからは望むことができない。視点場bからの実景を写真2.2.4bに，カルタ門とその前面広場の様子を写真2.2.4cに示す。

日中のサン・マルコ小広場は，観光客によって占められるが，視点場aの背後に広がるドゥカーレ宮殿のポルティコ内部は，日射しを和らげ落ち着いた雰囲気を与え，小広場の喧噪もあまり気にならない。段差のある床に腰を下ろして休憩する観光客も多い。

▶ 2.2.5 「サン・マルコ広場：小広場の北端より西を望む」

先の絵画の視点場から，やや南に位置を移動

絵画◇2.2.5 「サン・マルコ広場：小広場の北端より西を望む」
The Royal Collection © 2009, Her Majesty Queen Elizabeth Ⅱ

図◇2.2.5 視点場からの絵画内可視壁面と視界平面図

写真◇2.2.5a 視点場aからの実景

写真◇2.2.5b 視点場bからの実景

第2部 描かれたヴェネツィア景観

し，西方向を見る。

この絵画は，小広場からやや斜め西方向を眺めたもので，画面中央に，上部が切れた鐘楼の下部とそれにロッジェッタ，右手には，サン・マルコ聖堂の壁面と旧行政長官府，左手には，マルチャーナ図書館と奥にわずかに見えるコレール博物館，手前にはサン・マルコ小広場で催事や集会で集まっている人々の姿が見える景観が描かれた（絵画 2.2.5）。明らかに，サン・マルコ聖堂のカルタ門と鐘楼の間が狭く，構図的には窮屈である。

鐘楼が描かれた絵画 12 点のうち，全体像（とくに頂部）が描かれていない絵画は，3 点あるが，構図の中心に鐘楼を持ってきているのは，この絵画 1 点のみである。鐘楼が構図上のアクセントとなり，上部が切断された大胆な絵画となっている。しかしながら，建築物主体という構図ではなく，その足元，サン・マルコ小広場における人々の様子を丁寧に描いた，といえる。小広場では 2 つのグループがそれぞれ台上の演者の演説に聞き入っている。

この視点場は，2 箇所（図 2.2.5）。

視点場 a は，サン・マルコ小広場の北端にあり，ドゥカーレ宮殿の壁面を背にする位置か，もしくはドゥカーレ宮殿のポルティコ内で，旧行政長官府を見る（写真 2.2.5a）。この視点場から旧行政長官府までの距離は 106.7m，仰角は 7.5 度。

視点場 a からは，鐘楼の左手を通してコレール博物館の壁面を見ることはできない。視点場 a から南方向に移動した視点場 b では，マルチャーナ図書館とわずかにコレール博物館を望むことができる（写真 2.2.5b）。視点場 b からマルチャーナ図書館までの距離は 47.3m，仰角 14.0 度。

▶ 2.2.6 「サン・マルコ広場：南を望む」

次にサン・マルコ広場の北東の隅に移動し，視線を逆の南方向に向けよう。

絵画◇ 2.2.6 「サン・マルコ広場：南を望む」
The Royal Collection © 2009, Her Majesty Queen Elizabeth Ⅱ

第 2 章 描かれた広場景観

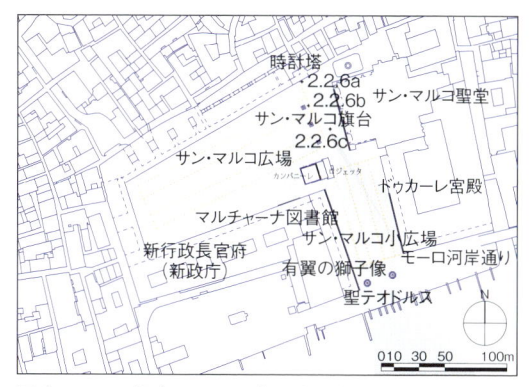

図◇2.2.6 視点場からの絵画内可視壁面と視界平面図

写真◇2.2.6a（1） 視点場 a から見る実景（聖堂側）

写真◇2.2.6a（2） 視点 a から見る実景（図書館側）

写真◇2.2.6b（2） 視点 b から見る実景（図書館側）

写真◇2.2.6b（1） 視点場 b から見る実景（宮殿側）

写真◇2.2.6c 視点場 c からの実景

　この絵画は，時計塔の前面から南方向へ，サン・マルコ小広場を通してサン・マルコ湾を見る景観が描かれている（絵画2.2.6）。透視画法の軸線は明示的で，サン・マルコ小広場の中央部か。左手のサン・マルコ聖堂とその奥のドゥカーレ宮殿，一方右手はサン・マルコ旗台，鐘楼とマルチャーナ図書館方向がパースペクティブに描かれ，その延長上に，対岸のサン・ジョルジョ・マッジョーレ教会とその鐘楼が小さく描かれている。各建築物の壁面によって囲まれて，L字平面の形状になっているサン・マルコ広場において，唯一視線方向に壁面を持たず，見通しの良い構図をとっているのがこの絵画である。視点場の位置はやや高く，伸びやかな構図となっている。

　しかしながら視点場は，3箇所（図2.2.6）。

　そのまま素直に描かれたと思われるが，聖堂とドゥカーレ宮殿の並び，それにサン・マルコ湾の向こうに見えるマッジョーレ教会の位置が異なる。視点場の位置は複雑である。

　視点場 a は，時計塔を背にした地点に位置する。左手のサン・マルコ聖堂，右手の鐘楼と新行政長官府は，この視点場から描かれていることがわかる。つまり，画面すぐ左手部分とすぐ右手部分を望む視点場であるが，しかしながら中央部分はこの視点場からは望めない。視点場 a からサン・マルコ聖堂側を見る実景を写真2.2.6a（1）に，鐘楼側を見る実景を写真2.2.6a

(2)に示す。各壁面や建築物に対する画角は，聖堂側は41.4度，鐘楼側は22.2度だが，視点場a全体としての画角は，87.9度と広い。

視点場bは，サン・マルコ小広場の両側の壁面を見る視点場であり，視点場aから南へ（そして前へ）移動し，3本のサン・マルコ旗台の北側近くに位置する。視点場aから見ることのできない左手のドゥカーレ宮殿（写真2.2.6b(1)）と右手のマルチャーナ図書館の壁面（写真2.2.6b(2)）は，この視点場から見ることができる。

視点場cは，視点場bよりもさらに南へ（さらに前へ）移動し，サン・マルコ聖堂のほぼ正面に位置する（写真2.2.6c）。この視点場からは，サン・マルコ湾の向こうのマッジョーレ教会を，有翼の獅子の柱の左側に見ることができる。実景よりもやや小さめに描かれた。

以上のように，この絵画の視点場のとり方は最も複雑で，工夫して描かれた構図なだけに，複雑な視点場であることを気づかせない伸びやかで俯瞰的な構図となっており，それ故にカナレットの傑作の1つといえよう。描いたというよりも，景観デザインの設計図書を作成したといえる。

▶ 2.2.7 「サン・マルコ広場：南西を望む」

続いて先の位置からやや西側に移動し，視線も南西方向に向けると，この構図が得られる。

サン・マルコ広場の北端からサン・マルコ小広場方向，と同時に，南西の新行政長官府を眺めた。新行政長官府は2点透視画法で描かれ，カナレットには珍しい技法の構図となった。実際よりも描かれたポルティコの数は少ないし，マッジョーレ教会も小さく描かれた。中央に鐘楼，その左手にサン・マルコ湾を見通せるサン・マルコ小広場とサン・マルコ聖堂，ドゥカーレ宮殿，右手方向にはコレール博物館の壁面まで

絵画◇2.2.7 「サン・マルコ広場：南西を望む」
The Ella Gallup Sumner and Mary Catlin Sumner Collection Fund. Endowed by Mr. and Mrs. Thomas R. Cox, Jr., 1947.2, THE WADSWORTH ATHENEUM MUSEUM OF ART

第 2 章　描かれた広場景観

図◇ 2.2.7　視点場からの絵画内可視壁面と視界平面図

写真◇ 2.2.7a　視点場 a からの実景

写真◇ 2.2.7b　視点場 b からの実景

を望む景観が描かれている（絵画 2.2.7）。

視点場は，2 箇所（図 2.2.7）。

視点場 a は，時計塔の背後の位置にあり，全体の構図を決定する視点場となっている。しかしながらこの視点場から絵画のような景観を得るためには，首を左右に動かさねばならず，けっして一望することはできない。

視点場 a から魚眼レンズで撮影した実景を，写真 2.2.7a に示す。鐘楼と新行政長官府，コレール博物館に対する画角は 82.3 度，サン・マルコ聖堂に対する画角は 20.5 度，視点場 a 全体としての画角は，122.6 度と非常に大きい。

このため構図的に，いびつな印象を受ける。また，カナレットの描いている新行政長官府は，実景に比べて極端にポルティコやアーチ，窓の数が少ない。鐘楼を見る仰角は 41 度。

視点場 b は，視点場 a からは見ることのできないドゥカーレ宮殿の壁面を見る位置にあり，視点場 a より南へ移動した地点にある。この地点からは，サン・マルコ湾方向に，有翼のライオンの柱やマッジョーレ教会を見ることができる（写真 2.2.7b）。

▶ 2.2.8　「サン・マルコ広場：南と西を望む」

ついで，そのままレオーニ小広場にそろりと移動し，サン・マルコ広場の方向と小広場方向を画角に注意しながら同時に見る場所を探す。

レオーニ小広場は，L 字の角から少し突き出る形でサン・マルコ聖堂の北側に位置してい

絵画◇ 2.2.8　「サン・マルコ広場：南と西を望む」
Los Angeles County Museum of Art, Gift of The Ahmanson Foundation, Photograph © 2009 Museum Associates/LACMA

図◇ 2.2.8　視点場からの絵画内可視壁面と視界平面図

第 2 部　描かれたヴェネツィア景観

写真◇ 2.2.8　視点場からの実景

る。三方を壁面に囲まれた比較的狭小な空間である。

　このレオーニ小広場から南西方向のサン・マルコ広場方向を眺め，左手に鐘楼，右手に時計塔を配し，新旧行政長官府の奥には，サン・ジェミニアーノ教会とモイゼ教会の鐘楼を見る構図となっている。後にはコレール博物館が建設されることになるが，それらの光景がパースペクティブに描かれている（絵画 2.2.8）。コレール博物館の壁面上部には，サン・モイゼ教会の鐘楼と，その右手にもう 1 つの鐘楼が描かれている。鐘楼と行政長官府が 2 点透視画法で描かれている。この絵画は，おそらくカナレットがサン・マルコ広場の景観を描いた最後の作品（1763 年）と考えられる。この年にカナレットは，ヴェネツィアのアカデミー会員に選出された。

　視点場は，1 箇所で，広角で描かれた（図 2.2.8）。建物の平面図から作図したような構図である。

　絵画名が示すとおり，この景観を得るためには，視点場から南と西を見渡さねばならない。

絵画◇ 2.2.9　「サン・マルコ広場：南東を望む」
Gift of Mrs. Barbara Hutton, Image courtesy of the Board of Trustees, National Gallery of Art, Washington

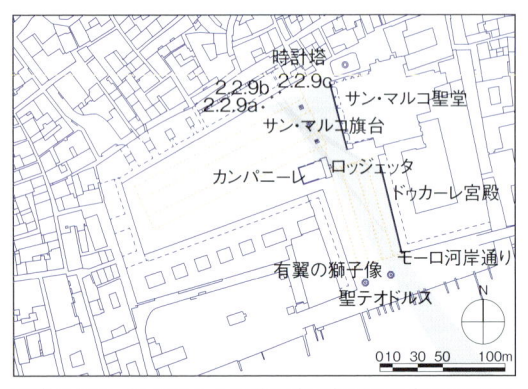

図◇ 2.2.9　視点場からの絵画内可視壁面と視界平面図

写真◇ 2.2.9a　視点場 a からの実景 　　写真◇ 2.2.9b　視点場 b からの実景 　　写真◇ 2.2.9c　視点場 c からの実景

画角は 136.5 度で，1 つの視点場からの画角では最も大きい。撮影した写真を横に繋ぎ合わせた実景を，写真 2.2.8 に示す。サン・モイゼ教会の鐘楼が現在でも見える。

視点場の位置は，レオーニ広場からサン・マルコ広場の方向に移動した際に，ちょうどサン・マルコ聖堂と時計塔の壁面によって幅が狭くなっている場所である。

▶ 2.2.9 「サン・マルコ広場：南東を望む」

次に，場所を西側の時計塔付近に少し移動し，視線をサン・マルコ聖堂，ドゥカーレ宮殿に向ける。

絵画（絵画 2.2.9）は，右手にロッジェッタの一部を配し，サン・マルコ小広場とその奥に広がるサン・マルコ湾をわずかに見る景観が描かれている。

視点場は，3 箇所であるが，何れの視点場も，サン・マルコ広場の時計塔付近に位置している（図 2.2.9）。旗台と聖堂，ドゥカーレ宮殿の位置関係が絵画と一致しないのである。

視点場 a からサン・マルコ聖堂までの距離は，61.4m，仰角は 21.1 度，建物を見る角度としては適度な角度である。

同じく視点場 b からドゥカーレ宮殿までの距離は 128.7m，仰角は 10.9 度。

視点場 c から有翼の獅子の柱までの距離は 166.3m，仰角は 3.8 度。

画角は，それぞれ 49 度，15 度，11 度と，それほど大きくはない。視点場の決定は，それぞれの建築物のファサードの角度による。

視点場 c からの実景では，有翼の獅子の柱の左にマッジョーレ教会の鐘楼が見えるが，絵画中には描かれていない。なお，前面に 3 本並んで立つ旗台と背後の建築物群の位置関係も視点移動の一要因である。それぞれの実景を，写真 2.2.9 に示す。

絵画では広場内の旗台の近傍には，いくつかの露店が並び，三々五々立ち話する人が描かれた。

▶ 2.2.10 「聖堂に面するサン・マルコ広場」

次に，時計塔近傍のポルティコと連なっている旧行政長官府棟のポルティコを通り，西側にわずかに移動する。そしてサン・マルコ聖堂に目を向ける。

絵画は，サン・マルコ広場の新行政府長官府棟からサン・マルコ聖堂方向を正面に，やや高い視点場から眺めたものである（絵画 2.2.10）。横に広がる聖堂の壁面に対して，3 本の旗台が

図◇ 2.2.10 視点場からの絵画内可視壁面と視界平面図

写真◇ 2.2.10a 視点場 a からの実景

写真◇ 2.2.10b 視点場 b からの実景

第2部　描かれたヴェネツィア景観

絵画◇2.2.10　「聖堂に面するサン・マルコ広場」
[出典]　Filippo Pedolocco：Visions of Venice Paintings of the 18th Century, Taulis Parke, 2002

縦方向に構図的なアクセントを与える。ロッジェッタの一部が画中の右端にあるものの，この絵画では鐘楼は描かれていない。

視点場は，2箇所（図2.2.10）。

視点場aは，旧行政長官府1階のカフェ，カルロ・ラヴェーナの西側に位置している。視点場aからは，レオーニ小広場とサン・マルコ聖堂が描かれ（仰角19.5度），その実景を写真2.2.10aに示す。旗台の位置と背後の聖堂の窓の位置，ドゥカーレ宮殿の窓の位置がいずれも一致しない。

視点場bは，視点場aからポルティコ内を歩いて東に移動した位置である（図2.2.10）。視点場bからの実景を，写真2.2.10bに示す。

▶ 2.2.11　「新政庁のカフェ・フロリアンにて」

次に，サン・マルコ広場の人ごみの中を横切り，新行政長官府棟に移動して，そのポルティコで立ち止まる。

新行政長官府の1階に店を構えるカフェ・フロリアンを見つけたら，高価なコーヒーを注文してカップを手にしながら，ポルティコ内の連続するアーチ上の天井と柱の彫刻，さらに鐘楼とサン・マルコ聖堂を眺めよう。このような構図が描かれている（絵画2.2.11）。

視点場は，3箇所（図2.2.11）。

視点場aとbは，新行政長官府のポルティコや柱の彫刻をとらえるための視点場であり，その位置は柱芯を真ん中にしてほぼ等しい。視点場aは，ポルティコ内の奥行きを描いたものであり，視点場bは，そこからわずかに広場方向へ移動して，柱とその横に見える鐘楼と広場方向を望む。鐘楼の小窓は9個描かれているが，実景では8個である。この場所からサン・マルコ聖堂が望めない。

そこで，鐘楼のすぐ西側の位置にある視点場cに移動する。そこで初めて，サン・マルコ聖堂と旗台を1本望むことができる。それぞれの視点場からの実景を写真2.2.11に示す。

カナレットの絵の中で，これほど人物の様子

第 2 章　描かれた広場景観

絵画◇ 2.2.11　「新政庁のカフェ・フローリアンにて」
National Gallery, London. Photo © The National Gallery, London

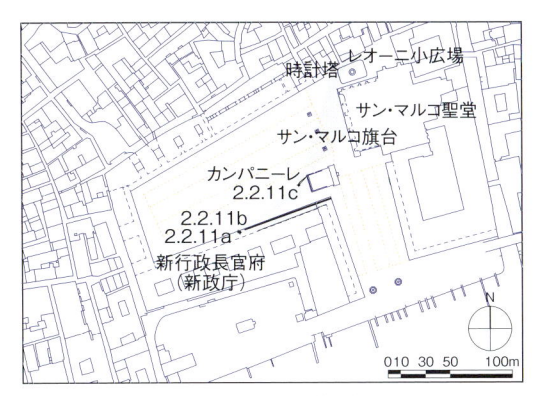

図◇ 2.2.11　視点場からの絵画内可視壁面と視界平面図

写真◇ 2.2.11a　視点場aからの実景

写真◇ 2.2.11b　視点場bからの実景

写真◇ 2.2.11c　視点場cからの実景

を細かく描写してあるものは珍しく，右側の人物などは，フロリアンで頼んだコーヒー・カップを手にし立っている。ポルティコの柱を超近景にほぼ中央に配した大胆な構図をとっている。

　新行政長官府下のポルティコ内の天井は，写真ではアーチ状から格子天井に変わっているように見えるが，実はアーチの天井には彫模様があり，ハトよけのための網付き木枠が設けられ，このために格子天井に見える。プロポーション等は，絵画とまったく同じ。また柱頭にある彫刻は，現地調査においてもカナレットが描いた彫刻と同じものを見出し，その彫刻下から絵画同様の景観が得られた。床の目地には，直線のパースラインがそのまま用いられているが，実景では菱形である。

　新行政長官府のポルティコは，旧行政長官府のそれと比べて，天井の高さとその飾り，付け柱，柱頭の彫刻，床の段差など豪華である。新行政長官府のポルティコをカナレットが注目した理由の1つは，ここにある。

▶ 2.2.12　「聖堂とともにサン・マルコ広場を望む」

　ついでサン・マルコ広場のほぼ中央に移動し，視線をサン・マルコ聖堂正面に向ける。
　この絵画は，サン・マルコ広場の中程からサン・マルコ聖堂を正面に配し，聖堂の左手にレ

第 2 部　描かれたヴェネツィア景観

絵画◇2.2.12　「聖堂とともにサン・マルコ聖堂を望む」
Harvard Art Museum, Fogg Art Museum, Bequest of Grenville L.Winthrop, 1943.106, Photo: Katya Kallsen © President and Fellows of Harvard College

図◇2.2.12　視点場からの絵画内可視壁面と視界平面図

写真◇2.2.12a　視点場aからの実景

写真◇2.2.12b　視点場bからの実景

オーネ小広場，左右を囲む新旧の行政長官府と鐘楼を眺めるサン・マルコ広場の典型的な景観が描かれた（絵画2.2.12）。

　サン・マルコ広場は，形状が台形に歪んでいる。聖堂側に近づくにつれて幅が広がっているのだが，このことが，視覚的効果を生んでサン・マルコ聖堂を実際よりも近くに感じることになる。また，サン・マルコ聖堂の空間軸は，広場の軸と少しずれている。仔細に見ると，サン・マルコ広場からレオーニ小広場と一方ドゥカーレ宮殿の壁面を同時に見ることはできない。

　視点場は，2箇所（図2.2.12）。

　視点場aは，新旧の行政長官府のちょうど中間地点に位置し，サン・マルコ聖堂と時計塔，その間を通してレオーニ小広場まで見ることができる（写真2.2.12a）。聖堂は仰角10.0度，鐘楼の仰角は39.5度である。

　視点場aから新行政長官府側に移動した視点場bは，視点場aから見ることのできないドゥカーレ宮殿の壁面を，鐘楼と新行政長官府の間から見ることができる（写真2.2.12b）。

　この絵画で，新行政長官府と旧行政長官府のファサードを見比べてみると，床に数段の段差があること，上階にテラスが設けられていること，柱の装飾などに，相違が見られることが理解できる。

▶ 2.2.13　「サン・マルコ広場：聖堂を望む」

　ついで，サン・マルコ広場の西側，コレール博物館のポルティコまで移動しよう。

　この絵画は，サン・マルコ広場全体を眺めたものである。先の構図ときわめて類似し，サン・マルコ広場を一望する構図が描かれた（絵画2.2.13）。実景を，写真2.2.13aに示す。先の絵画とやや異なっているのは，視線が高いこと，それに次の添景である。広場の床面が工事中で

第 2 章 描かれた広場景観

絵画◇2.2.13 「サン・マルコ広場：聖堂を望む」
COPYRIGHT © Museo Thyssen-Bornemisza. Madrid

図◇2.2.13 視点場からの絵画内可視壁面と視界平面図

写真◇2.2.13b 旧行政長官府の全景

写真◇2.2.13c 新行政長官府の全景

写真◇2.2.13a 視点場からの実景

あること，それに不揃いのテントの露店，オーニングが窓にかけられていることなど，リアルに描かれている点である。カナレットの初期の作品で（1723年），サン・マルコ広場の床工事の年代が推定できる。

視点場は，1箇所であり，サン・マルコ広場の西端部の中央付近の位置（図2.2.13），コレール博物館の上階である。

画面の左に伸びる旧行政長官府は，1階には50のアーチが連なるポルティコを形成し（写真2.2.13b），その内部にはさまざまな店舗が軒を列ねている。この上に，さらに2層の柱廊

第2部 描かれたヴェネツィア景観

絵画◇2.2.14 「サン・マルコ広場：南西の角より東を望む」
[出典] J.G.Links：Canaletto, Phaidon, 1994

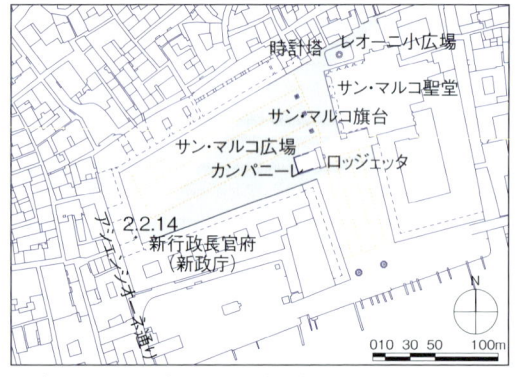

図◇2.2.14 視点場からの絵画内可視壁面と視界平面図

写真◇2.2.14 視点場からの実景

が並んでおり，建築高さは18.8mである。これと対面して建つ新行政長官府は，スカモッツィの設計により1586年に建設が開始されており，バロック様式の建造物で旧行政長官府よりも高く，21.8mである（写真2.2.13c）。

現在では，広場内に佇む人々や，通り抜ける人々がいる一方で，両行政長官府の基壇部分に思いおもいに腰を下ろし，談笑・休息する人々も多く見られる。

▶ 2.2.14 「サン・マルコ広場：南西の角より東を望む」

ついで南方向の端まで移動し，ポルティコ内にはいり，視線を東方向に向けながら，絵画と照合してみよう。

この絵画は，コレール博物館のポルティコの南西の端部から，ポルティコ内のアーチを通して中央部には鐘楼，その左手にサン・マルコ聖堂，そしてサン・マルコ広場を見る景観が描かれている（絵画2.2.14）。ポルティコのアーチと垂直の鐘楼とのコントラストが，特異である。

画中では，サン・マルコ広場には，テントのような仮設建築物が鐘楼の近くまで並んで，市場が開かれている。鐘楼から伸びるリストンのような白い線が床面に施されているが，現在はこのような位置に該当するリストンは見当たらない。

視点場は，1箇所（図2.2.14）。

絵画では，最も南寄りのアーチが視点場になっているようだが，現地調査では，南西の端から2番目のアーチを視点場としたほうが，絵画に近い。

前述したように，コレール博物館の改修によってアーチの幅等が当時と異なったことにより，明確な位置を確定することが困難になった。

画中左には，仮設建築物が並んでいるために，その背後の建築物を見ることができない。視点

場からの実景を，写真 2.2.14 に示す。

サン・マルコ広場の南西端は，日差しの強い夏などにはポルティコの段差に腰を下ろして休む人の姿は多い。夕方には，西日がサン・マルコ聖堂を黄金に輝かせ，広場内を行き交う人々の様子とともに美しい風景を望め得る視点場でもある。

▶ 2.2.15 「ポルティコまたはアシェンシオーネ通りから望むサン・マルコ聖堂」

今度は，ポルティコ内を北方向に移動する。これで，サン・マルコ広場の景観は最後となる。

この絵画は，絵画 2.2.14 と構図としては類似しているが，サン・マルコ広場西北端，コレール博物館下部のポルティコから，アーチを通してサン・マルコ聖堂と鐘楼方向を見た景観が描かれた（絵画 2.2.15）。ポルティコのアーチが，構図上でその後景を切り取る額縁の役目を果たし，視対象と視点場との距離感を引き立たせる。

視点場は，1 箇所。視対象であるサン・マルコ聖堂までの距離が，サン・マルコ聖堂の長辺方向の距離とほぼ等しいため（図 2.2.15），視点場から見る視対象の全体像を見る仰角も，それほど大きくはならない。視点場からサン・マルコ聖堂までの距離は 183.9m，仰角 6.0 度，鐘楼までの距離は 150.4m，仰角 31.0 度。鐘楼に対する仰角の値は，サン・マルコ広場の絵画中最も小さい。視点場からの実景を，写真 2.2.15 に示す。

コレール博物館は，サン・マルコ広場周りの建物の中で建造時期が最も遅い。19 世紀初頭に行われたナポレオンの翼壁の改修により，その下部のポルティコにも手が加えられた。他のポルティコよりも地盤面部分が高めに建設されて，アックア・アルタの際も水に浸かることはない。

絵画中では，サン・マルコ広場との間の段差

絵画◇2.2.15 「ポルティコまたはアシェンシオーネ通り」
© The National Gallery, London, Photo © The National Gallery, London

図◇2.2.15 視点場からの絵画内可視壁面と視界平面図

写真◇2.2.15 視点場からの実景

第２部 描かれたヴェネツィア景観

が描かれておらず、視点場の状況は、現在と異っている。実際の視点はもっと西側、つまり後ろへ下がった場所の画題にあるように、アシェンシオーネ通りの位置であった可能性が高い。現在はポルティコ内部に壁面があるため、アシェンシオーネ通りからポルティコを通して、このようにサン・マルコ広場を望むことはできない。

2.3 サン・マルコ広場に描かれた人物の分布と視点場の関連

▶ 2.3.1 広場に描かれた人物の分布を見る

いままで15点のサン・マルコ小広場、サン・マルコ広場の絵画とその実景を比較してきた。カナレットが描いた広場には、多くの人物が描かれている。立ちどまって話している人、仮設店舗の前に立ち止まっている人、演説に聞き入っている人、歩いている人、コーヒーを飲んでいる人などが描かれている。今日と同様、外国人の姿も数多く描かれ、老若男女が連れ立っている。

描かれたこれらの人々は、サン・マルコ広場内の、どの地点に立って、あるいは座っているのであろうか。広場内でも、各コーナーでの使われ方にも特徴があるのかもしれない。

カナレットは、今と同じ床の目地やリストンを人物の足元に描きこんでいる。しかも透視画法で、ほぼ描いている。人物の位置は、比較的推定しやすい。ここで透視画法を援用して、人物の位置を推定してみよう。人物は、実際よりもやや小さめに描かれているが、位置を確認するには不都合はない。複数の視点場から描いていることもあるが、立ち止まっている人物の空間的位置の傾向は、大雑把には把握できる。

図◇ 2.3.1 描かれたサン・マルコ広場における人物の分布（黒色ほど多く人物が描かれた）

第2章 描かれた広場景観

　10×10mに区切った枡目を広場の平面に用意して，その升目をパースさせて，15点の絵画に描かれている人物を，それぞれの升目に入れて，重ね合わせてみる。その結果を，図2.3.1に示している。これより人物の分布傾向を，読み取ることができた。

1）サン・マルコ聖堂前の北寄り，向かって正面やや左手，それに時計塔の近傍に，多くの人物が描かれていることがわかる。サン・マルコ聖堂のバルコニー下には，中央と左右に5つの半円形のモザイク壁画がドアーの上部にある。向かって最左手には，もっとも古いモザイク（13世紀）が残っており，「サン・マルコの遺骸，サン・マルコ聖堂に入る」壁画が描かれている。そのすぐ右側には，「最後の審判」などが飾られ，非常に重要なファサードとなっている。このことからも，10×10mの区切りの升目でカウントすると，その中には最大25人の人物が描かれていた。全体として聖堂前に多くの人物が描かれているのである。

2）ついで多いのは，鐘楼の近傍，それにカルタ門周辺である。カウントすると，そこでは

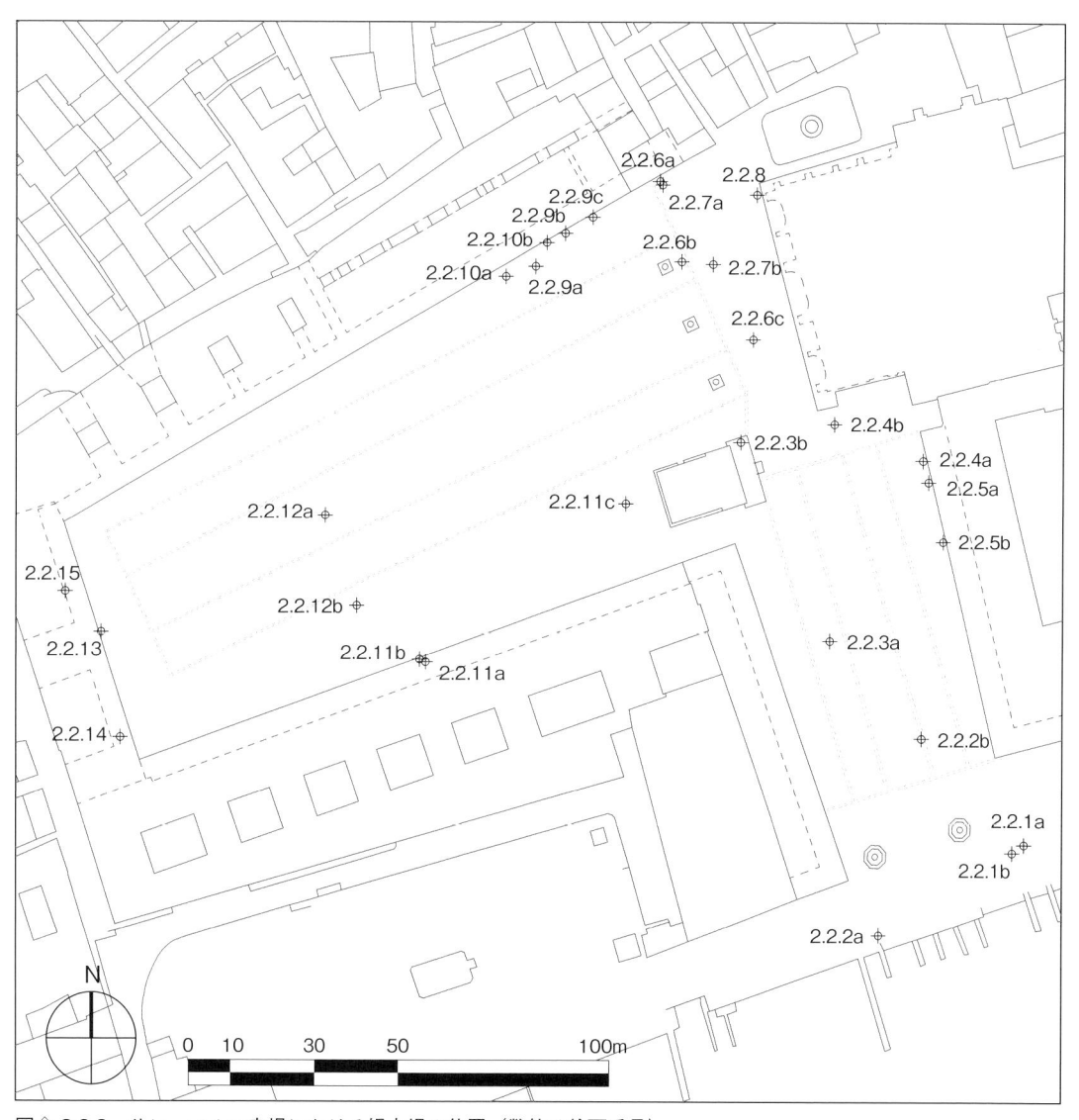

図◇2.3.2　サン・マルコ広場における視点場の位置（数値は絵画番号）

第2部　描かれたヴェネツィア景観

10人以上の人物が描かれたいくつかの升目がある。それに，有翼の獅子像とテオドルスの像の円柱の足元周辺にも，人物は描かれた。

3) その他のところでは，新行政長官府棟のポルティコ近傍や，サン・マルコ広場に，三々五々，分散して描かれた。

4) 一方，サン・マルコ広場の西側の近傍やレオーニ小広場には，ほとんど人物は描かれていない。

このように，サン・マルコ聖堂前，時計塔周囲，円柱の周囲に，多くの人物が描かれている。今日でもサン・マルコ聖堂前には，多くの観光客が滞留しており，鐘楼前やカルタ門の前にも数多くの人々を見受ける。カナレットが描いた当時の人物も，数こそ少ないが，同じ場所の近傍で立ち止まり，休憩し，交流している様子が見受けられるのである。

▶ 2.3.2　視点場の分布の確認

今までサンマルコ広場を描いた絵画の視点場の位置を，一つひとつ地図上で確めてきた。また視点場を探す前に，最初に図2.2.0に視点場の位置と視線の方向を示しておいた。ここで念のために，ふたたび視点場の位置だけを示した分布を確認しておこう（図2.3.2に視点場の位置を再掲）。

1) 視点場の位置図2.3.2を見ると，時計塔の前，旧行政長官府のポルティコ，それにサン・マルコ聖堂前に，視点場は，最も多く見られる。これらは，サン・マルコ小広場や，その奥にはサン・マルコ湾方向を見る視点場である。

2) サン・マルコ広場内には，コレール博物館近傍，新行政長官府にもいくつかの視点場が見出せる。これらは，鐘楼やサン・マルコ聖堂を見る視点場である。

3) モーロ河岸にも，サン・マルコ小広場を見る視点場がある。ドゥカーレ宮殿の西側にも視点場が見られる。それは，鐘楼を見て，さらにその向こうの行政長官府などを見る視点場である。

▶ 2.3.3　視点場の位置と人物の位置

これらの視点場の位置と，描かれた人物の位置を相互に見比べてみると，完全には一致しないが，視点場に近い位置に，人物が描かれていることが多いようだ。

図◇2.3.3　絵画2.2.3の部分図（1730年頃）
Detail of 2.2.3：The Nelson-Atkins Museum of Art, Kansas City, Missouri. Purchase：William Rockhill Nelson Trust, 55-36. Photograph by Mel McLean.

図◇2.3.4　絵画2.2.8の部分図（1763年）
Detail of 2.2.8：Los Angeles County Museum of Art, Photograph © 2009 Museum Associates/LACMA

図◇2.3.5　絵画2.2.12の部分図（1730－35年）
Detail of 2.2.12：Harvard Art Museum, Fogg Art Museum, Bequest of Grenville L.Winthrop, 1943.106, Photo: Katya Kallsen © President and Fellows of Harvard College

第 2 章　描かれた広場景観

図◇ 2.3.6　絵画 2.2.13 の部分図（1723 年頃）
Detail of 2.2.13：COPYRIGHT © Museo Thyssen-Bornemisza. Madrid

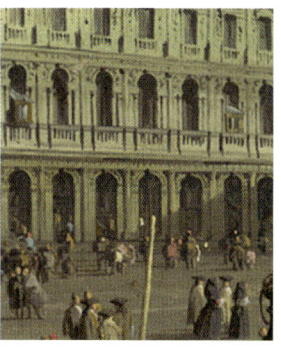

図◇ 2.3.7　絵画 2.2.7 の部分図
Detail of 2.2.7：The Ella Gallup Sumner and Mary Catlin Sumner Collection Fund. Endowed by Mr. and Mrs. Thomas R. Cox, Jr., 1947.2, THE WADSWORTH ATHENEUM MUSEUM OF ART

図◇ 2.3.8　絵画 2.2.12 の部分図　新行政長官府のポルティコ
Detail of 2.2.12：Harvard Art Museum, Fogg Art Museum, Bequest of Grenville L.Winthrop, 1943.106, Photo: Katya Kallsen © President and Fellows of Harvard College

　具体的に取り上げると，サン・マルコ聖堂と時計塔周辺は，数多くの人物が描かれているが，視点場も，そこに集中している。また，2つの円柱の周辺にも人物が描かれており，そこにも視点場があった。

　つまり，描かれた人物の分布と視点場の位置は，およそ重なりあっている。カナレットが描いた人物の位置は，自身がイーゼルを置いて別の構図を描く視点場でもあった。

▶ 2.3.4　各視点場の様子が描かれている

　まずは，絵画 2.2.1，2.2.2，2.2.3 を再見しよう。ここには，小広場から北方向に見て，ほぼ正面に時計塔を見る構図が描かれている。絵画 2.2.3 に描かれた時計塔の前には，仮設の小屋が見られ，両側の建物の窓には，うらぶれた日よけがついている（図 2.3.3 に詳細を示す）。

　そこで，時計塔前を詳しく描いた絵画を探すと，絵画 2.2.8 がある（図 2.3.4）。これは 1763 年カナレットが晩年に，レオーニ広場から，時計塔前，旧行政長官府，それにサンマルコ広場の南，西方向（新行政長官府）を見て描いたものである。時計塔前の様子がわかる。すでにこの時点では，仮設小屋はなく，日よけも

きれいになっている。時計塔前には，2つのグループの人物が描かれている。1つは時計塔の手前の3人のグループ，もう1つは時計塔のポルティコの向こう側の女性，子供含めて5人のグループである。また，時計塔を逆方向から側面をみた絵画 2.2.12（1730 − 1735 年）と絵画 2.2.13（1723 年頃）がある（部分図を図 2.3.5 左と図 2.3.6 に示す）。図 2.3.6 は，カナレットの初期の作品であり，時計塔周辺は日除けと屋台が雑然としている。図 2.3.5 は，それから七年後に描かれたもので，時計塔周辺はだいぶ整備が進んでおり，床は舗装が終わり，日除けも整然としている。

　この時計塔前は，絵画 2.2.7，2.2.6 の視点場ともなっている。もしかしたら，絵画 2.2.8 の時計塔前にいるグループの人物の内の1人が，カナレットであるかもしれない（図 2.3.4 参照）。ここからサン・マルコ小広場方向をみたのかもしれない。この時計塔からは，手前に聖堂そしてサン・マルコ小広場方向を見た景観が描かれたのである（絵画 2.2.6 と絵画 2.2.7）。

　絵画 2.2.7 は，この時計塔前から新行政長官府，それにコレール博物館方向まで広角でみたものである（図 2.3.7 に拡大図）。新行政長官府には，カフェ・フロリアンがある。ポルティ

コの数が実際とは異なって少なめに描かれているが，新行政長官府棟のほぼ中央部にあることはわかっている。したがって，その場所は推定できる。図2.3.7に描かれた新行政長官府の中央部のポルティコの中には，人の姿が，わずかに見える。それはきっと，カフェを片手にした紳士であるに違いない。

絵画2.2.11には，新行政長官府のポルティコ内のカフェ・フロリアンが描かれており，そこでコーヒーを飲むマントを着た紳士が描かれていた。彼は，そこから聖堂を眺めていたのである。

サン・マルコ広場の中央部を視点場にした絵画2.2.12を先に見た。新行政長官府棟が描かれており，同じ位置のポルティコの傍にも，紳士がたたずんでいるのをみることができる（図2.3.8参照）。

以上のように相互に，視線方向が繋がっていき，絵画の構図，視点場が関連して描かれているのが読み取れるのである。

▶ 2.3.5 カナレットは自画像を描かなかったか

当時の絵画には，謎解きの楽しみを与える絵画も少なくない。もしかしたら，イーゼルを置いた場所に，自分自身を配しているのかもしれない。自画像的に。

同じ建物を角度を変えて繰り返し描くのであるから，画家の意図を探っていけば，このような解読の方法もありえるわけで，一人ひとりの人物を探してみる楽しみもある。本書では，やや小さめの画集にから引用した絵画であるために，残念ながら，詳細には読み取ることはできなかった。

以上のように，視点場は，視対象にもなりえることがわかったのである。

いずれにしろ，今日でもサン・マルコ聖堂前には多くの観光客が滞留しており，カナレットが描いた当時も，同じ場所近くで滞留している様子を見受けるのである。

2.4 「公共（一般）広場」の景観

カナレットが描いたもう1つの広場は，カンポ「公共（一般）広場」と呼ばれるものである。この広場は，教区ごとに分散している。カンポは，広ければ，時には闘牛場，祝祭の野外劇場として使われる機会も少なくなかったという。周辺住民の相互の交流はもとより，消費生活にかかわる日常の瑣事に利用されたやや私的な生活空間であった。

広場には，真水確保のための井戸が，設けられた。カナレットの絵画にも井戸はきちんと描かれている。現在では鋳鉄製の上蓋が閉じられ，使用されてはいない。

カナレットが描いたこのカンポ（広場）の景観を，訪ねてみよう。

カンポを囲む建物の壁面線は，教会や大邸宅で境界づけられており，シャープな形態でしかも高次の機能を持つ建築群で囲まれたサン・マルコ広場とは異なって，実に多様な形態を見せている。元々は空き地でありながら，周囲を囲む運河の蛇行形態に影響され，また使い込まれて魅力的な空間となった。

(1) 視点場と視点数

カンポを描いた絵画は10点であるが，カンポは9箇所で，1箇所は2点の絵画で描かれた。

カンポの面積をみると，平均は2775.8m^2であるが，各広場によって多少のばらつきがある。約1000m^2もしくはそれにも満たない狭小な広場も存在する一方で，サン・マルコ小広場と同等かそれ以上の面積を持つ広場もある。

複数の視点場から描かれた絵画は，「リアル

第 2 章　描かれた広場景観

絵画◇ 2.4.0　聖ロクスの祭日「サン・ロッコ教会とサン・ロッコ同信会館を訪れるヴェネツィア総督」
Ⓒ The National Gallery, London, Photo Ⓒ The National Gallery, London

トのサン・ジャコモ・デイ・リアルト広場」のみである。カンポ広場は，おおむね四方を壁面によって囲まれていることもあって，ほとんどの視点場が，1箇所である。その視点場は，建築物の壁面や敷地境界の塀を背（5m以内）している。

(2)　視対象

主な視対象は，まずもって広場で，広場を囲む教会や鐘楼，そして邸宅の建築物等となっている。

主な視対象までの距離は，平均で約88mである。100m以内の超近景域に視対象をとらえる場合が多く，距離が100mを超える視対象は，主にカンポから離れた場所にある鐘楼である。これが，カンポ広場の景観の特徴であろう。

画角は，平均で約88度と広角である。画角が100度を超えるものは，5点もあり，首を左右に振らなければ絵画のような景観を得ることはできない。広場と周辺建築物の配置図をもとに，それに立面図を加えたような一点透視画法の描写法である。

私はここで，次の絵画からは見ていくことにする。カナレットは祭を描かなかった数少ない画家であることは，先に触れた。カナレットが描いた祭の中で，カンポで開催されている祭を描いた唯一の絵画がここにある，「聖ロクスの祭日」（絵画 2.4.0）の絵である。

聖ロクスは1485年よりサン・ロッコ教会に祀られていた。この「聖ロクスの祭日」は，1576年に流行した疫病を鎮めた聖ロクスに対する感謝を表すために始まった。ロクスの祭日である8月16日には，このサン・ロッコ教会にヴェネツィア総督が訪問するなど，国家的な

第2部 描かれたヴェネツィア景観

絵画◇2.4.1 「サン・ロッコ広場」
[出典] Le Prospettive di Venezia, 1742

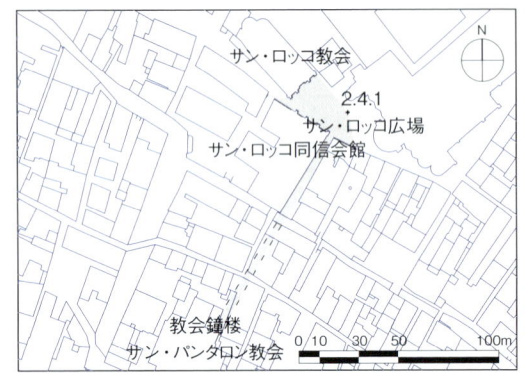

図◇2.4.1 視点場からの絵画内可視壁面と視界平面図

写真◇2.4.1a 視点場からの実景

写真◇2.4.1b サン・パンタロン教会の鐘楼

の売買が行われた。

　祭事に人で埋まるこの広場は，周囲を大規模建造物が囲んだ比較的小さな広場である。都市の中心部からやや離れた小さな広場であっても，祭事には街中の主役となった。

　もう一つ興味深いのは，絵画の売買の様子が描かれていることである。祭事を利用して組織的に不特定多数に販売活動が行われたという点と，その様子を描いたことも注目する必要がある。カンポを巡る順は，サン・ロッコ広場から始めよう。

▶ 2.4.1 「サン・ロッコ広場」

　サンタ・ルチーア駅を起点に，ヴェネツィアの地図を片手にサン・ロッコ広場へのルートを辿ってみよう。

　列車を降りてサンタ・ルチーア駅の構内を通っていくと，構内の屋根の上部からぬうっと緑色のドーム屋根が私たちを迎える。構内を通り抜けて階段を下りると，大運河沿いの対岸にこのブロンズのドームを持つピッコロ教会が見える。両側には，パステルカラーの色あせた建物が立ち並んでいる。手前の大運河では，ゴンドラ，ボート，水上バスがあわただしく動き回っている。

　左手にはスカルツィ橋が見える。そのスカルツィ橋を渡り，すぐに右に折れて大運河沿いに，ドーム屋根のピッコロ教会前のピッコロ運河通りを歩く。ついで，トレンティーニ運河から橋を渡らず左手に折れて（パパドポーリ公園前），トレンティーニ運河通りに歩を進める。しばらく歩くと，落書きの多い建築大学の前にいたり，壁に貼り付けられたサン・マルコ広場方向とリアルト橋方向の標識を目にする。それに従い左に曲がり，東南方向を目指すと，今度は右折してティントレット通りを抜け，サン・ロッコ広場にいたり，それに面して建っている古典主義

祝賀が行われるようになった。

　絵画は，サン・ロッコ同信会館を正面に，サン・ロッコ教会を右手に眺めた絵画である。

　画面中央の広場には，赤い衣服を着用したヴェネツィア総督が多くの人垣に囲まれている。同信会館の壁面には絵画も展示されている。カナレットが描いた絵画も含まれているかもしれない。祭事のときには，作品を一般に公表したり，貴族や教会参列の各国大使を対象に絵画

様式のサン・ロッコ同信会館に出会う。細い路地を通り大学をすり抜けて知らぬ間に到着するのが，この広場である。

この絵画は，サン・ロッコ広場の北側から広場の南を眺め，右手にサン・ロッコ教会，正面にサン・ロッコ同信会館を見る景観が描かれている（絵画2.4.1）。さらに同信会館左手のフィアンコ・デラ・スクオーラ通りの視線軸方向に，サン・パンタロン教会の鐘楼が描かれている。実景を，写真2.4.1に示す。描かれている広場は，人物が建物に比べて小さく描かれているために，広く見えるが，実際は幅20m弱のきわめて狭い広場である。

また，影の向きから太陽は，北に位置することになるが，これはありえない。若いときの舞台装置のデザインの修行の成果であり，舞台照明の効果を考えて加えたに違いない。

他の画家が描いたサン・ロッコ教会を真正面にすえた絵画は，引きが取れているが，サン・パンタロン教会の鐘楼は，望めない。一方カナレットは，サン・ロッコ同信会館を正面にすえているために，同信会館を見るための引きが取れないのであるが，それをリアリティをもって描きこんでおり，サン・パンタロン教会を細い路地を通して眺めることができる。右手の教会を正面にして描かなかった理由は，彼が描いた当時（1735年），サン・ロッコ教会のファサードがまだ未完成であったことによる。ヴィセンティーニのエッチングに描かれた時（1742年）には，右手の教会のファサードは完成しており，それがここに取り上げたものである。

視点場は，1箇所（図2.4.1）。サンタ・マリア・グロリオーザ・ディ・フラーリ教会の裏側の塀を背にした場所である。

画角は，159度と非常に大きく，首を左右に振らなければ全体を見ることはできない。また，細い路地を通してサン・パンタロン教会が見える場所は，この地点しかないので，これより視点場の位置が決まる。この視点場から同信会館の仰角は，55.5度と大きく，これで広場の狭さが理解できよう。

サン・ロッコ同信会館は，ヴェネツィア内の6つの同信組合の中の1つであるが，組合の創建はヴェネツィアで最も新しい。内部はティントレットの傑作「キリスト磔刑図」で有名であるが，そればかりではない。内部のすべての壁面と天井はティントレットの迫力のある絵画群で満ち溢れており，簡素なサン・ロッコ教会に比べてサン・ロッコ同信組合は，圧倒的な力を鼓舞している。

サン・ロッコ広場は，台形状で，狭い空間である上に，周囲をサン・ロッコ同信会館，サン・ロッコ教会，フラーリ教会等の大規模建築物に囲まれた閉ざされた広場で，D/Hは0.7。床面は石張りである。

広場に面した同信会館の左手の住宅の1階部分では，小さなレストランやカフェ，土産店が立ち並び，人通りも多く賑わいを見せている。石造の建物に囲まれているために，ささやくような小さな声も思いのほか響く。

なお，写真2.4.1aに見られる手前のアーケード状の構造物は，祝祭行事のための仮設物である。仮設物によって見えにくいサン・パンタロン教会の鐘楼を，同じ場所から撮影したものを写真2.4.1bに示す。

▶ 2.4.2 「サン・ポーロ広場」

サン・ロッコ広場から次に向きを東にとり，フラーリ教会の脇をすり抜けて，サン・トマ広場方向に歩く。サン・トマ広場から歩きながらリアルト橋方向の表示板をみつけたら，それに沿って東方向からやや北方向へと歩を進めていく。やがてレンガ造のサン・ポーロ教会と，中央に向かってすこし勾配のあるだだっ広い空地，それに一本の高木が左手に見えてくる。そ

第 2 部　描かれたヴェネツィア景観

れが，サン・ポーロ広場である。

　この絵画は，今入ってきた位置，サン・ポーロ広場の南側から，北方向に広場を見て，右手にソランツォ邸，左手奥に大きい建物のコルネール・モツェニーゴ邸を見る景観が描かれている（絵画 2.4.2）。広場中央寄りに井戸が見える。絵画内の左端にわずかに見えるのが，サン・ポーロ教会（9 世紀創建，15 世紀再建，1804 改築）の壁面である。レンガ造の壁面で

絵画◇ 2.4.2　「サン・ポーロ広場」
[出典]　Le Prospettive di Venezia, 1742

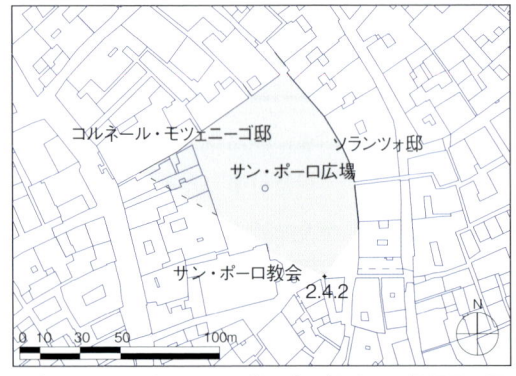

図◇ 2.4.2　視点場からの絵画内可視壁面と視界平面図

写真◇ 2.4.2　視点場からの実景

あり，仕上げの漆喰の跡が見える。実景を，写真 2.4.2 に示す。

　描かれた建物のファサードや広場の形状などは，実景が描かれていると推定できるが，描かれた広場のほうがやや狭く見える。この広場は，ヴェネツィアで最も大きいカンポである。

　視点場は，1 箇所，広場の南端にある（図 2.4.2）。この視点場からの視線は，広場の隅々まで届く。視点場から大きな建築のコルネール・モチェニーゴ邸までの距離は 93.7m，仰角 15.0 度。画面構成は，比較的単純で，建物のファサードをそのまま描いた構図である。画角は 106 度と広角である。建物のファサードを，そのまま描いた構図である。

　サン・ポーロ広場は，やや南北に長い形をしており，南側に立地するサン・ポーロ教会によって囲まれた形状をしている。絵画中にはないが，現在広場内には 10 本程の植樹がある。写真 2.4.2 で広場の中央部に見られる仮設の構造物は，リドで開催されるヴェネツィア映画祭と同時に映写されるために設けられた仮設舞台と客席である。

▶ **2.4.3　「リアルトのサン・ジャコモ・デイ・リアルト教会」**

　サン・ポーロ広場から，今来た通りをリアルト橋の表示を見ながら狭い薄暗い道（幅員 1.5m）を通り，サン・タポナール広場を過ぎると，ありとあらゆる商品が並んでいる古びた店舗群の前を通ることになる。人通りはしだいに多くなり混雑してくる。リアルト橋に近づき，まもなく薄汚れたエレモジナーリオ教会が見えると，もうリアルトの露店があり，その露店の隙間から左手に広場，正面にリアルト教会が見える。

　この絵画は，画面の正面に広場と木造のサン・ジャコモ・ディ・リアルト教会，その左右に旧

第2章　描かれた広場景観

絵画◇2.4.3　「リアルトのサン・ジャコモ・デイ・リアルト教会」
Gemaldegalerie Alte Meister, Staatliche Kunstsammlungen, Dresden

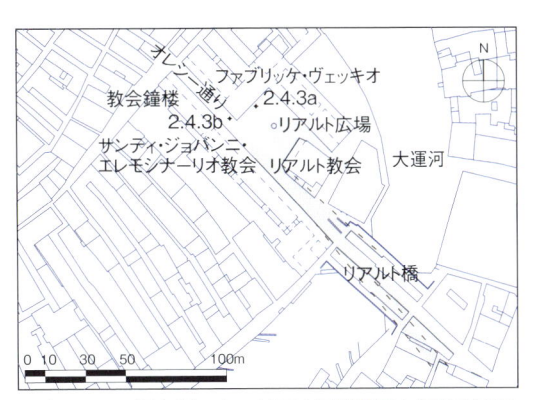

図◇2.4.3　視点場からの絵画内可視壁面と視界平面図

写真◇2.4.3a　視点場aからの実景

写真◇2.4.3b　視点場bからの実景

役所の北棟と南棟，リアルト教会の右手奥にリアルト橋の橋上構造物を見る景観が描かれている（絵画2.4.3）。さらに，遠方に位置するサン・バルトロメオ教会の鐘楼が，リアルト橋の屋根越しに見える。

　視点場は，2箇所（図2.4.3）。それぞれの実景を，写真2.4.3に示す。

　視点場aは，リアルト広場に面した旧役所のポルティコ。かつて商品取引所の中央市場として重要な役割をになっていた。広場自体はけっして広くはないが，広場周りの1階部分が，すべてポルティコとなっており，広く感じられる。床面は石張りであり，ここにもリストンが施されている。リアルト教会の仰角は27.8度。この視点場からはリアルト橋が見えない。

　視点場bは，オレシー通りであり，この位置からリアルト橋を見ることができる。

　画角は2つの視点場とも小さく，視線は，広場全体をカバーしないが，次の絵画において反対方向を見ることにより，リアルト広場全体が，把握できる。

　サン・ジャコモ・ディ・リアルト教会はヴェネツィアで最も古い建立であるとされている。現在の建築は11世紀のもので，16世紀に修復，足下の柱廊はゴシック様式，ヴェネツィアで唯一現存するものであり，時計塔部分のシンボリックなデザインは，絵画と実景が完全に一致している。古びたこの教会の内部は，明るく親しみやすい雰囲気を持つ。

▶ 2.4.4　「リアルトの広場」

　先の場所からリアルト教会の正面に近づき，それから逆方向に視線を向ける。ポルティコに

第2部　描かれたヴェネツィア景観

絵画◇2.4.4　「リアルトの広場」
© bpk/Gemaldegalerie, SMB, Leihgabe der Stiftung Streit/Jorg P.Anders

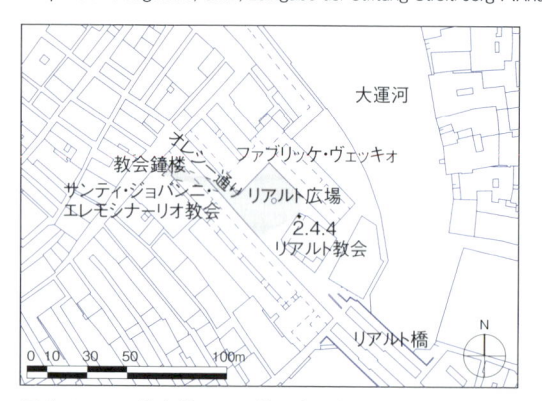

図◇2.4.4　視点場からの絵画内可視壁面と視界平面図

写真◇2.4.4　視点場からの実景

囲まれたリアルト広場が明瞭になってくる。

　この絵画は，サン・ジャコモ・ディ・リアルト教会を背にして，北西方向を望み，ファッブリケ・ヴェッキォ（旧役所）の下部にあるバンコ・ジーロと呼ばれるポルティコと，その屋根越しのエレモジナーリオ教会の鐘楼を見る景観が描かれている（絵画2.4.4）。この絵画は，先の絵画と反対方向が描かれている。実景は，ほぼ絵画のとおりである（写真2.4.4）。

　視点場は，1箇所（図2.4.4），実景を写真2.4.4に示す。視点場は，ちょうどサン・ジャコモ・デイ・リアルト教会のエントランスのポルティコ部の段差に位置している。エレモジナーリオ教会の鐘楼までの距離が73.3m，仰角23.0度。画角は，126度と広角である。

　ポルティコによって巡らされているこの広場の空間の質の高さは，ヴェネツィアではサン・マルコ広場とここリアルト広場だけとなっている。

第 2 章　描かれた広場景観

絵画◇ 2.4.5　「サンティ・アポストリ広場」
[出典]　Filippo Pedolocco: Visions of Venice Paintings of the 18th Century, Taulis Parke, 2002

▶ 2.4.5　「サンティ・アポストリ広場」

　次に，リアルト橋を渡る。そしてドイツ商館近くから左手方向，つまり北方向に向きを変えると，建物の壁にローマ広場方向，あるいはサンタ・ルチーア駅方向の表示板を目にする。その表示に従いながらまっすぐに歩を進め，やや薄暗くて狭い通りを歩きソットポルティゴをくぐると，運河に突き当たる。そうすると突然視界は開けて，運河向こうに教会の塔を望むのである。

　この絵画は，ソットポルティゴのあるファリエール通りから，サンティ・アポストリ運河の対岸にあるサンティ・アポストリ教会と鐘楼を見る景観が描かれている（絵画 2.4.5）。

　サンティ・アポストリ広場へのアプローチとなるサンティ・アポストリ橋は，左手に見えるアーチ状の階段で，運河上に架かる。また両側の建物とソットポルティゴの天井部が額縁の効果をし，実際よりも奥行きを感じさせる。実景

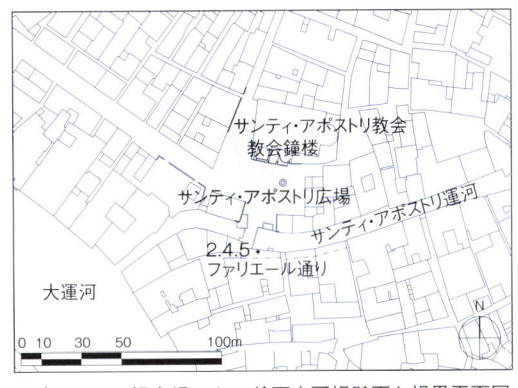

図◇ 2.4.5　視点場からの絵画内可視壁面と視界平面図

写真◇ 2.4.5　視点場からの実景

53

第2部　描かれたヴェネツィア景観

を，写真2.4.5に示す。アポストリ教会は，全体として絵画のとおりに残っており，天井がフラットで質素な雰囲気を持つ。正面に描かれている教会の小さなドームは，現存しない。

視点場は1箇所で，ファリエール邸の北側，サンティ・アポストリ運河に接するソットポルティゴ内にある（図2.4.5）。鐘楼の仰角は，45.0度と，大きい。

サンティ・アポストリ広場は，L字型平面で，南側をサンティ・アポストリ運河に接してゴンドラの船着場として利用されている。当時，この運河は，地区一帯の主要なアクセス手段であった。

西側に結節するノヴァ大通り（ストラーダ・ノヴァ）は，近代になって運河が埋め立てられてできたもので，サンタ・ルチーア駅方向とを結ぶ平均幅員10.8mのヴェネツィアの中では広幅員街路である。両側には商店や土産店が軒

絵画◇2.4.6　「サンティ・ジョヴァンニ・エ・パオロ教会とサン・マルコ同信会館」
[出典]　J.G.Links: Canaletto, Phaidon, 1994

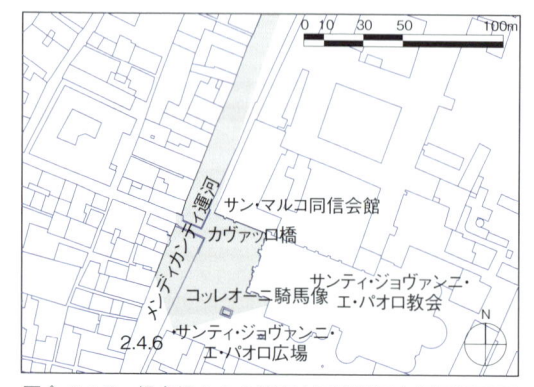

図◇2.4.6　視点場からの絵画内可視壁面と視界平面図

写真◇2.4.6　視点場からの実景

を連ね，人通りは多い。こうした人通りが，リアルト橋方向へ向かう際にこの広場へ流れてくる。一方ファリエール通りからアプローチする際，暗いソットポルティゴから急に色彩豊かで光溢れる広場が現れる。運河や鐘楼が眼前に広がるドラマチックで美しい景観が現れるのである。

今まで取り上げてきた広場の景観の中では，この広場は，建築物に比べて引き足りない。仰角も 45 度と大きい建物を描いた。広場空間と周囲のまちなみというよりも，シンボリックな建築群を中心に描いた構図と考えてよい。

次は，サンジョヴァンニ・エ・パオロ広場へ向かうが，ここから先の道筋はわかりにくい。

▶ 2.4.6 「サンティ・ジョヴァンニ・エ・パオロ教会とサン・マルコ同信会館」

サンティ・アポストリ運河を渡り，さしあたりミラコリー教会前のサンタ・マリア・ヌーボー広場を目指す。2〜3 回あちらこちらを徘徊し，それからピオヴァン運河通り，ラルガ・ジャチント・ガッリーナ通りを東に行くと，このサンティ・ジョヴァンニ・エ・パオロ教会を眼にすることができた。

サンティ・ジョヴァンニ・エ・パオロ教会は，ヴェネツィアで最も重要なゴシック教会建築の 1 つであり，ファサードの一部には，レンガの凹凸の目地が残っている。教会内には，歴代のヴェネツィア総督が祀られている。

教会の前には，ルネッサンス様式のファサードを持つサン・マルコ同信会館（1260 年創建）に面したサンティ・ジョヴァンニ・エ・パオロ広場があり，広場はメンディカンティ運河に面している。同信会館のファサード部分には，大理石による遠近法を活用した幾何学模様のレリーフが施されている。

描かれているのは，この広場の南端から北方向のサン・マルコ同信会館（仰角 21.0 度）を，右手のサンティ・ジョヴァンニ・エ・パオロ教会（仰角 46.1 度）とコレオーニの騎馬像を，左手に画面奥に伸びるメンディカンティ運河とそこに架かるカヴァッロ橋を，見た景観である（絵画 2.4.6）。実景を写真 2.4.6 に示す。

視点場は，1 箇所，広場の南側に面する建物の上階である（図 2.4.6）。

視点場となるサンティ・ジョヴァンニ・エ・パオロ広場は，サンティ・ジョヴァンニ・エ・パオロ教会の側面（南側）にまで回り込んだ，不整形な L 字型を成しており，同信会館と教会，住宅，そして運河とその対岸の住宅によって囲まれた広場となっている。視点場から視線の広がりと方向を見ると，広場の南東方向には届かず，教会と同信会館前が中心となる。

広場の床面は石張りで，数本の植樹がある。広場に面して南側にはカフェが営業され，住民や観光客がくつろいでいる。

▶ 2.4.7 「サンタ・マリア・フォルモーザ広場」

先のサンティ・ジョヴァンニ・エ・パオロ広場から南方向，トレヴィサー通りを抜けて左手に曲がり，サンタ・フォルモーザ通りを歩むと，狭い道から突然広い空間に出会う。この空間がサンタ・マリア・フォルモーザ広場である。この狭い道は，サンタ・マリア・フォルモーザ広場の中央を横切るようになっている。

この絵画は，サンタ・マリア・フォルモーザ広場の北側から広場の南を眺め，正面右手にサンタ・マリア・フォルモーザ教会とその鐘楼，左手奥にマリピエロ・トレヴィサーナ邸の正面ファサードを見る景観が描かれている（絵画 2.4.7）。実景を，写真 2.4.7 に示す。

現在のサンタ・マリア・フォルモーザ教会は，洗練された純白のファサードを持つ。

第 2 部　描かれたヴェネツィア景観

　サンタ・マリア・フォルモーザ広場は，南北に細長く，しかも南側に立地するサンタ・マリア・フォルモーザ教会と住宅によって囲まれており，床面は石張りで，広場中央に大きな井戸がある。現在でも描かれた当時の面影を，残している。

　視点場は1箇所で，サンタ・マリア・フォルモーザ広場の北側に位置する（図2.4.7）。ここからの視線は，ほぼ広場全体にのびるものの，教会の南側部分は陰となり届かない。この陰のスペースは，幼児の遊び空間として活用されている。

　視点場からサンタ・マリア・フォルモーザ教会までの距離は59.6m，鐘楼に対する仰角は35.0度。

▶ 2.4.8　「サンタンジェロ広場」

　サンタ・マリア・フォルモーザ広場を見終わったら，いったんサン・マルコ広場に向かう。建物の壁に貼り付けてあるサン・マルコ広場の表示に従い，歩いていく。サン・マルコ広場についたら，ポルティコ内を通りアサンシオーネ通り，サン・モイゼ通り，サン・モイゼ広場，それから右手に曲がりヴェステ通りを経由して，フェニーチェ劇場前を抜け，西，北方向に歩くと，サンタンジェロ広場に至る。

　この絵画は，サンタンジェロ広場の北東側か

絵画◇ 2.4.7　「サンタ・マリア・フォルモーザ教会」
[出典]　Le Prospettive di Venezia, 1742

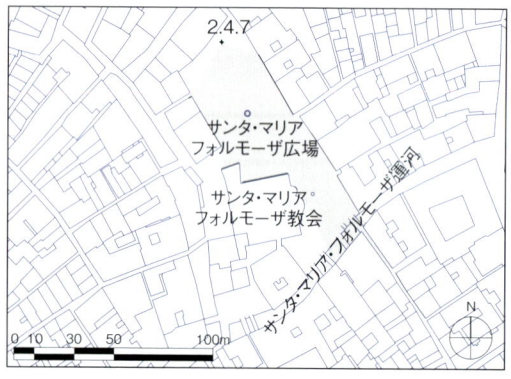

図◇ 2.4.7　視点場からの絵画内可視壁面と視界平面図

絵画◇ 2.4.8　「サンタンジェロ広場」
[出典]　J.G.Links：Canaletto, Phaidon, 1994

写真◇ 2.4.7　視点場からの実景

写真◇ 2.4.8　視点場からの実景

ら広場の南西を眺め，右手に小教会，左手にサンタンジェロ教会とその鐘楼，正面奥にサント・ステーファノ教会のエントランス部分を見る景観が描かれている（絵画2.4.8）。さらに左手には，サント・ステーファノ教会の鐘楼が，住宅の屋根越しにわずかに描かれている。実景を写真2.4.8に示す。

M. レヴィーは，この絵画を見て「実景は描写されているが，見せられる景色は，そのままではなく，それを越えた何かしら不思議な幻想を生む建物に変えられている……絵画の中から，はるか外に拡大されたかのように感じられる」[6]と評価している。

絵画中に描かれた正面に聳えるサンタンジェロ教会とその鐘楼は，1837年に取り壊され現存しない。広場に対しやや斜行して建てられていた様子が，デ・バルバリの鳥瞰図に描かれている（図2.4.8a）。

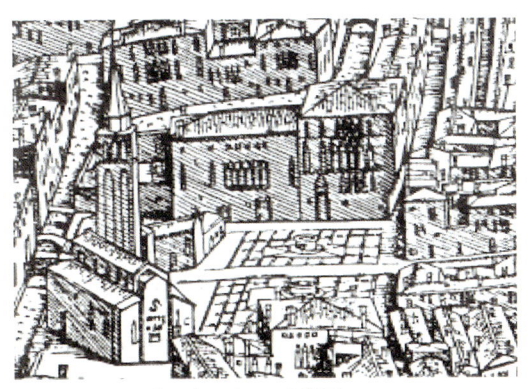

図◇2.4.8a　デ・バルバリの鳥瞰図
（サンタンジェロ広場近辺）

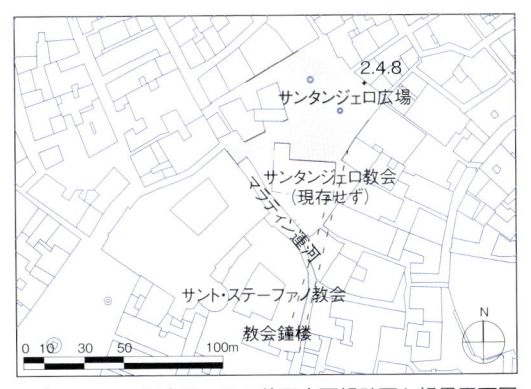

図◇2.4.8b　視点場からの絵画内可視壁面と視界平面図

視点場は，1箇所であり，サンタンジェロ広場の東側の端に位置する（図2.4.8b）。ここから広場全体に視線は届く。画角は121度とかなりの広角で描かれた。

サンタンジェロ広場は，ほぼ方形で，井戸のある中央部は，地盤がやや高く，広場の北側から東側にかけては1m近い段差がある。元々の広場が傾斜を持っており，これはヴェネツィア特有の雨水貯水設備が地表面に張り出したためである。

絵画◇2.4.9　「サント・ステーファノ広場」
[出典] Le Prospettive di Venezia, 1742

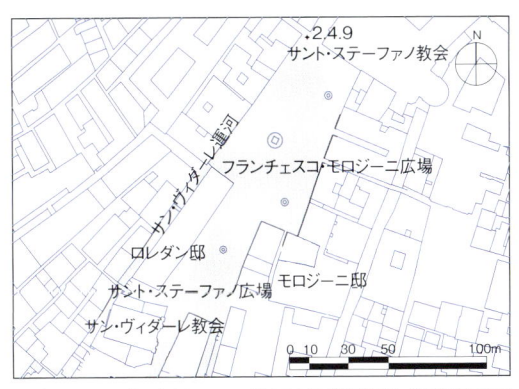

図◇2.4.9　視点場からの絵画内可視壁面と視界平面図

写真◇2.4.9　視点場からの実景

▶ 2.4.9 「サント・ステーファノ広場」

　サンタンジェロ広場から南西方向に少し歩いて，サント・ステーファノ教会前を過ぎると直に，サント・ステーファノ広場が見える。

　この絵画は，フランチェスコ・モロジーニ広場の北端のサント・ステーファノ教会を背にして，南方向のサント・ステーファノ広場と周囲の建築群を見る景観が描かれている（絵画2.4.9）。右手にロレダン邸を配し，その奥にわずかながらサン・ヴィダーレ教会のファサードの一部をとらえることができる。サント・ステーファノ教会は，ゴシック様式のレンガ造，内部はステンドグラスもない明るい教会である。

　左手には，住居群とモロジーニ邸，正面の奥はカバリ邸である。

　視点場は，地図上で判断する限り1箇所である（図2.4.9）。この視点場からの視線は，ほぼサント・ステーファノ広場の全体に及び，サン・ヴィダーレ教会前まで達する。実景を写真2.4.9に示す。

　フランチェスコ・モロジーニ広場とサント・ステーファノ広場は連続しているために，一般にはこれらをまとめてサント・ステーファノ広場と呼ぶ。南北へ伸びるこの広場はヴェネツィアの中でも比較的大きなカンポの1つである。広場中央には，当時なかったニコロ・トマゾの彫像が建っている。サント・ステーファノ教会は，絵画中には見えず，視点場の背後に位置している。

絵画◇2.4.10 「サン・ヴィダーレ広場より望むカリタ教会」
© The National Gallery, London, Photo © The National Gallery, London

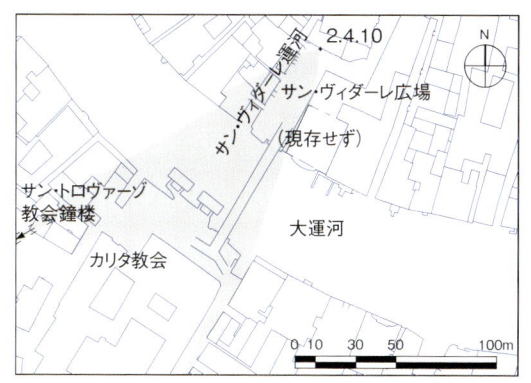

図◇2.4.10 視点場からの絵画内可視壁面と視界平面図

写真◇2.4.10 視点場からの実景

▶ 2.4.10 「サン・ヴィダーレ広場より望むカリタ教会（通称：石工の仕事場）」

　サント・ステーファノ広場から視線方向に歩き，突き当たりを右にまわると，サン・ヴィターレ教会の南にあるサン・ヴィダーレ広場がある。
　この絵画は，サン・ヴィダーレ広場の北端から南方向を眺めたものである。画面左右にこの広場に面する住宅を配し，正面の大運河越しに対岸のサンタ・マリア・デラ・カリタ教会とカリタ同信会館を見る景観が描かれている（絵画2.4.10）。対岸のやや右手には，街並みの屋根越しに見えるサン・トロヴァーゾ教会の鐘楼も，描かれている。実景は，写真2.4.10に示すとおりである。
　この絵画は，カナレットの全作品の中で最高傑作として評価を受けているものであるが，この実景には当時の面影はない。
　カリタ教会の鐘楼は，1744年崩壊，ヴェネツィアで崩壊した数々の鐘楼とは違って，2度と再建されることはなかった。その後，教会はアカデミア美術館として転用され，現在でも，また，ファサードが工事中である。
　カリタ広場との間に架けられたアカデミア橋によって，視界の左半分は塞がれてしまった。さらに正面左手の建物は，取り壊され，カバリテイ邸とその庭園が新たに建設された。

　画面右側の建物には，面影がほんの少しだけ残っており，また，サン・トロヴァーゾ教会の鐘楼は，当時と同じ位置に望むことができる程度である。
　視点場は，1箇所で，サン・ヴィターレ広場の北側に面する建物（サン・ヴィダーレ教会を背にした建物）の上階である（図2.4.10）。
　絵画上では広場中央に井戸が1つ，女性が水を汲んでいる様子，仰向けに転んだ子供のほうにかけよる母親，左手の2階バルコニーから身を乗り出して様子を見る女性，右手のバルコニーでも早朝の太陽の日を浴びて様子も見る女性……当時の生活が浮かんでくる。描かれた井戸は同じデザインで現存している。このカンポの床面を見ると，当時はぬかるんで石などが混じっており，でこぼこで舗装などはされていなかった。
　現在，この広場の人通りは多いが，ベンチ等は無く，通り抜けるための街路のようで，カナレットの絵がここで描かれたことを想起するのは難しい。北側に隣接する華やかなサント・ステーファノ広場と比べ，ここはアカデミア美術館へ行く通過の空間となっている。
　この広場を見終わると時間があればアカデミア美術館に入り，ヴェネツィア派の絵画を楽しもう。

2.5 サン・マルコ広場と対照的なカンポ

本章では，広場の景観を見てきた。
1) カナレットが描いた広場景観の特徴は，広場の平面形状と広場を囲む建築物にある。

サン・マルコ広場の景観は，「行政機能を持つデザインされた施設群」に囲まれた景観である。この広場は，矩形状に囲まれているが，列柱によってどの方向も「奥行き感」が強められている。また，サン・マルコ小広場の景観も，サン・マルコ湾方向に見通せるし，ドゥカーレ宮殿とマルチャーナ図書館の列柱で「奥行き感」が，強められている。いずれも「囲繞感」は相対的に低い景観として描かれている。

一方，カンポ広場の景観は，不整形な形状でポルティコが見られない邸宅群や教会に囲まれた景観である。その分だけ，「奥行き感」に乏しい景観であり，「囲繞感」があり広場空間が身近に感じられる景観である。

2) 視対象までの平均距離は，サン・マルコ広場で104.3m，カンポ広場で87.8m，カンポ広場のほうがやや短い。視対象の平均仰角は，サン・マルコ広場で17.6度，カンポ広場で20.3度，これもほぼ同じであるが，カンポ広場を囲む建築物の仰角が大きい。

つまり，カンポ広場の景観のほうが，視対象が近くに見え，かつ仰角が大きい（高い建物に囲まれている）ことを考慮すると，カンポ広場の景観が，相対的に「囲繞感」は強い広場といえる。そのような広場を描いている。

3) サン・マルコ広場の景観では，複数の視点場から描かれたものが大半である。しかも構図上，鐘楼などの垂直要素を見る仰角と周辺建築群との高さのバランスが考慮されて，視点場の位置が決定されている。

一方，カンポ広場の景観の視点場は，1箇所であり広場とともに広場を囲む鐘楼や邸宅群などを，一望できる視点場を選んだ。

カナレットは，サン・マルコの広場の景観に比べて，同じカンポ広場を，繰り返し描くことはなかった。カンポ広場の景観では，透視画法を効果的に活用する余地は，少なかったと思われる。

◎参考文献

1) Antonio Quadri : Venezia il Canal Grande la Piazza S.Marco, Vianello Libri/Ezio Tedeschi, Riproduzione in Fac-simile, 1990
2) Andre Corboz : Canaletto, Una Venezia immaginaria, Alfieri Electa, 1985
3) アルヴィーゼ・ゾルジ，金原由紀子，松下真記，米倉立子 訳：ヴェネツィア歴史図鑑，東洋書林，2005
4) F.ブローデル，岩崎力 訳：都市ヴェネツィア，岩波書店，1986
5) 持田信夫：ヴェネツィア，徳間書店，1982
6) M.Levery : Painting in Eighteenth Century Venice, Yale University Press, 1994
7) Fondazione Giogio Cini : Canaletto Prima Maniera, Electa, 2001
8) Antonio Visentini : Le Prospettive di Venezia -Dipinte da Canaletto-, Vianello Libri, 1984. J.G.Links : Views of Venice by Canaletto, Antonio Visentini, Dover Publications, 1971
9) J.G.Links : Canaletto, Phaidon, 1994
10) Filippo Pedolocco : Visions of Venice Paintings of the 18th Century, Taulis Parke, 2002
11) J.G.Links : Venice for Pleasure, Pallas Athene, London, 2000
12) 福田太郎：ヴェネツィアの「絵になる」都市的空間デザインに関する研究，九大大学院修士論文，2002
13) 田篭友一：観光都市ヴェネツィアの「絵になる」広場空間デザインに関する研究，九大大学院修士論文，2004
14) Calli, Campielli e Canali, Edizioni Helvetia, 1989
15) Venice Portrait D'Une Ville-Atlas Aerien-, Gallimard, 1990

第3章　描かれた運河景観

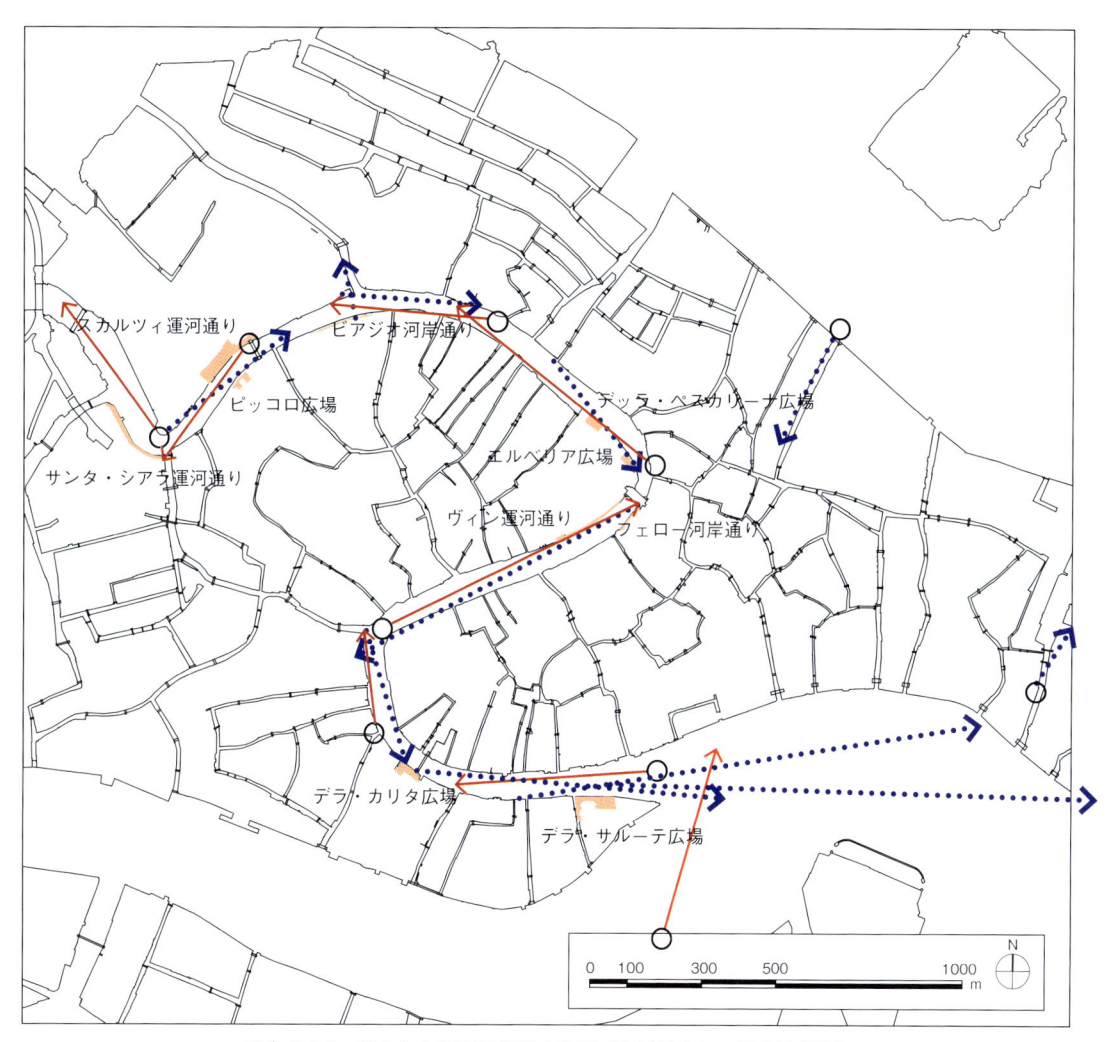

図◇3.1.0　描かれた絵画の視線方向図（上りは赤色，下りは青色）

3.1　水辺の祭り

　ヴェネツィア祭事に「海との結婚」と並んでもう1つ重要な祭事がある。「レガッタ・ストーリカ（歴史的レガッタ）」である。当初このレガッタ・レースは，ヴェネツィアの乗組員の職業を賞賛する祭事として機能したが，今日では大運河の機能を鼓舞するものとなった。

　1423年，ヴェネツィアには約36 000人の乗組員や船大工が働いていた。当時のヴェネツィア人口は約15万人と推定されるので，その中で乗組員の比重はきわめて高かった。この「レガッタ・ストーリカ」は，14世紀当初「祝祭の花形はなんと言ってもレガッタだろう。……ヴェネツィアの民衆はこの競技を通じて天職

第2部　描かれたヴェネツィア景観

絵画◇3.1.0　大運河でのレガッタ
The Royal Collection © 2009, Her Majesty Queen Elizabeth Ⅱ

である船乗りの仕事を称える」[1]ものとして催されていた。このレガッタ・レースの様子をカナレットは描いている（絵画3.1.0）。絵画は，第2章の絵画2.0.1「キリスト昇天祭におけるブチントーロの帰還」と対をなすもので，ヴィセンティーニとの共同作品（1742年）になるエッチング集第1部の第13番目と第14番目に両絵画とも掲載されている[2]。レガッタが走る大運河は，ヴェネツィアの都市活動の焦点であり，その両岸には商館など商業活動を代表する建築群が並んでいた。

カンポ広場が住民の日常生活やレクリエーション活動の空間とすれば，大運河は，生産流通の最もダイナミックな空間であった。

レースは，アルセナーレ南付近のサン・マルコ湾上からスタートし，大運河へと突入する。そのまま逆S字型の大運河の中を競漕しリアルト橋をくぐり抜けクローチェ橋付近まで遡り，ここで折り返す。そしてゴールは，フォスカリ邸の前で，総距離約7km程のレースである。レガッタ競漕の舞台の大運河は，臨時に設営される見物席や多数の観客を乗せた船舶で，両岸は埋め尽くされる。

この絵画は，サン・マルコ湾からスタートを切ってきた一団が，フォスカリ邸の前からリアルト橋方向へ舳先を進めている場面が表現されている。運河沿いの邸宅のバルコニーは，飾り立てられ，多くの見物客が，観戦している。このレガッタ・レースは今日まで受け継がれ，このレースがあるときには世界中の観光客がヴェネツィアを訪れる。大運河が少しでも見える空間は，大勢の人によって埋め尽くされ，人の多さと重みでヴェネツィアの土地が沈んでしまわないかと思えるほどだ。

さてカナレットが描いた運河景観の24点を紹介するが，レガッタ・レースのコース方向とカナレットが描いた視線方向と合わせながら，絵画を見ていくことにする（図3.1.0）。

当時この大運河の長さは約3.75km（水深約5m）で，橋はリアルト橋1つであった。

第3章 描かれた運河景観

絵画◇3.2.1 「サン・マルコ湾：ジュデッカより望む」
Upton House, Credit: © NTPL/Angelo Hornak, Copyright: © NTPL/Angelo Hornak

3.2 大運河を上る景観

　レガッタは，アルセナーレの南側，サン・マルコ湾沿いから出発して大運河の入り口や税関舎の前を通り，逆S字型に沿ってリアルト橋の下を潜り抜けクローチェ橋にいたる。

写真◇3.2.1　視点場からの実景

▶ 3.2.1 「サン・マルコ湾：ジュデッカより望む」（絵画3.2.1，写真　3.2.1）

　ジュデッカ運河からサン・マルコ湾を一望した絵画がある。中央はるか遠くにはサン・マルコ鐘楼が聳え，その翼下にドゥカーレ宮殿，マルチャーナ図書館が，そしてスキャヴォーニ河岸通り，その遠くにレガッタ・レースの出発地点，右手には手前マッジョーレ教会も見える。
　レガッタが出発する地点を描いたこの絵画から，まず見ることにしよう。
　ジュデッカ島のサン・ジョヴァンニ運河通りの中程の地点から北方向を眺め，前面に広がるサン・マルコ湾とともに正面に鐘楼とドゥカーレ宮殿等，左手に海の税関，右端にサン・ジョルジョ・マッジョーレ教会の一部を配した景観が描かれている。さらに対岸の街並みの屋根越しに，サンティ・ジョヴァンニ・エ・パオロ教会のドームやサン・モイゼ教会の鐘楼も描かれている（写真3.2.1）。
　広大なサン・マルコ湾上に，ゴンドラや，多種の船舶が数多く浮かんでいる。サン・マルコ湾上のやや中央部には，4人の船頭が漕ぐ貴族

の遊覧船が東に向かっている。終点はアルセナーレか。

この絵画でも，鐘楼は実景より細長く描かれている。

視点数は1箇所であり，視点場から鐘楼までの距離は732.8m，その仰角は7.4度，周辺の街並みから突出している。

視点場となるサン・ジョヴァンニ運河通りは，ジュデッカ島の東端に位置している。西方向にヅィテッレ運河通りから，サン・ジャコモ運河通りと続き，レデントーレ教会へ至る。床面は石張りであり，運河沿いの通りに面していくつもの船着き用石段がある。植樹もされ，木陰にはベンチが置かれている。視点場の位置は，ヅィテッレ教会の前から約80mの地点である。

この通りでは観光客は少なく，対岸のサン・マルコ広場の喧噪が嘘のようだ。通り沿いには住宅も多く，商店もいくつか営業されている。なお，写真3.2.1では対岸がかなり遠くにあるように見えるが，実際は近くに感じられる。

▶ 3.2.2 「大運河への入り口：サンタ・マリア・デラ・サルーテをモーロより望む」（絵画3.2.2，写真3.2.2，図3.2.2）

サン・マルコ湾を見終わったら，次は，大運河の入り口方向に移動しよう。

左手に海の税関舎（仰角13.0度），税関のオフィスの前に停泊している船，そしてバロック様式のサンタ・マリア・デラ・サルーテ教会の2つのドーム，それに続くまちなみを見る。右手は大運河にそってテイエポロ邸，コルネール邸など，大運河の入り口の建築群が描かれている。中央の奥には，カリタ教会の鐘楼が見え，視線は，カリタ教会近くまで達している。

視点場は，モーロ河岸沖の税関舎付近の大運河上の船上である。ここは，サン・マルコ湾と大運河が出会う場所であり，運河の幅員は，

絵画◇3.2.2 「大運河への入り口：サンタ・マリア・デラ・サルーテをモーロより望む」
[出典] Le Prospettive di Venezia, 1742

写真◇3.2.2 視点場からの実景

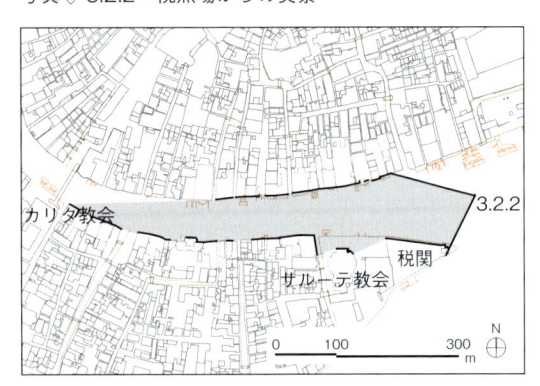

図◇3.2.2 視点場からの絵画内壁面位置と視界平面図

100m以上と広い。税関でチェックを受けるために待つ船舶群の混雑している様子が描かれた。1414年より前はすべての商品はアルセナーレ近くのビアジオで取り扱われていたが，1414年以降，海運関連の商品を取り扱う税関がここに設けられたのだ。

実景と比較すると，絵画では，大運河の幅員がきわめて狭く描かれ，それに反して建築群は大きく描かれ，密集した運河入り口の様子が強調されているのがわかる。水視率を低めて描く

第 3 章　描かれた運河景観

絵画◇ 3.2.3　「大運河：レッツォーニコ邸からバルビ邸を望む」
[出典]　Filippo Pedolocco: Visions of Venice Paintings of the 18th Century、Taulis Parke, 2002

写真◇ 3.2.3　視点場からの実景

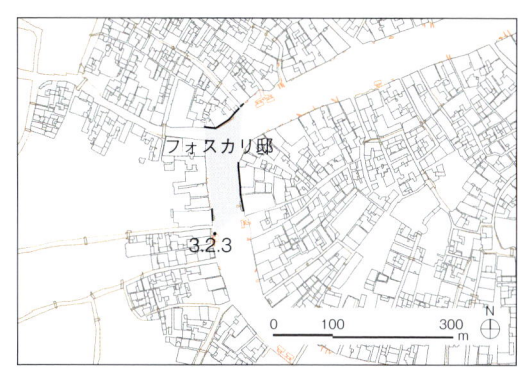

図◇ 3.2.3　視点場からの絵画内壁面位置と視界平面図

ことにより，大運河の活動の様子が目に浮かぶ。

▶ 3.2.3 「大運河：レッツォーニコ邸からバルビ邸を望む」（絵画 3.2.3，写真 3.2.3，図 3.2.3）

　先の絵画では，カリタ教会まで視線は伸びていたが，この絵画の視点場は，大運河入り口からサンタ・マリア・デラ・サルーテ教会前とアカデミア橋を潜り抜けて，一気にレッツォーニコ邸にいたる。

　このレッツォーニコ邸付近から，大運河の北方向の屈曲部を眺めるのである。描かれているこの地点は，大運河が約 110 度で屈曲していく地点で，フォスカリ運河と交わる，地形的に重要な場所である。

　画面中央の奥，視線の突き当たりにバルビ邸を，右手にモーロ・リン邸とまちなみ，左手斜めにジュスティニアン邸，フォスカリ邸を配した景観が描かれている。バルビ邸の背後にはフラーリ教会の鐘楼が見える。

　視点場は 1 箇所。レッツォーニコ邸に近いデル・トラゲット運河通りで，現在の水上バス停近傍と推定する。他の運河景観に比べて，見通せる距離は短く奥行きがない。レッツォーニコ邸の奥に位置する建物は，現在は改変され，絵画に描かれているファサードは，確認できない。

　描かれた大運河の広がりやまちなみは，実景のスケールとおおむね一致している。視点場付近では，大運河の左岸に 2 ～ 3 階建ての建物が立ち並び，右岸では，4 階建ての建物などが並んでいる。視点場付近は，水上バスの停留所であるため，発着時には，かなりの人通りである。

▶ 3.2.4 「大運河：バルビ邸からリアルト橋を望む」（絵画 3.2.4，写真 3.2.4，図 3.2.4）

　レッツォーニコ邸からフォスカリ邸に進もう。フォスカリ邸の前を大きく迂回して，バルビ邸から東方向に向きを変える。前方を見ると，リアルト橋がわずかに見える。この位置からしだいにリアルト橋に近づいていくが，カナレットはリアルト橋方向の構図を数多く描いた。

　この絵画は，大運河沿いのバルビ邸付近から

第2部　描かれたヴェネツィア景観

絵画◇3.2.4　「大運河：バルビ邸からリアルト橋を望む」
Venice, Ca'Rezzonico, FONDAZIONE MUSEI CIVICI DI VENEZIA

絵画◇3.2.5　「大運河：北東にコルネール・スピネッリ邸，リアルト橋を望む」
Gemäldegalerie Alte Meister, Staatliche Kunstsammlungen, Dresden

写真◇3.2.4　視点場からの実景

写真◇3.2.5　視点場からの実景

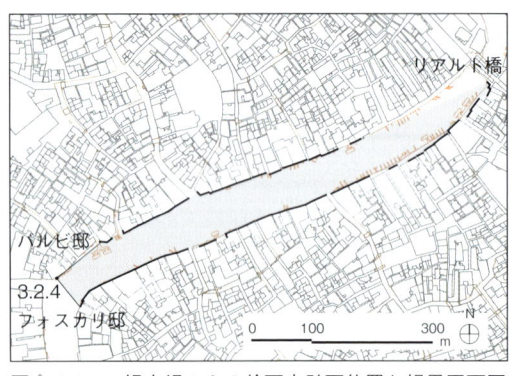

図◇3.2.4　視点場からの絵画内壁面位置と視界平面図

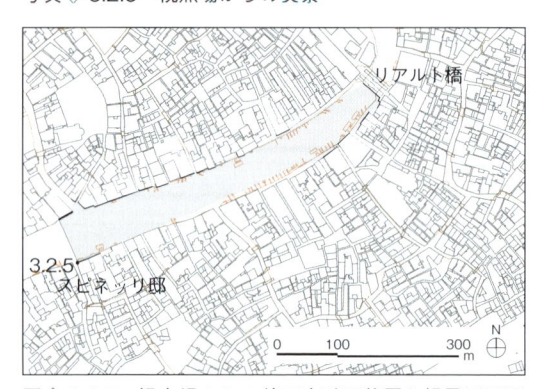

図◇3.2.5　視点場からの絵画内壁面位置と視界平面図

　大運河を北東方向に見る景観が描かれている。画角は，90度以上と広い。左手にバルビ邸とドルフィン邸，それに続くまちなみ，右手に手前からレッツェ邸，コンタリニ邸，モリエニゴ邸と続く大運河沿いの建築群，画面の奥にはわずかに見えるリアルト橋が配されている。水面を見る奥行きは長い。画面中央のリアルト橋の上部にわずかに見える鐘楼は，サンティ・ジョヴァンニ・エ・パオロ教会（距離は約1.3km）

である。右手前レッツェ邸の前の運河上には，貴族を乗せた遊覧船が4人の船頭によって，私たちの視線方向とは逆方向の，サン・マルコ湾方向に，急いでいる。
　視点場は1箇所，バルビ邸の上階である。リアルト橋までの距離は783m。リアルト橋を望む位置としては，最も遠い。視点場付近は，大運河とフォスカリ運河が交差する地点で，大運河が北東から南方向に大きく変曲する地点でも

ある。この近傍での大運河の幅員は60.9m、比較的広く、画面の右端には、大運河が南の方向に曲がっている様子が描かれている。

▶ 3.2.5 「大運河：北東にコルネール・スピネッリ邸、リアルト橋を望む」（絵画3.2.5．写真3.2.5，図3.2.5）

ついでバルビ邸の前から約200m程度大運河を進み、リアルト橋とフォスカリ邸のほぼ中間地点にいたる。大運河の右岸にあるテアトロ運河通りから、大運河を北東方向に眺める。まだリアルト橋は小さい。

カナレットは、ここで視野を広げる。正面から左手に、大運河から分岐する小さなサン・ポーロ運河とすぐ向こうのカペッロ邸、画面右手すぐ脇にコルネール・スピネッリ邸（仰角47.1度），その奥はるか遠くにリアルト橋を配し、大運河に沿った街並みをパースペクティブに見ている。

視点場は1箇所で、テアトロ運河通り、画面の右手である。この通りの幅員は2.2m、コルネール・スピネッリ邸の西側に位置する全長42mほどの短い街路である。ただ画題にあるように、右手コルネール・スピネッリ邸の上階を視点場とすると、コルネール・スピネッリ邸を描くことはできない。視点場は、そのすぐ側の運河通りである。

リアルト橋までの距離は547.8m、仰角は1.3度。右手の手前スピネッリ邸の前には、多くの船舶が係留されている様子、さらに画面のすぐ左手の街並みの屋根越しに、サン・ポーロ教会の鐘楼が配されている。船舶が多く描かれているのは、水視率を低めるためで、事実貿易商で

絵画◇3.2.6 「大運河：フォスカリ邸よりリアルト橋を望む」
[出典] Fondazione Giogio Cini: Canaletto Prima Maniera, Electa, 2001

第2部　描かれたヴェネツィア景観

あったスピネッリ邸の前には船舶が多く停泊していた。

際立った要素は見られないが，建築群が連なってリアルト橋までつながっていく景観は，ヴェネツィアの典型的な景観といえる。

▶ 3.2.6　「大運河：フォスカリ邸からリアルト橋を望む」（絵画 3.2.6，写真 3.2.6，図 3.2.6）

さらに，リアルト橋に近づいていく。フォスカリ邸は，大運河の逆S字型の湾曲部に位置している。画題のとおりだとすると，フォスカリ邸からリアルト橋までは1km以上あるため，絵画のような大きさでリアルト橋をみることはできない。両側の建物の形状から，もっと近い場所から見たものだと判断する。あたかも望遠レンズで見た構図のようで，フォスカリ邸よりももっと近づくと，この絵画のような景観が得られる。

視点場となる地点は，水上バスのリアルト停留所（南側）付近の運河上（船上）と推測される。視点場は1箇所であり，視点場からリアルト橋までの距離は155.2mと近景域である。

つまり，画面の中心の奥に，リアルト橋を主景として，右手にフェロー河岸通りの街並み，ドルフィン・マニン邸とそれに連なる街並み，左手にヴィン運河通り沿いの街並みを，それぞれ大運河に沿ってパースペクティブに見る景観が描かれている。ヴィン運河通り沿いには，ゴンドラなどと混じって，ここを終点とする2隻のブルキエッロが描かれている。

視点場付近には，現在では4階から5階建ての建物が運河沿いに並び，その通りには水上バス停があり，人通りは多い。現在ヴィン運河通りでは，運河に面したオープンカフェが数多く存在し，景観に賑わいを与えている。

▶ 3.2.7　「南より望むリアルト橋」（絵画 3.2.7，写真 3.2.7，図 3.2.7）

リアルト橋を南側から間近に見て描いた絵画である。リアルト橋は，かつて木造の橋であった。橋の建造の際には，ミケランジェロのデザインの提案もあったという。お抱えのアントニオ・ポンテが1590年設計・完成したもので，美しい大理石のアーチ構造が目前に迫る。橋上には人も多い。

この絵画は，フェロー河岸通りの中程から北方向にリアルト橋を真正面に見る景観が描かれている。右奥の橋の向こうにドイツ人商館，左手にディエチ・サーヴィ邸が配されている。画角は広い。リアルト橋上の建築物の窓には，オーニング（日除け）が，日光を遮っている。

視点場は1箇所，フェロー河岸通りである。視点場からリアルト橋までの距離は36.3m，そのリアルト橋の屋根の仰角は19.4度。視点

写真◇3.2.6　視点場からの実景

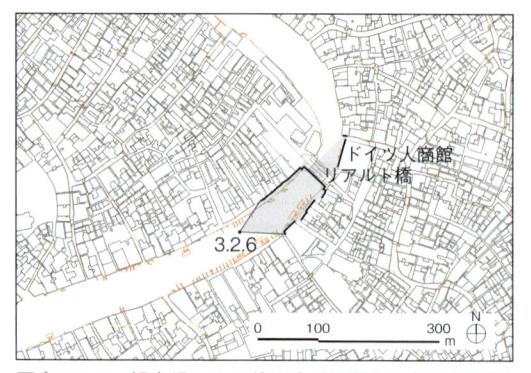

図◇3.2.6　視点場からの絵画内壁面位置と視界平面図

第3章　描かれた運河景観

絵画◇3.2.7　「南より望むリアルト橋」
[出典] Fondazione Giogio Cini: Canaletto Prima Maniera, Electa, 2001

写真◇3.2.7　視点場からの実景

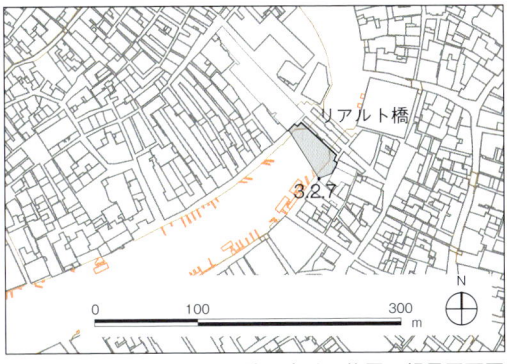

図◇3.2.7　視点場からの絵画内壁面位置と視界平面図

場から橋までの距離は100mもなく，すべての景観の構成要素が超近景に配される。このことから他の運河景観とは明らかに異なり，この橋のデザインに焦点を当てて描いたことがわかる。

視点場であるフェロー河岸通りは，現在でもヴェネツィアの観光名所として，その乗降客や通行客は多く，終日ごった返す。

▶ 3.2.8　「ファッブリケ・ヌォーヴォでの大運河」（絵画3.2.8，写真3.2.8，図3.2.8）

リアルト橋のアーチを潜り抜けると，すぐ左手には大きな建築物の新役所がある。これを視る視点場を探そう。

リアルト橋からドイツ商館方向に細い道を歩き，ついで大運河が見える広場を探す。細い路地を抜けると，運河に面したチブラン小広場に至る。この絵画は，チブラン小広場（カッレ・モデナ）から大運河の対岸を見る景観が描かれている。左手寄りに大きな施設のファッブリケ・ヌォーヴォ（新役所），エルベリア広場とその背後にエレモジナーリオ教会の鐘楼が配された構図である。右手には，大運河沿いの街並みがある。

絵画◇3.2.8　「ファッブリケ・ヌォーヴォでの大運河」
The Trustees of the Goodwood Collection,
Photo ©The Goodwood Estate Company Limited

写真◇3.2.8　視点場からの実景

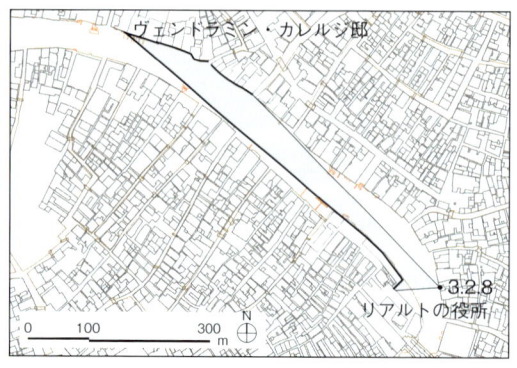

第2部 描かれたヴェネツィア景観

図◇3.2.8 視点場からの絵画内壁面位置と視界平面図

絵画◇3.2.9 「大運河：リアルト橋付近より北を望む」
The Royal Collection © 2009, Her Majesty Queen Elizabeth Ⅱ

写真◇3.2.9a 視点場aからの実景

写真◇3.2.9b 視点場bからの実景

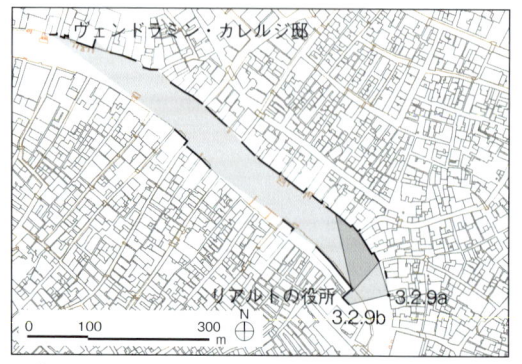

図◇3.2.9 視点場からの絵画内壁面位置と視界平面図

次に紹介する「大運河：リアルト橋とともに北から望む」と同じ視点場であり，別の角度で大運河を見た景観となっている。この「新役所」は，最も長い建物であり，リアルト地区のシンボルであった。

視点場は，1箇所であり，前述したチブラン小広場である。細い路地を通り中庭を通り抜けて進むと，運河に面した小広場にいたる。新役所の背後には，エレモジナーリオ教会の鐘楼が確認されるが，実景とは若干のずれがある。ここでの大運河の幅員は，42.8mと，かなり狭い。

▶ 3.2.9 「大運河：リアルト橋付近より北を望む」（絵画3.2.9，写真3.2.9，図3.2.9）

さらに，先に進み，大運河の流れがまわりこみ，同時に街並みもそれにあわせて湾曲する。この絵画は，この大運河を北西方向に眺めた景観が描かれている。描かれている大運河の水面は広く長く，左手にリアルトの新役所が特徴的である。右手にわずかに見えるのはサンティ・アポストリ教会の塔で，ヴェンドラミン・カレルジ邸やカ・ドーロとその手前の街並みは続き，最遠部は，サン・ジェレミーア教会へと達する。

視点場は，2箇所。

1つはチブラン小広場であり，もう1つはエルベリア広場の北端である。

チブラン小広場の視点場aからは，大運河の方向にある新役所，ヴェンドラミン・カレルジ邸，エレモジナーリオ教会の鐘楼（仰角12.3度）までの（写真3.2.9a）大枠が，把握されている。しかしながらすぐ右手近くに描かれているサンティ・アポストリ教会の塔を望むことはできない。

エルベリア広場の北端にある視点場bは，チブラン小広場から対岸の地点で，この視点場から，右岸で対岸のサンティ・アポストリ教会

第3章 描かれた運河景観

絵画◇3.2.10 「大運河:ヴェンドラミン・カレルジ邸からサン・ジェレミーア教会を望む」
The Royal Collection © 2009, Her Majesty Queen Elizabeth Ⅱ

が望める(写真3.2.9b)。この教会の鐘楼までの距離は163.1m、仰角は13.6度。この視点場付近の大運河幅員は、54.2mである。

▶ 3.2.10 「大運河:ヴェンドラミン・カレルジ邸からサン・ジェレミーア教会を望む」(絵画3.2.10、写真3.2.10、図3.2.10)

ついでヴェンドラミン・カレルジ邸まで移動し、そこから視線を西方向に向けると、サン・ジェレミーア教会まで達する。

デル・トラゲット通り付近から大運河を西方向に眺める光景で、画面すぐ右手にヴェンドラミン・カレルジ邸の装飾のある窓のデザインが特徴的である。また遠くにサン・ジェレミーア教会の鐘楼が描かれている。左手にはトロン邸、ベローニ・バッタージア邸、メージオ倉庫、トルコ人商館など、特色のある家並みが配され、それらを画面中央の大運河に沿ってパースペクティブに見ている。

写真◇3.2.10a 視点場aからの実景 
写真◇3.2.10b 視点場bからの実景

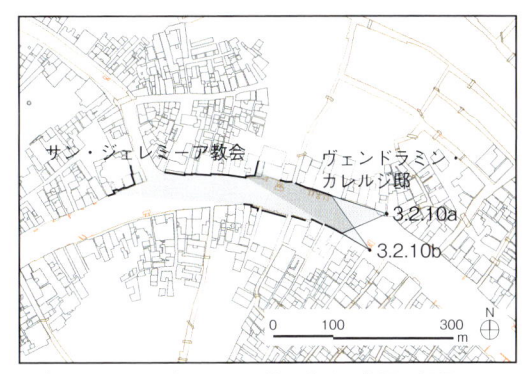

図◇3.2.10 視点場からの絵画内壁面位置と視界平面図

画題は、「ヴェンドラミン・カレルジ邸から見る」となっているが、視点場は、ヴェンドラミン・カレルジジ邸ではなく、ヴェンドラミン・カレルジ邸を手前に見ることのできる場所であ

第2部　描かれたヴェネツィア景観

絵画◇3.2.11 「大運河：南西にスカルツィ教会、クローチェ運河通り，ピッコロ教会を望む」
© The national Gallery, London, Photo © The National Gallery, London

写真◇3.2.11　視点場からの実景

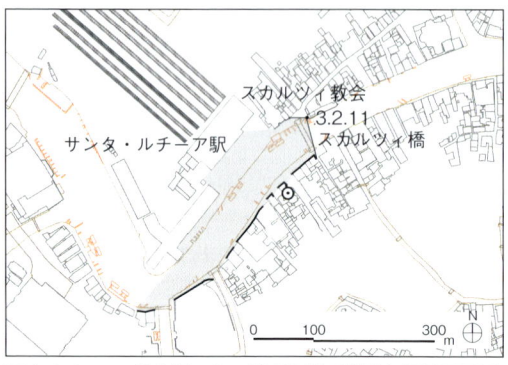

図◇3.2.11　視点場からの絵画内壁面位置と視界平面図

る。

　視点場は，2箇所。

　視点場 a は，デル・トラゲット通り付近であり，サン・ジェレミーア教会と大運河の対岸の街並みを望んでいる。しかしこの視点場からは，ヴェンドラミン・カレルジ邸は見えない。

　視点場 b は，対岸のサン・スタエ広場であり，ヴェンドラミン・カレルジ邸を見る。

絵画は，この2つの視点場から見た景観を合わせたものである。

▶3.2.11 「大運河：南西にスカルツィ教会，クローチェ運河通り，ピッコロ教会を望む」（絵画3.2.11，写真3.2.11，図3.2.11）

　ヴェンドラミン・カレルジ邸からサン・ジェレミーア教会を通り過ぎ，スカルツィ運河通りからピッコロ教会を眺めよう。

　スカルツィ運河通りの大運河寄りの地点から，南西方向に大運河を見る景観が描かれている。右手にスカルツィ教会とそれに続く街並み，サンタ・ルチーア教会（現存しない）などを見て，左手にはピッコロ教会とそれに続く街並み，さらにサンタ・クローチェ教会（現存しない）を見る。水際線に沿うと，視線はサンタ・クローチェ橋まで届く。左右の街並みのスカイラインの中で，ピッコロ教会のドーム屋根（仰角17.1度）とスカルツィ教会のファサード（41.4度）が，アクセントになっている。ピッコロ教会の基壇の手前には工事用の小屋が描かれていることから，カナレットが描いた時（1738年）に，この教会はほぼ完成したと推測される。画面の左手前の水面には，ヴェネツィアとパドヴァを結ぶ定期船（ブルキェッロ）の船尾が描かれている。日は西から射し，運河の左側の建物を浮かび上がらせている。午後遅くに描かれた。

　視点場は1箇所，スカルツィ運河通りであり，スカルツィ橋の辻広場である。

　この地点近傍は，現在では，スカルツィ橋が大運河にかけられ，絵画のような景観をえることができない。

　ピッコロ教会はスカルツィ橋の陰にある。右岸の街並みは，巨大なサンタ・ルチーア駅へと姿を変えている。視点場付近は，サンタ・ルチーア駅からの通行客や，観光客で非常に混雑して

第3章　描かれた運河景観

おり，オープンカフェやキオスクなども多い。ただ全体として，描かれた当時の形状は，残されている。

視点場における大運河の幅員は46.6mであり，比較的狭い。

▶ 3.2.12 「サンタ・シアラ運河：クローチェ運河通りより，北西にラグーナを望む」（絵画3.2.12，写真3.2.12，図3.2.12）

さらに大運河を進み，レガッタ・ストーリカの折り返し地点に歩を進めよう。そしてサンタ・シアラ運河通りから，大運河の北西方向のラグーナを眺める。

手前には幅の広いサンタ・シアラ運河通り，右手にわずかに見えるドミニコ修道院の壁面，左手にはサンタ・シアラ運河通りに面する街並み，画面中央やや左手の奥にサンタ・シアラ修道院が配された景観が描かれている。大きく湾曲し，そして遠くまで続く運河が，構図に奥行き感を与えるとともに，サンタ・シアラ運河まで見通せる開放感のある景観となっている。

視点場は，1箇所で，サンタ・シアラ運河通りとクローチェ運河通り，コッセッティ運河通りが三叉に連結する部分に位置している。ちょうどサンタ・シアラ運河通りとクローチェ運河通りの間にかかっている橋は，レガッタが折り返す地点でもある。

なお視点場が位置するサンタ・クローチェ地区は，埋め立てが進行し，現在では，バスターミナル（ローマ広場）や水上バス停など，交通の要所となり，通行客が頻繁に往来する場所となった。また，サンタ・ルチーア駅とバスターミナルを結ぶ橋が建設され，絵画が描かれたころの様子とはまったく異なる。

絵画◇3.2.12 「サンタ・シアラ運河：クローチェ運河通りより，北西にラグーナを望む」
The Royal Collection © 2009, Her Majesty Queen Elizabeth Ⅱ

写真◇3.2.12　視点場からの実景

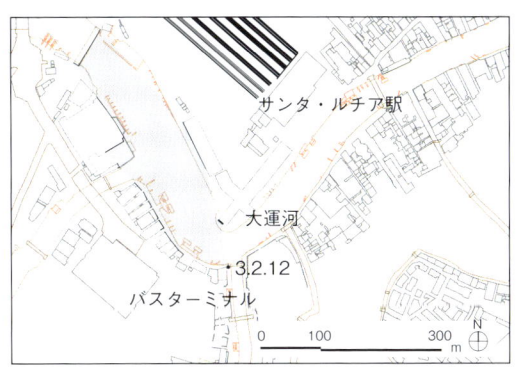

図◇3.2.12　視点場からの絵画内壁面位置と視界平面図

▶ 3.2.13　まとめ

大運河の入り口から西北のサンタ・クローチェ運河まで追いかけてきたが，カナレットは，大運河の先端まで描き，ほぼ満遍なく大運河の光景を流軸景として描いていた。

サンタ・マリア・デラ・サルーテ教会，カリタ教会，バルビ邸，フォスカリ邸，リアルト橋，

第2部 描かれたヴェネツィア景観

新役所，ヴェンドラミン・カレルジ邸，サン・ジェレミーア教会，スカルツィ教会，ピッコロ教会など，運河沿いの代表的な建築物は大運河を上る時の目印ともなった。

3.3 大運河を下る景観

サンタ・クローチェ橋の横には，ゴンドラの漕ぎ手が折り返す目印がある。小さな赤いリボンが素っ気無く付けられた杭が立てられている。そこでゴンドラは折り返す。今漕いできた運河を逆S字型をくだり，フォスカリ邸のまえでゴールをきるのである。

レガッタの折り返し地点から，リアルト橋方向に下ることにしよう。ゴール地点方向を目指し，視線方向の絵画を追いかけてみよう。

▶ 3.3.1 サンタ・クローチェからサン・ジェレミーア教会方向の北東を望む（絵画3.3.1，写真3.3.1，図3.3.1）

まずは，レガッタの折り返し地点近傍から，東方向の大運河を望む。

この絵画は，右手にはサンタ・クローチェ教会とブロンズのドームのピッコロ教会（仰角6度），左手には手前からドミニコ修道院，サンタ・ルチーア教会，それにスカルツィ教会（仰角2度）を見る景観が描かれている。やや中央寄りにはサン・ジェレミーア教会の鐘楼が見える。

視点場は1箇所。サンタ・クローチェ橋上である。ここから大運河の水際を見る視線は，サン・ジェレミーア教会近傍まで伸びている。

この絵画にも，運河上左手に，定期船（ブルキェッロ）がヴェネツィアに帰還している様子が描かれている。この定期船は，大運河に入ると4人の船頭が乗ったサンドラに牽引された。船内は鏡，彫刻，絵画で飾られ，リラックスし

絵画◇3.3.1 「サンタ・クローチェからサン・ジェレミーア教会方向を見る」
[出典] Le Prospettive di Venezia, 1742

写真◇3.3.1 視点場からの実景

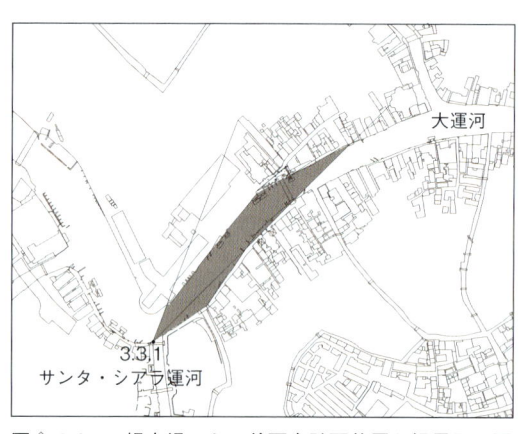

図◇3.3.1 視点場からの絵画内壁面位置と視界平面図

て座り込んで休養するすることが出来たという。終点のヴィン運河通りに向かっている。

「いよいよ水鏡に乗り入れたとき，いくつかのゴンドラがただちに私たちの周りに群がってきた。ヴェネツィアの有名な一人の質屋が現れて，自分と一緒にくれば早く上陸できるし，また税関の面倒も免れることができると私に勧めた」[3)]。

第3章 描かれた運河景観

現在では、ドミニコ修道院、サンタ・ルチーア教会はなく、サンタ・ルチーア駅舎に変わっている。右手のサンタ・クローチェ教会は、パパドポーリ公園となっている。

▶ 3.3.2 「サン・ジェレミーア教会とカンナレージョへの入り口」（絵画3.3.2, 写真3.3.2, 図3.3.2）

続いて、スカルツィ教会前を通過して、現在あるスカルツィ橋を潜り抜けて、サン・ジェレミーア教会の前まで至る。その正面にみる構図を取り上げる。

これは、大運河方向を見る流軸景ではないが、ビアジオ河岸通りから大運河を北方向に対岸を見て、さらにカンナレージョ運河を軸景として見た景観が描かれている。

視点場は、1箇所、ビアジオ河岸通りである（通りの幅員約3m）。片側は建物、もう一方はすぐ前に見る大運河で、その幅員は63.7mと比較的広い。視点場からサン・ジェレミーア教会の鐘楼までの距離は114.6m、仰角24.1度、カンナレージョ橋までの距離は187.9m。近景域である。

1846年に鉄道で本土とつなぐまでは、メストレからの訪問者がフェリーで到着するのは、このカンナレージョと呼ばれる運河で、ここは重要な起点であった。

画面中央にカンナレージョ橋、左手にサン・ジェレミーア教会の鐘楼といくつもの逸話が残されているラビア邸、右手にエモ邸と連続する街並みが配されている。今回の対象絵画のなかでは、唯一大運河を対岸景として眺めたものであるが、同時にカンナレージョ運河を流軸景として描いた絵画である。

なお、サン・ジェレミーア教会の鐘楼の左手部分は、1800年代ドーム状屋根に変わっているが、全体として、実景どおりに描かれている。

絵画◇3.3.2 「サン・ジェレミーア教会とカンナレージョへの入り口」
© The National Gallery, London, Photo © The National Gallery, London

写真◇3.3.2 視点場からの実景

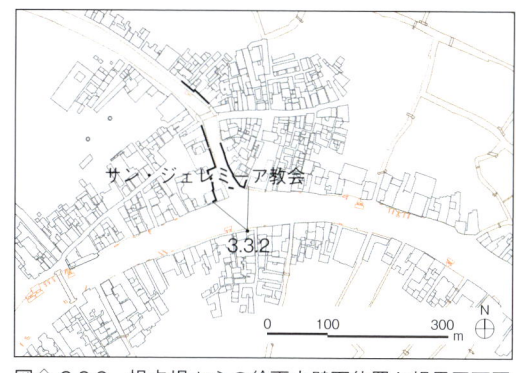

図◇3.3.2 視点場からの絵画内壁面位置と視界平面図

▶ 3.3.3 「大運河：ベンボ邸とヴェンドラミン・カレルジ邸との間」（絵画3.3.3, 写真3.3.3, 図3.3.3）

ついで、先に視対象としたサン・ジェレミーア教会の横のラビア運河通りを視点場とする。ビアジオ河岸通りから対岸のラビア通りに移動しよう。

この絵画は、東方向に大運河を眺めた景観が

描かれている。左手には，大運河沿いの住宅群と，中央寄りにヴェンドラミン・カレルジ邸，右手にも住宅群が描かれている。画面右の手前に運河が見受けられるが，現在は埋め立てられて街路空間（リオテッラ）として使用されている。

視点場は，1箇所でラビア運河通りの先端，大運河寄りの地点，サン・ジェレミーア教会の近くと推定している。視点場からの視線は，ヴェンドラミン・カレルジ邸まで伸びており，その距離は近景域278mである。ここの大運河の幅員は55.8mで，平均的な幅員である。

▶ 3.3.4 「大運河：サンタ・ソフィア広場より南東にリアルト橋を望む」（絵画3.3.4，写真3.3.4，図3.3.4）

ついでヴェンドラミン・カレルジ邸から東のサンタ・ソフィア広場に移動し，ここからリアルト橋を眺める。

左手にサグレド邸から商館独特のデザインのドイツ人商館，右手にリアルトの新役所と右岸の街並み，さらに正面奥にリアルト橋が配されている。また，新役所前のペスカリーナ広場で市場が開かれ，その様子が描かれている。画中には市場に向かって係留されているものも含め，総数34隻の船舶が描かれ，絵画の中で最も多い。画面の奥に描かれたリアルト橋が，アイ・ストップとして構図を引き締めている。

視点場は，3箇所。

視点場aは，サンタ・ソフィア広場にある水上バス停に位置する。左手側の街並みには，サグレド邸，マンギリ・ヴァルマラナ邸が見える。

視点場bは，視点場aから南東の位置にあるサンタ・ソフィア広場の大運河沿いの地点にあり，そこから対岸を望む景観が描かれている。ここから新役所までの距離は87.6m，その仰角は9.2度。しかし以上の2つの視点場からはまだリアルト橋は見えない。

視点場cは，視点場bからさらに南東に進んだ大運河沿いの地点，レメール広場に位置している。ここからは，やっとリアルト橋が絵画のように見ることができ，リアルト橋までの距離は143.8m，仰角は5.1度。

右手のペスカリーナ広場は，現在でも野菜市場として機能し，あらゆる種類の果物と野菜が

絵画◇3.3.3 「大運河：ベンボ邸とヴェンドラミン・カレルジ邸との間」
In the collection at Woburn Abbey, Woburn, Bedfordshire, By kind permission of His Grace the Duke of Bedford and the Trustees of the Bedford Estates

写真◇3.3.3 視点場からの実景

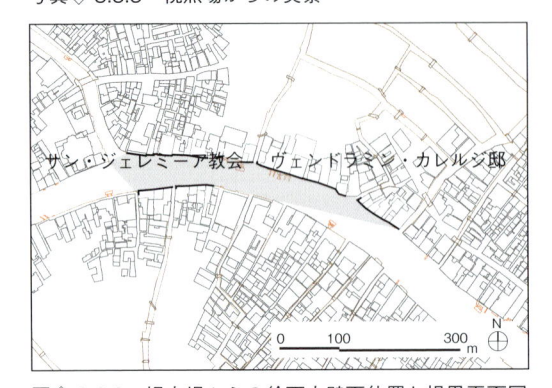

図◇3.3.3 視点場からの絵画内壁面位置と視界平面図

陸揚げされ，午前中から午後2時にかけて，地元の買い物客を中心に観光客で混雑している。

「朝早く大きなペオーテが本土から運んできたさまざま野菜を荷揚げし……山と詰まれたトマト，ピーマン，茄子ほど美しく思えるものはない……船は積荷でいまにも沈みそうであった」[4]。

絵画を見ていると，1つの視点場から描いていると思ってしまうが，実は3つの視点場から見たそれぞれの景観の合成である。

絵画◇3.3.4 「大運河：サンタ・ソフィア広場より南東にリアルト橋を望む」
© bpk / Gemaldegalerie, SMB, Leihgabe der Stiftung Streit/Jorg P.Anders

▶ 3.3.5 「大運河：北より望むリアルト橋」（絵画3.3.5，写真3.3.5，図3.3.5）

リアルト橋に少しづつ近づいていく。先の絵画と同じ視点場の1つである，チブラン小広場から南方向に大運河とリアルト橋を眺めた景観が描かれている。

正面にカメルレンギ邸，その右手に旧役所，手前にエルベリア広場，左手奥にリアルト橋が配されている。画面中央のエルベリア広場の前の大運河には，サン・マルコ湾から出発してきた4人の船頭が力強く漕ぐ貴族の遊覧船が，ゆうゆうと横切っている。

リアルト橋の特徴は2つある。1つは，橋でありながら建築物でもあり，このために空間を囲い込むような作用が感じられることである。もう1つは，建築物としての側面を持ちながらも，流軸方向に見通しが利く構造になっていることである。この2つの特長によって，適度に囲まれ，また適度に開放感を持つ独特な景観を生み出している。

視点場は，2箇所。その1つはチブラン小広場（視点場a）であり，これからリアルト橋とカメルレンギ邸を見る。しかしこの視点場からは，新役所の見える向きが絵画とはやや異なる。もう1つは，民家の中庭（視点場b）にあり，

写真◇3.3.4a 視点場aからの実景

写真◇3.3.4b 視点場bからの実景

写真◇3.3.4c 視点場cからの実景

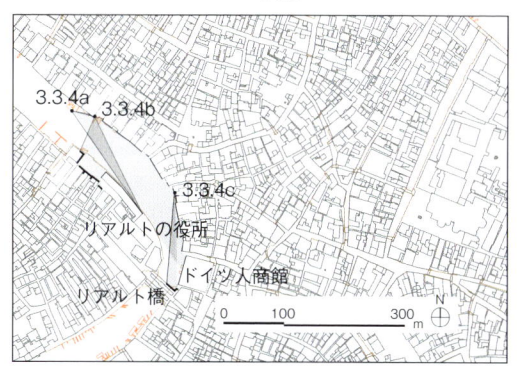

図◇3.3.4 視点場からの絵画内壁面位置と視界平面図

第2部　描かれたヴェネツィア景観

絵画◇3.3.5　「大運河：北より望むリアルト橋」
[出典]　Fondazione Giogio Cini: Canaletto Prima Maniera, Electa, 2001

写真◇3.3.5a　視点場aからの実景

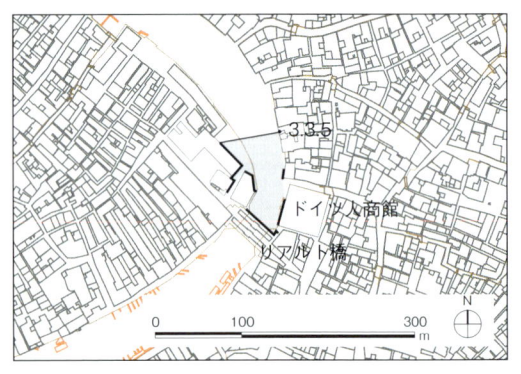

図◇3.3.5　視点場からの絵画内壁面位置と視界平面図

写真◇3.3.5b　視点場bからの実景

これからリアルトの旧役所方向を見ている。

　この視点場aは，チブラン邸の袂にあり，プライベートな船着き場としての性格を持った，縦7m，横3.1m程の閉鎖的な空間である。東側を大運河に隣接し，残りの三方は住居に囲まれている。この広場は，生活空間として機能している。実際に，この視点場に行き着くには，かなりの隘路を通らねばならず，アプローチしにくい視点場で，他の視点場とは一線を画すも

第 3 章　描かれた運河景観

のである。

▶ 3.3.6 「大運河：リアルト橋とともに北から望む」（絵画 3.3.6，写真 3.3.6，図 3.3.6）

ついで，この絵画は，リアルト橋に絞った構図となっている。チブラン小広場の大運河寄りの地点から，大運河を南方向に眺め，右手にカメルレンギ邸，中央にリアルト橋を見た景観が描かれている。リアルト橋の半円のアーチの形状は，橋上のオーニングなどの仮設物も見えないために印象的である。また，左手にドイツ人商館が配され，右端にはエルベリア広場が描かれている。

視点場は 1 箇所であり，視点場からリアルト橋までの距離は 94.4m，その仰角は 8.7 度，カメルレンギ邸までの距離は 56.3m，いずれも超近景に配されている。

これもまた視点場はチブラン小広場である。ここでの大運河の幅員は，42.8m であり，かなり狭い。ただ，対岸には，新役所から連なるエルベリア広場が広がっており，視点場であるチブラン小広場は，開放感のある空間となっている。

▶ 3.3.7 「大運河：リアルト橋より，南西にフォスカリ邸を望む」（絵画 3.3.7，写真 3.3.7，図 3.3.7）

ついで目前のリアルト橋に至る。リアルト橋の南側の上の階段を 14 段登る。その階段の位置から，大運河を眺望している景観が描かれている。

この絵画の構図は，カナレットとヴィセンティーニの共作になる 3 部構成のエッチング集（1742 年版）[2]の第 1 部第 1 頁を飾ったもので，ヴェネツィアの代表的な商業地が選ばれた。

絵画◇3.3.6　「大運河：リアルト橋とともに北から望む」
The Trustees of the Goodwood Collection,
Photo © The Goodwood Estate Company Limited

写真◇3.3.6　視点場からの実景

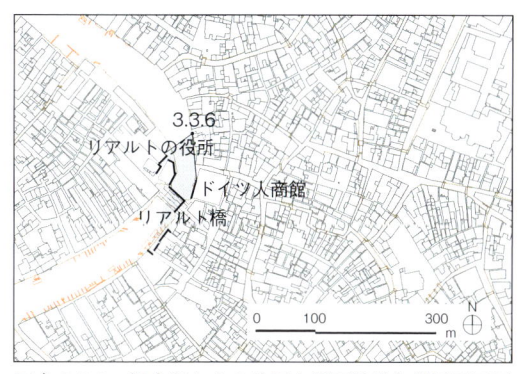

図◇3.3.6　視点場からの絵画内壁面位置と視界平面図

リアルト橋上から大運河を眺めたやや俯瞰気味であり，右岸のヴィン運河通り，左岸のフェロー河岸通り，そして大運河の正面の奥に「荘重なるゴシック様式」のフォスカリ邸まで視線は及ぶ。小さくしか見えないのであるが，ここからは正面に見ることができる。

この視点場から見える光景は，両岸の人々や

第2部　描かれたヴェネツィア景観

絵画◇3.3.7　「大運河：リアルト橋より、南西にフォスカリ邸を望む」
The Royal Collection © 2009, Her Majesty Queen Elizabeth Ⅱ

写真◇3.3.7　視点場からの実景

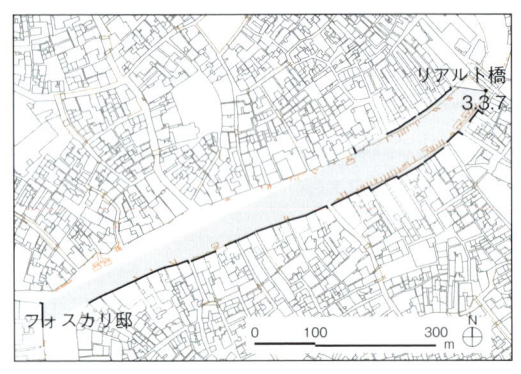

図◇3.3.7　視点場からの絵画内壁面位置と視界平面図

船舶の出入りや，多くの停泊船で埋め尽くされ，商業活動の中心地を表現している。パドヴァから帰還してきたブルキエッロ（定期船）も右手ヴィン河岸通りに係留されており，多分ここが終点であろう。遊覧船の用具，低く下ろされた帆船，係留している船員の姿がある。画中には，人物92人，船舶32隻が描かれている。

この絵画の視点場は，リアルト橋上である。視点場からドルフィン・マニン邸までの距離は77.6m，その仰角は6.5度。レガッタのゴール地点であるフォスカリ邸までの距離は809.7mで，運河景観では最も長く，仰角は1.2度。視点場となる位置が地表面よりも5.3m，水面よりも8.1m高い位置にあるために，仰角は相対的に小さな値となる。視点場付近の大運河の幅員は，約37.1mとかなり狭い。

「橋の上から眺めおろした光景はすばらしい。運河の各種の必需品を大陸から運んできて，たいていはここに碇泊して積荷をおろしてしまう船舶で一杯である。そしてその間をゴンドラが蠢動している」[5]。

「日々新たに繰り返される光景，……長い竿に全身の重みをかけて甲板を逆方向に歩く船乗りたちの操る大きなはしけ（ペオーテ）が，麦や家畜や野菜のみならず，煉瓦や木材，ぶどう酒の樽や機械の類まで運んだ」[3]。

建物群は，大がかりな修復を施されつつも今なお健在で，右岸に並ぶ店舗や住宅として用いられている建築物は，通行人を保護するための突き出した屋根を持っており，それがカフェやレストランとなり，ヴェネツィアで最も賑わう場所となっている。

視点場付近の人通りはかなり多く，また，大運河を俯瞰しようとする人たちの人垣は，絶えることがない。

▶ 3.3.8　「フォスカリ邸とモーロ・リン邸から南方向のカリタ教会を望む」（絵画3.3.8，写真3.3.8，図3.3.8）

先の絵画では，リアルト橋から見たフォスカリ邸まで視線は延びていた。一挙にフォスカリ邸まで下ることにしよう。そのフォスカリ邸前のレガッタのゴール地点近傍から，南方向を望み，カリタ教会の鐘楼を眺める。

フォスカリ邸近くの船上から，大運河が南にカーブしていく方向の大運河を見た光景が描か

第 3 章　描かれた運河景観

絵画◇ 3.3.8　フォスカリ邸とモーロ・リン邸から南方向のカリタ教会を望む」
[出典] Le Prospettive di Venezia, 1742

絵画◇ 3.3.9「大運河：サンタ・マリア・デラ・カリタ教会より望む」
The Royal Collection © 2009, Her Majesty Queen Elizabeth Ⅱ

写真◇ 3.3.8　視点場からの実景

写真◇ 3.3.9　視点場からの実景

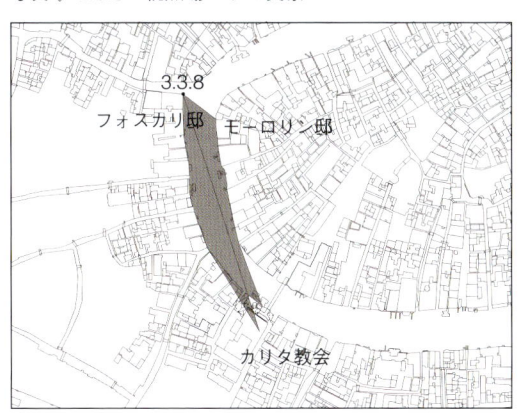

図◇ 3.3.8　視点場からの絵画内壁面位置と視界平面図

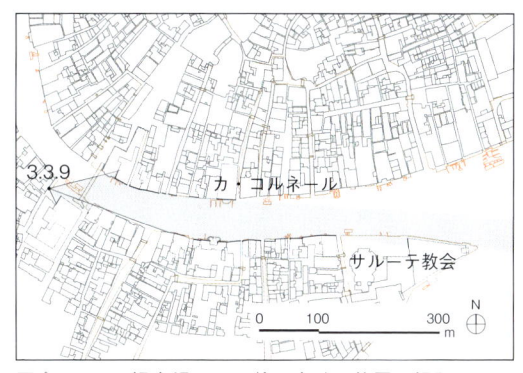

図◇ 3.3.9　視点場からの絵画内壁面位置と視界平面図

れている。左手にはモーロ・リン邸，グラッシ邸の一部，マリピエロ邸が，さらに背後にはカリタ教会の鐘楼を見て，右手にはフォスカリ運河とフォスカリ邸，それからジェステイニアン邸，その先にレッツォーニコ邸などの市街地の街並みを見ている。

視点場は，大運河の船上で，1箇所であるが，写真は，その近くのマルコニ通りの先端から撮影したものである。地図上と周辺の建物の様子

からおおむね実景が描かれていると判断している。

▶ 3.3.9 「大運河：サンタ・マリア・デラ・カリタ教会より望む」（絵画 3.3.9，写真 3.3.9，図 3.3.9）

ついで視線が伸びたサンタ・マリア・デラ・カリタ教会まで移動する。このカリタ教会前の

広場の大運河寄りの地点から、大運河を東方向に眺める。

　右手にカリタ教会と広場、その奥に連なる右岸の街並み、左手にはバルバロ邸から連なる左岸の街並みが配され、それらを、画面中央の大運河に沿ってパースペクティブに見る景観が描かれている。さらに、中景にはサンタ・マリア・デラ・サルーテ教会と税関舎も見える。

　この絵画では、運河よりもむしろカリタ教会（仰角 39.3 度）とそれに付随した広場が、構図の中心である。

　視点場は、1 箇所、サンタ・マリア・デラ・カリタ広場である。

　絵画に描かれたカリタ教会の鐘楼は、1744年に崩壊し、また屋根飾りも取り壊された。カリタ教会は隣接する修道院、同信会館とともに1807年にアカデミア美術館に転用されている。さらに1854年になってこの跡地にアカデミア橋が建造され、絵画が描かれた頃とはまったく異なる景観となった。

　ファサードの丸い窓などは当時の面影をわずかに残しており、このことから実景が描かれたと判断している。撮影時点では、その面影も消えてしまった。手前に見えるリオ（運河）は、現在は埋め立てられて広場の一部になり、それに付随した露店やオープンカフェは、終日賑わっている。

▶ 3.3.10　「大運河：サン・ヴィオ広場よりサン・マルコ湾を望む」（絵画 3.3.10，写真 3.3.10，図 3.3.10）

　カリタ教会からサンタ・マリア・デラ・サルーテ教会方向、東方向に進んでいく途中で、サン・ヴィオ広場にいたる。

　この絵画には、サン・ヴィオ広場の大運河寄

絵画◇ 3.3.10　「大運河：サン・ヴィオ広場よりサン・マルコ湾を望む」
COPYRIGHT© Museo Thyssen-Bornemisza. Madrid

写真◇3.3.10　視点場からの実景

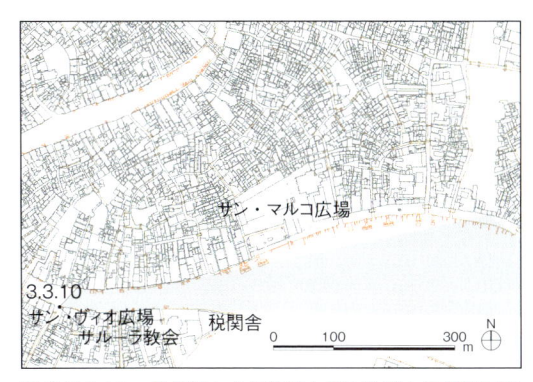

図◇3.3.10　視点場からの絵画内壁面位置と視界平面図

りの地点から，大運河を東方向を眺めた景観が描かれている。右手にサン・ヴィオ広場前のバルバリゴ邸とそれから連なる右岸の街並み，左手には壮大なコルネール邸を代表とする左岸の街並みが配され，それらを画面中央の大運河に沿ってパースペクティブに見た景観が描かれている。

視点場は，1箇所であり，サン・ヴィオ広場に面した建物の上階である。このサン・ヴィオ広場からコルネール邸までの距離は116.7m，仰角は12.3度。同様にサンタ・マリア・デラ・サルーテ教会のドーム部までの距離は351.6m，仰角は8.7度。

カナレットは，この構図がとりわけ気に入っていたようで，10点以上の絵画を残している。

広場には荷物を積んだ船が停泊して，バリバリゴ邸の3階の窓から女性が手を振っている。

右岸の建物の奥には，サンタ・マリア・デラ・サルーテ教会のドーム屋根とその工事用の足場がわずかに見え，これがスカイラインにアクセントを与えている。描かれた船舶をカウントすると，33隻と多く，この視点場近傍から税関舎，そしてサン・マルコ湾までの水上での混雑振りが推測される。

サン・ヴィオ広場は，サルーテ教会とアカデミア美術館を結ぶ通りに位置しており，人通りは少なくない。この広場は，運河に開かれた縦長の長方形で約250m²の面積，プロテスタント系の教会にも面している。赤く塗られたベンチも数個置かれ，1基のキオスクが設置されていた。また，樹木が10本と多いのも特徴で，地元の住民が利用しやすい雰囲気の広場となっている。

▶ 3.3.11　「大運河への入り口：サンタ・マリア・デラ・サルーテ教会より東を望む」（絵画3.3.11，写真3.3.11，図3.3.11）

さらに東方向に歩いていくとサンタ・マリア・デラ・サルーテ教会前に達し，教会が大きく望める。

サン・マウリーツィオ運河通りとブランドリン・ロータ邸の前庭から，大運河を東に眺めた景観が描かれている。広々とした大運河沿いに左手にコルネール・デラ・カ・グランデ邸，右手にサンタ・マリア・デラ・サルーテ教会と税関舎，さらに正面奥の遠景域にサン・マルコ湾に面する街並みが配されている。後で見る「大運河への入り口：東を望む」と同様に，サンタ・マリア・デラ・サルーテ教会とその基壇，赤い服を着た貴族などが，広場の荘厳な雰囲気を絵画に与えている。この画中にも，サンタ・マリア・デラ・サルーテ教会前の運河上に，運河を上っていく貴族を乗せた遊覧船が描かれている。税関舎の前で係留して待つ船舶は多く，30隻に上る。

第2部 描かれたヴェネツィア景観

絵画◇3.3.11「大運河の入り口：サンタ・マリア・デラ・サルーテ教会より東を望む」
© bpk / Gemaldegalerie, SMB / Jorg P.Anders

写真◇3.3.11a 視点場aからの実景

写真◇3.3.11b 視点場bからの実景

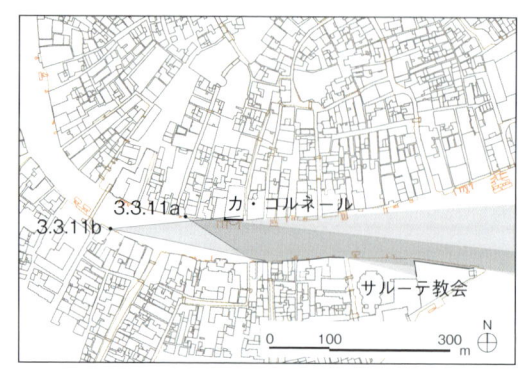

図◇3.3.11 視点場からの絵画内壁面位置と視界平面図

視点場は2箇所である。視点場aはサン・マウリーツィオ運河通りに位置して，主に右手の対岸を望み，主景となるサンタ・マリア・デラ・サルーテ教会を見る。この教会までの距離は326.4m，仰角は9.3度。絵画に描かれた左手の街並みは，この視点場からでは望めない。

視点場bは，ブランドリン・ロータ邸の前庭に位置しており，視点場aの対岸，やや東寄りの地点にある。ここから主に左手，サン・マルコ湾の街並みを望むのである。この視点場からコルネール邸までの距離は189.4mで，仰角は7.7度，サン・マウリーツィオ邸までの距離は144.3m，仰角は4.2度。それぞれのファサードを望む角度が，視点移動の決め手となっている。また，双方の視点場近傍の大運河の幅員は，60.9mである。

双方の視点場とも人通りはほとんどない。

▶ 3.3.12 「大運河への入り口：東を望む」（絵画3.3.12，写真3.3.12，図3.3.12）

最後にたどり着くのはサンタ・マリア・デラ・

第3章　描かれた運河景観

絵画◇3.3.12 「大運河への入り口：東を望む」
Gemäldegalerie Alte Meister, Staatliche Kunstsammlungen, Dresden

写真◇3.3.12　視点場からの実景

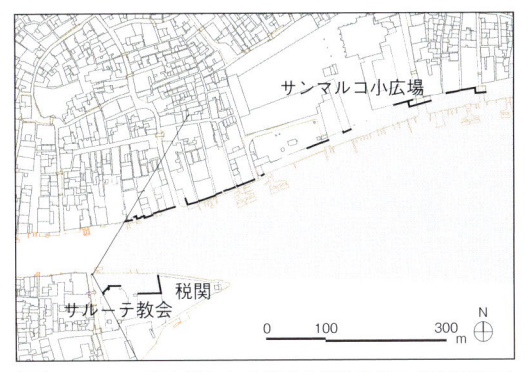

図◇3.3.12　視点場からの絵画内壁面位置と視界平面図

サルーテ教会である。教会前の広場より東方向，モーロ河岸を見る。ここは大運河の入り口であると同時に出口である。

　絵画は，サンタ・マリア・デラ・サルーテ広場の大運河寄りの地点から，大運河を東方向に見る景観が描かれている。右手すぐ手前に大きくサンタ・マリア・デラ・サルーテ教会，それに付随した広場を見て，海の税関舎の後ろ姿，左手の対岸，モーロ河岸に連なる街並みが配されている。そのはるか向こうには，サン・マルコ湾に沿ったスキャヴォーニ河岸の水際と，街並みにまで視線が伸びる。

　視点場は1箇所，サンタ・マリア・デラ・サルーテ広場の突端，水上バス停近傍である。

　広場は，サンタ・マリア・デラ・サルーテ教会を囲むようにしてL字型を形成している。教会前の大運河の幅員は74.8m。視点場からサンタ・マリア・デラ・サルーテ教会までの距離は32.9m，ドーム頂上部までの仰角は47.1度，サンタ・マリア・デラ・サルーテ教会を見る仰

第2部 描かれたヴェネツィア景観

角としては最も大きい。同様に税関舎までの距離は198.5mで，仰角は6.1度。また，対岸のサン・マルコ広場の鐘楼までの距離は477.5mあり，その仰角は11.3度，描かれた最遠部までの見通し距離は約3kmと遠景域に含まれる。

視点場付近に水上バス停があり，地元の住民や，サンタ・マリア・デラ・サルーテ教会を訪れる観光客が利用する様子が見受けられる。広場には，オープンカフェや露店は存在しないが，教会の基壇部分に腰を下ろし，運河を眺める姿，食事をとる様子など，休憩している観光客の姿を多く見かける。

11月の下旬の1日間，夕方にサンタ・マリア・デラ・サルーテ教会の祭事があり，大運河上に突然，仮設橋がサンタ・マリア・デラ・サルーテ教会に向かって架けられ，深紅のじゅうたんを踏んで，教会にでかけるのである。

▶ 3.3.13 「アルセナーレ：水上の入り口」（絵画3.3.13，写真3.3.13，図3.3.13）

次に大運河を離れ，サン・マルコ湾を水上バスで横切り，スキャヴォーニ河岸通りから東方向，ザッカリのバス停で降り立ち，アルセナーレに歩を進める。左手のやや遠くに水門が見える。

大運河から外れた小運河が描かれたのは，このアルセナーレ運河と次に紹介するメンディカンティ運河である。アルセナーレ運河の幅員は20.4m，メンディカンティ運河の幅員は3.8mである。

ヴェネツィアの歴史地区は，現在7つの行政区に分けられるが，東部の位置にあるカステッロ地区にアルセナーレはある。

ヴェネツィアの東部に位置するアルセナーレは，スキャヴォーニ河岸通りから，さらに東方向のカ・ディ・ディオ河岸通りに至り，橋を渡

絵画◇3.3.13 「アルセナーレ：水上の入り口」
In the collection at Woburn Abbey, Woburn, Bedfordshire, By kind permission of His Grace the Duke of Bedford and the Trustees of the Bedford Estates

り，すぐに左に折れると水門塔が見え，アルセナーレ運河通りとなる。

　この絵画は，アルセナーレ運河通りから，アルセナーレ運河を北方向に眺めた景観が描かれたものである。画面中央には，両側の建物から鉄で引っ張る木製の跳ね橋が配され，その背後にはアルセナーレの水門塔（仰角 11 度）とその左にアルセナーレ城門が配されている。これら建築物のそばには，アルセナーレ運河通り，左手にアルセナーレ広場が描かれている。さらに，遠方に位置するサン・フランチェスコ・デラ・ヴィーニャ教会の鐘楼が，水門塔の間に描かれている。

　視点場は 2 箇所で，その位置は，共にアルセナーレ運河通り（幅員 20.4m）である。おおむね絵画に描かれた面影が残されている。

　視点場 a は，水門塔を中心に全体的な構図をとらえており，絵画ときわめて類似している（写真 3.3.13a 参照）。しかしながら，水門塔の間に見えるはずのサン・フランチェスコ・デラ・ヴィーニャ教会の鐘楼は，視点場 a からは見えない。したがってこの視点場 a から，水門の方向に近づいて見たのが図 2.3.1b であり，これが視点場 b となっていることがわかる。

　この視点場 b は，アルセナーレ運河通りに続くマドンナ運河通りに位置しており，視点場 a からさらに塔へ近づいた地点で，ここから水門塔の間にサン・フランチェスコ・デラ・ヴィーニャ教会の鐘楼を望む。写真を見ると，手前には橋の工事のための覆いがあって，やや見えにくいが，水門塔の間には鐘楼が見えるのがわかる。

　アルセナーレとは，国営造船所を意味した。国営造船所はヴェネツィアを支える施設で，かつては「ヴェネツィアの心臓部」と位置づけられており，最盛期には 16,000 人以上の船大工が働いていたという。

　現在，この跳ね橋は，鉄と木製の固定橋に置

写真◇ 3.3.13a　視点場 a からの実景

写真◇ 3.3.13b　視点場 b からの実景

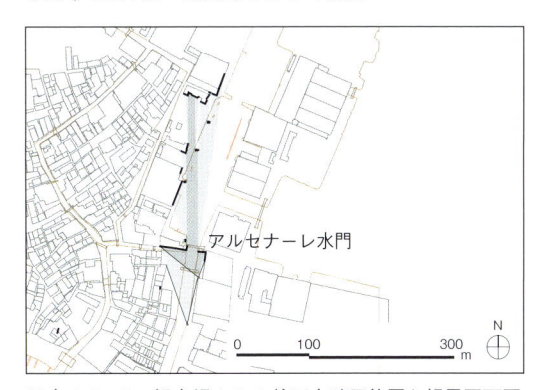

図◇ 3.3.13　視点場からの絵画内壁面位置と視界平面図

き換えられて完成しており，絵画のような景観は，得られない。また，写真で見るように，アルセナーレの城門と城壁の背後には，赤と白に塗り分けられた巨大な電波塔が建てられている。

▶ 3.3.14　「メンディカンティ運河：南を望む」（絵画 3.3.14，写真 3.3.14，図 3.3.14）

　メンディカンティ運河は，カステッロ地区に

第2部　描かれたヴェネツィア景観

絵画◇3.3.14　「メンディカンティ運河：南を望む」
Venice, Ca'Rezzonico, FONDAZIONE MUSEI CIVICI DI VENEZIA

写真◇3.3.14a　視点場aからの実景

写真◇3.3.14b　視点場bからの実景

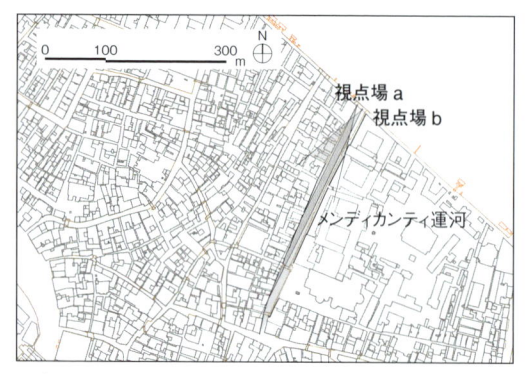

図◇3.3.14　視点場からの絵画内壁面位置と視界平面図

あり，新運河通りに位置する。サン・マルコ湾の反対側の北部の新運河通りに面している。

　メンディカンティ運河に架かるメンディカンティ橋から，メンディカンティ運河を南方向に眺めた景観が描かれている。左手にサン・ラザーロ・ディ・メンディカンティ教会とやや高いサン・マルコ同信会館の横の姿，右手にパルド邸と右岸の街並み，さらに正面奥に木橋のカヴァッロ橋が配されている。それに加え，運河

とともに，その左側には幅の広いメンディカンティ運河通りが描かれている。

視点場は2箇所。ともにメンディカンティ橋上に位置する。

視点場aは，橋の北側に位置し，メンディカンティ運河の対岸側を臨む。ここからサン・ラザーロ教会（仰角15.4度），サン・マルコ同信会館（仰角5.9度）まで望む。

視点場bは橋の中央部からやや南寄りに位置しており，視点場aから南側へ進んだ地点で，視点場aとは反対側のメンディカンティ運河の対岸を望む。それぞれの対岸のファサードを望む角度が，視点移動の決め手となっている。両岸をそれぞれ描いて，1枚の絵画に仕上げたと推測できる。この点については，後の章で詳しく述べることにしよう。

大運河を描いた絵画とは違い，メンディカンティ運河は幅員も狭く，華やかさは感じれられない。この絵には，右側の建物の朽ちかけた漆喰の壁やすりきれたレンガの形状，バルコニーから手を振る女性，その窓に乾している布地，小さな造船所からゴンドラを進水させている職人，そしてその他ゴンドラや人々が描きこまれ，生活に滲んだ光景が特徴的である。

現在でもこの運河通りの人通りは，少なく，人々が滞留できるような場所はこの通り以外に無い。サン・ラザーロ教会の前面に付設されたメンディカンティ運河通りを利用して，サンティ・ジョヴァンニ・エ・パオロ広場と新運河通りにあるヴァポレットの船着き場（新運河通り停留所：マルコ・ポーロ国際空港や，サン・ミケーレ島，ムラーノ島への便が出ている）の間を行き来する人々がほとんどである。

▶ 3.3.15 まとめ

レガッタの折り返し地点のサンタ・クローチェ橋からゴール地点のフォスカリ邸の前を通り，サルーテ教会までを並べ運河の景観をみてきた。運河沿いの商館，邸宅，教会の各建築物，そしてリアルト橋等，これらは当時の代表的な建造物であり，カナレットの絵画はそのことを良く表現している。

大運河のダイナミックで華やかな活動空間と比べ，小運河の景観は水辺で生活する人々の哀感を感じさせるものである。

3.4 描かれた都市活動

この章では，レガッタ・ストーリカで漕いでいく方向に倣ってカナレット絵画を見てきた。
1) すべての絵画が，大運河を画面の中央に配しており，両岸に街並みを見る流軸景が描かれた。これがカナレットが描いた運河景観である。

逆S字型の特徴を生かして視点場を設定し，近景に描かれた視対象や正面に配された視対象の選択には，目印となる際立った建築物が選ばれた。
2) 都市計画的な観点から述べると，カナレットは，ヴェネツィアの商業活動を担う商館などの商業施設と多くの船舶を，大運河とともに描いた。サン・マルコ広場の景観が行政機能を描いたとすれば，大運河の景観は商業機能を描いたといえる。
3) 運河の景観として描かれた23点，すべて視線方向を大運河上に図示してみると，約4kmほどの長さの大運河のほとんどの部分が，「絵になる景観」としてとりあげられている。

◎参考文献

1) アルヴィーゼ・ゾルジ，金原由紀子，松下真記，米倉立子訳：ヴェネツィア歴史図鑑，東洋書林，2005
2) Antonio Visentini：Le Prospettive di Venezia -Dipinte da Canaletto-, Vianello Libri, 1984
3) ゲーテ，相良守峯訳：イタリア紀行（上），岩波書店，

第2部　描かれたヴェネツィア景観

4) F.ブローデル，岩崎力訳：都市ヴェネツイアー歴史紀行ー，岩波書店，1986
5) J.G.Links：Views of Venice by Canaletto, Antonio Visentini, Dover Publications, 1971
6) Fondazione Giogio Cini：Canaletto Prima Maniera, Electa, 2001
7) Filippo Pedolocco：Visions of Venice Paintings of the 18th Century, Taulis Parke, 2002
8) Calli, Campielli e Canali, Edizioni Helvetia, 1989
9) Euro-City Map 1：5000 Venice, GeoCenter, 2000
10) Umberto Franzoni：Palaces and Churches on the Grand Canal in Venice, Storti Edizioni, 1999
11) J.G.Links：Venice for Pleasure, Pallas Athene, London, 2000
12) クリストファー・ヒバート，横山徳爾 訳：ヴェネツィア（上）（下），原書房，1997
13) 福田太郎：ヴェネツィアの「絵になる」都市的空間デザインに関する研究，九大大学院修士論文，2002
14) 田篭友一：観光都市ヴェネツィアの「絵になる」広場空間デザインに関する研究，九大大学院修士論文，2004
15) 森慎太郎：ヴェネツィアの「絵になる」運河景観に関する研究，九大大学院修士論文，2006
16) Antonio Quadri：Venezia Il Canal Grande La Piazza S.Marco, Vianello Libri/Ezio Tedeschi Editori, Riproduzione in Fac-smile, 1990

第4章　運河景観の4類型

これまでの章では、レガッタのコースに従いながら運河景観の絵画を見てきた。

運河景観では、画中に描かれた水面の占める面積が大きいこと、あるいは両岸の代表的な建築物やリアルト橋が焦点として描かれていることが少しずつわかってきた。

ここで、画面に占める各構成要素の面積比、画中に描かれた船舶の隻数、人物の数などを調べあげて、運河景観の構図の特徴をまとめてみることにする。

4.1　運河景観を図る尺度

▶ 4.1.1　画面上で景観の構成要素を調べる

大運河沿いには、13箇所のカンポ（広場）、12本のフォンダメンタ（運河通り）の街路がある。これらのオープンスペースは、画面上によく描かれている。また、邸宅、フォンダコ（ドイツ商館、トルコ商館など4つの商館）、教会（スカルツィ教会、ピッコロ教会、サルーテ教会など7つの教会が運河沿いに立地）の建築物も、運河沿いに立地しており、良く描かれている。

これら景観の構成要素が画面に占める面積比を求めてみると、以下の特徴を読み取ることができる。

(1)　運河の水視率には上限がある

まずは大運河が画中に描かれた面積の割合、水視率は、平均で13％となっている。構成比の分布の傾向をみると、運河は「10％～15％」を中心として、5％から25％までの広がりで、1枚の画面に描かれている（図4.1）。

カナレットの運河景観に必要な「運河」は、描かれる面積は小さくないが、しかし画面に25％以上の面積比で描かれることはない。

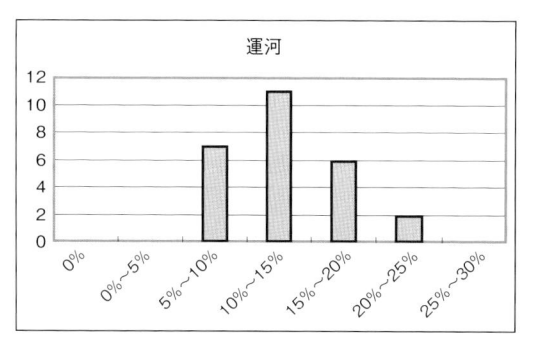

図◇4.1　運河の画面構成比（水視率）の頻度分布

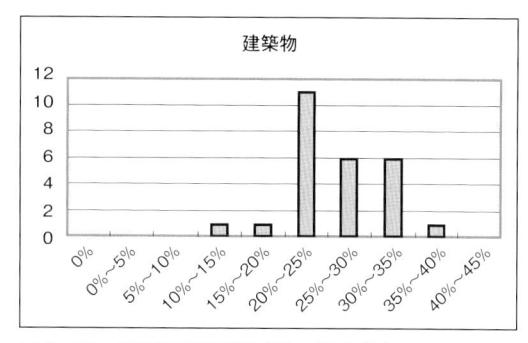

図◇4.2　建築物の画面構成比の頻度分布

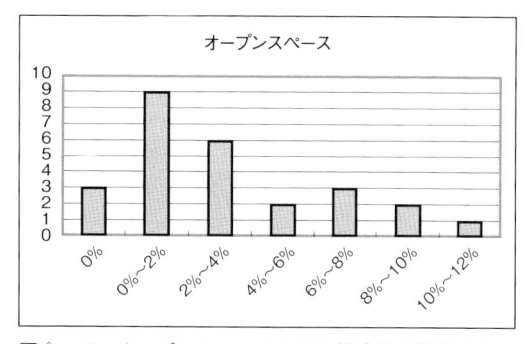

図◇4.3　オープンスペースの画面構成比の頻度分布

第2部　描かれたヴェネツィア景観

図◇4.4　スカルツイにさしかかるブルケッロ

図◇4.5　リアルトに停泊中のブルケッロ

図◇4.6　サン・マルコ湾上の4人の船頭が漕ぐ遊覧船

図◇4.7　ペスカリーナ前の遊覧船

図◇4.8　橋，船舶，広場に描かれる人物

(2)　建築物は基本的な景観要素である

　運河沿いの両岸に見られる「建築物」の画面構成率は，平均で26％である。これは，景観の構成要素のなかでは最も高い値である。ほとんどの絵画で「20～25％」以上の割合で描かれているし，20％から35％の範囲の画面構成に，大半が含まれる。当然のことながら運河景観の基本的な景観要素となっていることがわかる（図4.2）。

(3)　オープンスペース

　街路や広場を含む「オープンスペース」の画面構成率は，平均で4％と低い。その分布傾向をみると，0％から12％まで，比較的一様に分布している（図4.3）。

(4)　必ず船舶と人物が描かれる

　運河上に浮かぶ「船舶」の画面に占める面積の割合は，平均で6％で，小さい値であるが，描かれないことはない。その分布傾向をみると，6～8％を中心に，2％から12％にわたって比較的満遍なく分布している。

　絵画1点あたりの平均の船舶数は多く，19隻である。特殊な船舶であるブルケッロは，取り上げた絵画のうち5点に描かれた。片面に3つの窓を持つこのブルケッロは，スカルツイにさしかかった様子（図4.4），それにリアルトのペスカリーナ前に碇泊している様子（図4.5）として描かれた。

　また4人の船頭が漕ぐ遊覧船ペオタは，4点の絵画に描かれた。サン・マルコ湾上（図4.6）

と，大運河のバルビ邸近くの様子である（図4.7）。商業活動が中心の大運河には，一方でパドヴァに上る定期船や貴族が乗る遊覧船等が走り，観光も都市活動の一つであったことがわかる。

描かれた「人物」の画面に占める面積の割合は，2％と小さい。しかし，必ず画面上に人物は描かれている（図4.8）。橋上，広場あるいは船上に描かれており，絵画1点当たり描かれる人物数は，船上に描かれた人物を含めると，44人と予想以上に多い。

▶ 4.1.2　地図上で運河の指標を調べる

運河景観を特徴づける運河幅員，流軸角，見通し距離を推定している。これらの指標は，運河景観における奥行感を測る尺度である。

(1)　大運河の幅員は一定ではない

運河景観が描かれた視点場の近傍では，実際の運河の幅員を地図上で計測すると，大運河の幅員は，おおむね40～70m台であるが一定ではなく，平均すると53mとなる。大運河以外で描かれている運河として，カンナレージョ運河，メンディカンティ運河，アルセナーレ運河が挙げられ，これらの運河幅員は，どちらも10m程度で，大運河に比べてかなり狭い。

(2)　運河景観は流軸景である

視線の方向と運河の流れる方向との角度，流軸角は，平均で17度となる。ほとんどの絵画で，流軸角は0度から20度の間であり，再三指摘してきたことではあるが，カナレットが流軸景の運河景観を描いていたことがわかる。

唯一，明確な対岸景として運河を描いているのが絵画「サン・ジェレミーア教会とカンナレージョへの入り口」（絵画3.3.1）であり，この絵画の流軸角は78度である。しかし，この角度は大運河に関するものであり，カンナレージョ運河への流軸角は2度である。対岸景でありながら軸景でもある，という特筆すべき景観の1つであるといえよう。

(3)　水面の見通し距離は，中景域である

視点場から見通せる運河の最遠距離を，絵画で描かれた水際を地図上で判定して計測し，これを見通し距離とした。その距離は，91mから2150mまで広範囲にわたるが，この平均は，661mであり，中景域となる。

4.2　運河景観は4類型

運河の水面，運河沿いのオープンスペース，運河に架かる橋，それに両岸の特徴のある建築物などは，運河景観に強い影響を与えていることがわかり，次の4つの類型をうることができた（図4.9）。

▶ 4.2.1　運河上にかかる橋の景観

このグループは，リアルト橋を主景にした景観である。

距離景別の景観の構成要素が画面に占める面積の割合をみても，橋の構成比が最も高い。平均の水視率は18.6％。見通し距離は，平均で161mである。他グループと比べ見通し距離が一番短く，橋の先が見えず，運河の見通しがきかないグループである。

▶ 4.2.2　水視率の高い運河景観

このグループは，大運河の流軸方向を描いた典型的な景観である。

水視率の平均が24％で，他のグループに比べ最も高いことが特徴である。そのため，カナ

第2部　描かれたヴェネツィア景観

| 「運河上にかかる橋の景観」Group 1　計5点 橋を中心にした景観が描かれている | 「水視率の高い運河の景観」Group 2　計8点 水視率・運河幅員が大きい | 「運河沿いのシンボリックな建築物の景観」Group 3　計10点 超近景にシンボリックな建築物を配する 見通し距離が長い | 「運河沿いの街路の景観」Group 4　計3点 街路を運河のそばに配する 運河幅員が小さい |

図◇4.9　景観類型の事例

レットは水視率を低めるために，船舶や船舶の乗組員が数多く描かれている。見通し距離は，平均で610mである。

▶ 4.2.3　運河沿いのシンボリックな建築物の景観

このグループは，ピッコロ教会やカリタ教会など，運河沿いのドーム屋根や鐘楼を持つ建築物等とともに運河を描いた景観である。

水視率は16.0%。水面を見通す距離は平均で963.5m，4類型の中で最も長い。流軸角は13.1度。シンボリックな建築物と水面の見通しの長さに特徴を持つグループである。

このグループの絵画は，複数の視点場で描かれることが多く，運河の岸辺に見えるシンボリックな建築物を，より劇的に表現しようとしたことがわかる。

▶ 4.2.4　運河沿いの街路の景観

このグループは，運河沿いにある街路や運河沿いにある広場等のオープンスペースとともに，運河の流軸方向を描いた景観である。

「運河沿いのシンボリックな建築物の景観」と比べて，このグループは，運河沿いに面する街路や広場が，運河とともにはっきりと描かれているのが特徴である。運河沿いにある街路が超近景，近景に必ず配されているのに対して，シンボリックな建築物は，運河沿いに存在しない。運河沿いのオープンスペースが視対象として役割を持っていることを描いている。

4.3　絵画に見る人物の行動

画中に添景として描かれていた人物の行為を，観察してみよう（図4.10，図4.11）。

▶ 4.3.1　「会話」

「会話」は，ほとんどの絵画で観察される行為である。複数人数で，また複数の地点で，輪をつくり，歓談にふけっている様子が描かれている。その人数は，2人から6～7人が輪になったものまで，さまざまである。

▶ 4.3.2　「通行」

広場や街路を通行する様子もまた，当然ながらいくつかの絵画に描かれている。ヴェネツィアの交通は，当初は運河が主要であったが，時代とともに街路と広場が整備され，これらの交通機能が高まった。運河沿いの広場や街路を「通行」する人々の姿は，カナレットの時代から，日常的に見られた。

「会話」

「休憩」と「通行」

「眺望」

図◇ 4.10　行動の例（その 1）

「行事」の例

「俯瞰」の例

図◇ 4.11　行動の例（その 2）

▶ 4.3.3 「たたずむ」

　絵画に描かれた多くの人物は，群となった人である。しかし，絵画内には，単独で活動を行っている人物も描かれている。運河の「景色」をみたり，佇んでいたりするものである。複数での「会話」などの行為が，都市空間に華やかな賑わいを加えるとすれば，「たたずむ・景色をみる」という行為は，都市空間に静けさを与える。

▶ 4.3.4 「休憩」

　この行為は，広場や街路に腰掛け休憩をしているものである。ほとんどが，複数で休憩しており，その行為は「休憩」にとどまらずに，「会話」「眺望」なども含めた複合的な行為につながる。その発生場所は，街路や広場など，運河に面した段差のある部分に多い。

▶ 4.3.5 「行事」

　この行為は，都市における特殊なものである。赤い衣服の総督や貴族などが教会に出入りする姿が，描かれている。

▶ 4.3.6 「舟の乗り降り」

この行為は、ゴンドラ舟から降りたり、舟に乗り込む、または舟の準備を行う利用行動であり、大運河の景観では良く描かれている。先に見たブルケッロや遊覧船に乗っている貴族等。

▶ 4.3.7 「俯瞰」

建物の窓やバルコニーなどが視点場となり、運河の景色を眺めるものである。運河沿いの公共空間から景色を眺めるのとは異なり、私的な空間から運河や広場を眺めている姿が描かれた。

この行為が顕著に観察されるのは、祝祭の時である。大運河を舞台にしたゴンドラ・レガッタの際には、大運河沿いの建物の窓やバルコニーに人が鈴なりになってレースを見物する。「俯瞰」という行為は、大運河沿いの建物の特性の1つでもある。

4.4 運河景観を特徴づける構成要素

1) 運河沿いにある景観の構成要素は、両岸の邸宅などの建物と運河通りや、カンポなどのオープンスペースである。大運河の幅員は変化に富んでおり、水辺の見通し距離も中景域に達している。

2) カナレットが描いた運河の景観は、構成要素に対応して4つに類型に細分化され、運河の景観に深みと多様さをもたらしている。

①橋が主対象の「運河上にかかる橋の景観」、② 水面が多く描かれ典型的なヴェネツィアの流軸景である「水視率の高い景観」、③ 運河沿いにドームに特徴的な形状の建物が運河とともに描かれている「シンボリックな建築物とともに運河を望む景観」、④ 水際にある通りや広場が運河とともに描かれている「街路空間を持つ運河景観」。

3) 4類型を特徴づけるものは、「橋」「水視率」「シンボリックな建築物」「街路」の4つの景観の構成要素である。

4) 運河の景観では、添景として、ゴンドラなどの船舶の存在や人物が不可欠である。

◎参考文献

1) J.G.Links：Views of Venice by Canaletto, Antonio Visentini, Dover Publications, 1971
2) J.G.Links：Canaletto, Phaidon, 1994
3) J.G.Links：Venice for Pleasure, Pallas Athene, London, 2000
4) Calli, Campielli e Canali, Edizioni Helvetia, 1989
5) 森慎太郎：ヴェネツィアの「絵になる」運河景観に関する研究, 九大大学院修士論文, 2006

第5章　複数の視点場，視点移動

　カナレットは，「絵を構成する場合，元となるもの（実際に見た建物などの要素）を左あるいは右に配したり，あるいは近くあるものをより遠くに見えるように修正している。建物の周りを回って，直接に目に見えないものを付け加え，大運河のカーブを修正し，背景に遠景を付け，屋根ラインを変更し，構造や建築物を単純化する……」[1]。

　確かにリアルで精緻に描かれていると思って絵画と実景を比較してみると，その違いに驚く。また，視点場が存在しないけれども視点場を上げる傾向も，指摘されている。その理由として「グランド・ツアーで訪れた旅行者の意向に沿うように，カナレットは修正を加えたのではないか」[2]と考えられている。

　実際に私が調査対象とした58点のうち，明確に複数の視点場から描かれたと推定できたのは20点であり，少なくない。なぜに，カナレットは複数の視点場から1枚の絵画を描いたのであろうか。当時の透視画法の完成から見ても，カナレット自身が未熟であったという指摘はあたらない。すでに1570年代には，2点透視画法によって教会内部が精緻で完璧に描かれていたし，正確に描かれた絵画は数多い。相違した点を指摘する意見は，確かに妥当性を持っている。

　その理由はいかように考えるべきであろうか。批判をつぶさに検討すると，先の指摘の延長線上で議論されていることは，総じて「創意・工夫に一貫性がない」[3]という指摘に止まり，複数の視点場で描く理由を明らかにするような系統的な議論がない。

景観デザインという立場から，これらの視点場の移動について，その理由を整理しておきたい。

5.1　運河景観における視点移動

まず運河景観を取り上げてみよう。

▶ 5.1.1　視点場空間の特徴

　運河景観を描いた絵画は28点で，そのうち複数の視点場から描いた絵画7点である。運河沿いの通りと運河沿いの広場が，視点場として多数選ばれている。視点場の移動先は，運河沿いにあるこれら街路と広場で行われている。表5.1に概要を示す。

▶ 5.1.2　視点場移動による景観効果

　複数の視点場から描いた絵画7点は，そのうち2つの視点場で描いたのが4点，3つの視点場で描いたのが2点である。

　2つの視点場で描いたのか，3つの視点場で描いたのかは，構図上の差異は少ない。その視点場の移動を，詳しく見ると，移動のパターンは，次の2つに分けることができる。

(1)　Ⅰ型（パースペクテイブの強調）

　まず，主たる視点場において絵画の全体像を構成し，次に従となる視点に移動した後，その部分の壁面のディテールをより細かく描き，そ

第2部 描かれたヴェネツィア景観

表◇5.1 運河景観の複数視点場から描かれた絵画のリストと位置

絵画No.	絵画名	視点場 位置	視点場 近傍の運河	画角	移動距離	移動方向	近傍の運河幅員	流軸角(度)	見通し距離(m)	グループ	効果
3.3.14	メンディカンティ運河：南を望む	メディカンティ橋	メンディカンティ運河	13			17	3.5	409.9	4	両者をつなぎ、パノラマ効果
		メディカンティ橋	メンディカンティ運河	27	15	横	17				
3.3.13	アルセナーレ：水上の入口	アルセナーレ運河通り	アルセナーレ運河	33			13.2	18	181.9	1	全体の枠を構成、後にディテールを追加
		アルセナーレ運河通り	アルセナーレ運河	72	70	前方	15				
3.3.11	大運河への入口：サンタ・マリア・デラ・サルーテ教会より東を望む	マウリッツィオ運河通り	大運河	21			60.9	12	2029.9	3	両者をつなぎ、パノラマ効果
		ブランドリン邸前庭	大運河	18	130	後方の対岸(西方向)	50.7				
3.3.4	大運河：サンタ・ソフィア広場より、南東にリアルト橋を望む	カ・ドーロ船着き場	大運河	44			71.2	6	296.9	2	両者をつなぎ、パノラマ効果
		サンタ・ソフィア広場	大運河	52	30	前方	54.3				
		レメール広場	大運河	74	190	前方(東方向)	60.2				
3.3.5	大運河：北より望むリアルト橋	チブラン広場	大運河							1	全体の枠を構成、後にディテールを追加
		住宅の中庭	大運河								
3.2.9	大運河：リアルト橋より北を望む	チブラン広場	大運河	87			42.8	24	695.3	3	両者をつなぎ、パノラマ効果
							58.2				
		プリジオーニ運河通り	大運河	37	60	前方の対岸	61.5				
3.2.10	大運河：ヴェンドラミン・カレルジ邸からサン・ジェレミーア教会を望む	カッレ・デル・トラゲット	大運河	40			63.6	14	423.7	3	両者をつなぎ、パノラマ効果
		サン・スタエ広場	大運河	24	65	横(対岸)	59.3				
	平均			41.7	80		53.2	16.9	661.4		

して総体として絵画を構成するパターンをとっている場合である。従となる視点場は，部分的に要素を付加したり，一部を移動配置させたりする役目を持っている。「パースペクティブの強調」とも言えるもので，軸景を強調している。

例えば「アルセナーレ：水上への入り口」（1732）を描いた絵画である（絵画3.3.13）。全体の印象は，第1の視点場で十分に満足を与えているように見えるが，水門塔の背後に見える教会の鐘楼の位置が異なっている。実際には鐘楼は，水門塔の間にはなく左側にあるのだが，カナレットはそれを移動させて2つの水門塔の間に，配している。第2の視点場に移動し，その鐘楼を水門塔の間に見たようにして，付加しているのである（写真3.3.13）。

画面の中でまずは中央の2本の水門塔に視線を導く。さらにその奥に教会の鐘楼を配することによって，視線を水門塔の中央奥に導き，奥行き感を強調している。

この構図からわかることは，もともと教会は門の間には見えていなかったもので，これを大胆にも付け加えたということである。カナレットが確信犯的に，この構図を形成したということだ。これは当時のアルセナーレの船舶博物館にある図面からも明白である。地元ヴェネツィア人にとっては自明であったが，アルセナーレを訪問したことがないイギリス人には，実景が分からなかったわけだから，町並みの美しさを象徴するような奥行きを強調して見せるのも，当然であった。

(2) Ⅱ型（パノラマ景観の強調）

Ⅱ型は，両岸にある市街地の建物をそれぞれ別々に描き，それを1枚の画面にまとめるという運河の流軸景を描く場合である。

この型の絵画は，運河を画面のほぼ中央にとり，その両岸の街並みをそれぞれ左右の視点場から描いたものを，最後に，運河を中心に

合成して1枚の絵画としてまとめたものである（事例「大運河：ヴェンドラミン・カレルジ邸からサン・ジェレミーア教会を望む」（絵画3.2.10））。

1箇所で描いた場合，両岸にある建物のファサードが運河に面しているので見づらい。そこで，右手に寄って左手のまちなみを描き，左手に寄って右手のまちなみを描く，このようにして，建物の特徴がわかる程度にファサードを描きこむ。最後に合成して1点の絵を完成させた（写真3.2.10）。

視点場を移動すれば，運河沿いの両側の市街地をより詳細にわかりやすく望むことができ，運河の両側の市街地の街並みの「パノラマ景観」が，より明確に表現されることとなる。

5.2 広場景観における視点移動

次に広場の景観について考えてみよう。

▶ 5.2.1 視点場空間の特徴

広場景観では，30点の絵画を対象にしているが，視点場を複数の地点（2～3箇所）で描いている絵画は14点である。

狭い街路等から広場にアプローチした際に，突然現れる開放的かつ劇的な景観，一方では広場内に滞留して意図的に主題を眺める景観，この2つをカナレットは「絵になる景観」の構図として描いている。とくに前者は，カンポ広場を描いた景観に多い。これが，広場景観の視点

表◇5.2　広場景観の複数視点場から描かれた絵画のリストと視点場の位置

コード		利用行動					視点場			景観効果	
広場	視点場	通過	散歩	停止・準備	交流・休憩	総合空間特性	画角(°)	移動距離(m)	移動方向	視対象	強調
2.2.9 サン・マルコ広場：南東を望む	旧行政長官府 カフェ・クアドリ 旧行政長官府				○ ○ ○	滞留 滞留 滞留	49.0 15.2 11.1	10.4 7.4	斜め前方 斜め前方	roundabout wide roundabout wide	奥行き空間の強調 奥行き空間の強調
2.2.6 サン・マルコ広場：南を望む	時計塔 旗台 聖堂前	○ ○ ○	○ ○ ○	○ ○ ○		結節点 やや移動 やや移動	87.9 33.8 20.8	19.4 24.7	前方 前方	zoom zoom	パースペクティブの強調 パースペクティブの強調
2.2.7 サン・マルコ広場：南西を望む	時計塔 聖堂前					結節点 やや移動	122.6 23.6	22.0	前方	zoom	パースペクティブの強調
2.2.12 時計塔に面するサン・マルコ広場	広場中央 広場中央		○ ○			移動 移動	56.4 37.6	22.3	横	wide	パノラマの強調
2.2.10 聖堂に面するサン・マルコ広場	旧行政長官府 カフェ・クアドリ				○ ○	滞留 滞留	53.6 20.7	12.6	斜め前方	roundabout wide	奥行き空間の強調
2.2.11 新政庁のカフェ・フロリアンにて	新行政長官府 新行政長官府 鐘楼前		○		○ ○	滞留 滞留 移動	34.7 10.0 30.7	1.5 60.7	横 前方	wide wide	パノラマの強調 フォーカスポイントの挿入
2.2.3 サン・マルコ広場の時計塔	小広場 鐘楼前	○	○		○	移動 滞留	28.3 15.5	50.8	前方	wide	フォーカスポイントの挿入
2.2.4 サン・マルコ広場	ドゥカーレ宮殿 カルタ門		○ ○		○ ○	滞留 やや移動	95.4 51.1	22.9	前方	zoom	パースペクティブの強調
2.2.1 サン・マルコ広場：北を望む	有翼の獅子像 有翼の獅子像	○ ○				結節点 結節点	55.4 42.6	3.4	横	wide	パノラマの強調
2.2.5 サン・マルコ広場：小広場の北端より西を望む	ドゥカーレ宮殿 ドゥカーレ宮殿				○ ○	滞留 滞留	72.5 47.1	14.3	横	wide	パノラマの強調
2.2.2 サン・マルコ広場：北を望む	モーロ河岸 小広場	○ ○				結節点 やや移動	42.2 20.1	46.7	斜め前方	roundabout wide	フォーカスポイントの挿入
2.4.3 リアルトのサン・ジャコモ・ディ・リアルト教会	リアルト広場 リアルト広場		○ ○		○	やや滞留 移動	45.1 16.7	14.3	横	wide	パノラマの強調

場の大きな特徴である。

視点場は，まず，広場へアクセスする結節点付近，あるいは広場内の滞留スペース付近が第1の視点場で，そこでは広場の全体的な構成を描く。続いて，広場内の移動スペースへと視点場を移していく。この場合の視点場の移動は，広場の利用行動の動線と似たような軌跡をとっている（表5.2）。

▶ **5.2.2　視点移動による景観効果と空間デザイン**

このように視点場を移動して描いた絵画は，サン・マルコ広場とサン・マルコ小広場で11点，ついでモロー河岸を描いたもの2点，カンポ広場を描いたもの1点。この数値を見ただけでも，サン・マルコ広場内を描いた絵画が，複数の視点場から描いていたことがわかる。

各視点場の空間の特徴から，複数の視点場から描く景観効果，は次の4つに分類することができる（図5.3）。

(1)　Ⅰ型（奥行きのパノラマ景観の強調）

滞留エリアにある第1の視点場から視対象をとらえて，少しだけ移動した第2の視点場から，横に広がる視対象を，全体構図に付加していく。

このことにより，広がりを強調してパノラマ的な特徴を示しながらも，奥行感を付け加えて「奥行空間の強調」を行うのである。

(2)　Ⅱ型（パースペクティブの強調）

主な視点場を，全体を構成する画角の範囲内に置き，次には視対象へと近づき，第2の視点場からヴィスタ方向の要素を付加する場合である。約20m程度の前方への移動する。つまり，ヴィスタの通景方向へ迫る「パースペクティブの強調」の場合である。

(3)　Ⅲ型（パノラマの強調）

2つの視点場が横に位置する場合で，それぞれを描きながら，最後にそれらを画面全体として重複することなく構成する，つまり，「パノラマの強調」の場合である。

「奥行空間のパノラマの強調」	「パースペクティブの強調」	「パノラマの強調」	「アイストップの強調」
「サン・マルコ広場：南東を望む」	「サン・マルコ広場：南を望む」	「時計塔に面するサン・マルコ広場」	「サン・マルコ広場の時計塔」

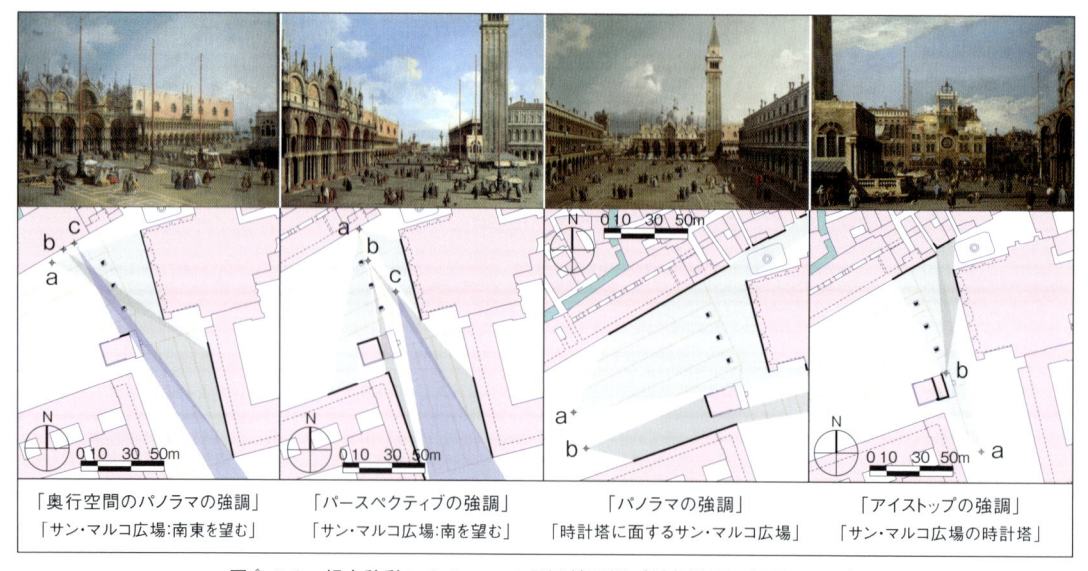

図◇5.3　視点移動による4つの景観効果例（対象絵画と視界平面図）

横への移動であり，移動距離は約 20m 程度である。

(4) Ⅳ型（フォーカス・ポイントの挿入）

最初の視点場から，前方へと大きく視点場を移動させ，通景を閉じる役目を持つ視対象を効果的に追加・配置する場合である。前へ約 50m 思いきって移動する。これは，「フォーカス・ポイントの挿入」と言える。

ヴェネツィアの広場空間を，ある地点から立ち止まって眺める静的な景観を確保しつつ，それだけではなく，利用行動や視線の移動・誘導も含めた動的景観に持ち味をもたせ，その効果を強調して描いているのである。

5.3 複数の視点場

▶ 5.3.1 やや曲がった大運河の様子を描く

大運河は逆 S 字型で，直線になっている部分はなく，微妙に湾曲している。カナレットが大運河の軸方向を見て描く場合に，奥のほうが曲がっているために奥行きを感じ，このため必然的にその奥に何かがあるという視る者の興味をそそる景観となった。たぶんカナレットはそれを「絵になる景観」の 1 つとして考えた結果に違いないし，パトロンも同様に感じたに違いない。

▶ 5.3.2 複数の視点場

以上に加えて複数の視点場で描くとき，
1) 大運河沿いの両岸の市街地の景観を軸景として描いたもので，とくに運河の奥行きを強調するとともに，大運河沿い両岸に広がる邸宅，そのパノラマ的な景観も意図した。そのために，大運河沿いに点在する小さな広場や運河通りを，視点場として視対象を組み合わせ画面を構成している。このことは，運河沿いにそのような視点場の空間が，存在したことを示す。
2) サン・マルコ広場の空間もまた，複数の視点場から描いた。サン・マルコ広場と鐘楼の景観を描いたものは，垂直の鐘楼と周囲の建物の水平線のバランスを強調している。そのプロポーションは古典的であるが美しい。

その際の視点場は，サン・マルコ広場に面した建物の壁際に，位置している。サン・マルコ広場には，「絵になる景観」を得るための多くの視点場が存在しているのである。

▶ 5.3.3 複数の視点場から描く効果

画家は，イーゼルを置いた場所がまずもって，自分の考えを表現するのに最も相応しい場所と考えた。この視点場は，一定の水準以上の構図を与える場所である。

画家は，その場所から見える基本型をまず描く。さらにその先のものを加えれば，良くなるかもしれない（もっと奥行きを印象付けられるからである）。そこで，少し移動し見えるものを描き加えた。すると以前よりもわかりやすく，ヴェネツィアの街並みの美しさを表現できる，と画家は考えたのであろう。

このようにして，前後あるいは左右に移動して，複数の視点場から 1 枚の絵画を描いたのである。

それらの絵画を見ると，第 1 の視点場から構図の大枠が描かれ，ついで，左右あるいは前後に移動して第 2，第 3 の視点場から，その中の細部あるいは先に見える塔などを付け加えた。その結果，鐘楼や著名な建物が追加され，最終的な構図が完成された。このことから奥行きのある「絵になる景観」が描かれたのである。

第2部　描かれたヴェネツィア景観

5.4　パノラマ景観とフォーカスの強調

　このように見てくると，確かにカナレットは，ヴェネツィアの景観を「理解しやすく」表現することを願って描いた。

　パトロンとの話し合いで，ヴェネツィア人には理解できてもイギリス人には気がつかないものがあるし，イギリス人が始めてヴェネツィアを見た時のイメージは，ヴェネツィア人にはわからない。カナレットは，パトロンのアドバイスを受けながら，わかりやすくヴェネツィアの景観を表現したと思う。

　確かに複数の視点場から描く直接的な動機は，このように想像されるが，描写法から言えば以下のように指摘できる。

1)　視点場の位置から推定した描写法

　1つは，軸景として左右の要素をそれぞれ描き，最後にそれを結合わさせてまとめる，つまりパノラマ的な景観を強める手法を採用した。

　2つは，視点場に主と従の明確な視点場の区分があり，主となる視点場で全体の骨格を描き，従の視点場で見えない部分を付加したり，ディテールを書込む場合である。これには，「奥行き空間の強調」「パースペクティブの強調」「フォーカスの強調」の効果が考えられる。

2)　具体的な描写法

　視点場を探索しながら視点場の位置を特定していったけれども，カナレットは，柔軟に位置を移動したに違いない。

　カナレットは，ヴェネツィアの街並みを繰り返しスケッチしていたし，ヴェネツィアの市街地の街並みの全体像から部分の詳細まで理解していた。主要な視点場で，広場や運河の構図の大枠を描いて，次の段階でそれを絵としてまとめる時に，頭中にあった建物のイメージを付加し，修正した，と考えるのが自然である。

◎参考文献

1) David Bomford, Gabriele Finaldi：Venice through Canaletto's Eyes, National Gallery Publication, London, 1998
2) Giovanna Nepi Scire：Canaletto's Sketchbook, Canal & Stamperia Editrice srl, Venice, 1997
3) Filippo Pedolocco：Visions of Venice Paintings of the 18th Century, Taulis Parke, 2002
4) 田篭友一：観光都市ヴェネツイアの「絵になる」広場空間デザインに関する研究, 九大大学院修士論文, 2004
5) J.G.Links：Canaletto, Phaidon, 1994

第3部
広場と運河の空間構成

第1章　序

　第3部では，第2部で調べてきたカナレットの絵画からいったん離れて，描かれた実際の広場と大運河の空間について述べよう。

　第1章では，第3部の構成について述べた。

　第2章では，サン・マルコ広場，サン・マルコ小広場，カンポ広場に配されているファニチャー等の分布を，一つひとつ調べあげている。そして，人々の広場の使い方とファニチャーの役割を，観察によって明らかにしている。

　さらに，カナレットが広場景観を描くときに選択した視点場の位置を，広場内で確かめている。

　第3章では，運河景観に影響を与える大運河の幅員と両岸の建物高さについて調べている。

　まず大運河空間のプロポーションを，道路空間を図る D/H の指標を援用することによって求めている。大運河は，この値が一定の値を示すのではなく微妙に変化していること，そして運河と市街地の接点である水際の構成を調べ，水際での景観デザイン上の工夫を述べている。

　描かれた絵画に見出せる運河沿いの街路および運河沿いの広場の空間の装置とその配置，水際線の占有状況，歩行者の交通量などの観察の結果を，詳しく述べている。

　さらに，運河沿いの街路や広場が，運河景観の視点場となり，また視対象になることを述べている。

　第4章では，絵画の中に描かれたヴェネツィアの都市空間のデザイン・ボキャブラリーについて述べる。

　絵画と実景を比較しながら解読しえたのは，偏向，切断，焦点，丸屋根であり，この成立の条件を述べている。祭事を描いた絵画については，景観の共有を目指すべきものと最後には位置づけている。

第2章　広場の空間構成と利用

　カナレットによって描かれた広場の空間的な特徴と，広場内での住民や観光客などの日常的な利用の行動を調べて，カナレットが広場景観を描く時に，イーゼルを置く場所を決める要因について述べよう。

2.1　広場の空間構成と装置

　ヴェネツィアのカンポ広場（表2.1.1）は，現在では一般的には内陸型である。しかしながら当時の広場は，運河からのアクセスが主であって，小運河に必ず隣接していた。その後運河は，少しずつ埋め立てられてきたが現在でもその面影は残っている。したがって運河隣接型もあり，おおむね内陸型と運河隣接型の2つに区分できる。

　広場の外形は，形成過程に応じてさまざまであるが，邸宅や教会などの建築壁面で囲まれており，広場内には，モニュメントや井戸，店舗，さらには階段やアーチ橋の段差が存在している。これら装置は，いったん設置されると広場内の人の行動や利用に影響を与える。

▶ 2.1.1　各広場へのアクセスと隣接空間

　各広場へのアクセスは，陸上から徒歩による場合と水上から船でアプローチする場合の2通りである。ヴェネツィアでは，移動手段に自動車利用がないということが最大の特徴で，水上バスでの移動も，最終的には徒歩となる。広場にアクセスしうる空間は，隣接している別の「広

表◇2.1.1　各広場の空間構成（地形的な空間構成要素）

広場名	行政区	視点場 面積(m²)	絵画数	視点数	隣接空間 広場	街路	運河	橋	陸上有効アプローチ 該当数割合	平均接続部線長(m)	階段・レベル差 構造的船着場	玄関基壇	回廊基壇	モニュ・井戸基壇
サン・マルコ広場	サン・マルコ地区	11 175	10	19	2(2)	0(7)	0	0	2 100.0%	20.0	0	0	2	3
サン・マルコ小広場	サン・マルコ地区	3 542	5	10	1	1	0	0	2 100.0%	34.6	0	1	1	2
レオーニ小広場	サン・マルコ地区	1 235	0	0	1	4	0	0	5 100.0%	4.8	0	1	0	2(1)
サンティ・ジョヴァンニ・エ・パオロ広場	カステッロ地区	3 698	2	2	1	7	1	1	7 77.8%	2.6	1	0	0	2
サンタ・マリア・フォルモーザ広場	カステッロ地区	4 716	1	1	2	3	2	7	8 66.7%	2.7	3	0	0	1
サン・ヴィダーレ広場	サン・マルコ地区	1 162	1	1	1	0	2	5	2 100.0%	5.8	3	0	0	0
サンタンジェロ広場	サン・マルコ地区	3 710	1	1	0	7	1	2	8 100.0%	2.7	1	0	0	4(2)
サン・ロッコ広場	サン・ポーロ地区	702	1	1	1	3	0	0	4 100.0%	5.0	0	3	0	0
サン・ポーロ広場	サン・ポーロ地区	5 930	1	1	1	8	0	0	4 44.4%	4.1	0	0	0	0
リアルト広場	サン・ポーロ地区	644	2	3	0	4	0	0	4 100.0%	26.2	0	1	0	1
サンティ・アポストリ広場	カンナレージョ地区	1 631	1	1	1	3	1	1	5 100.0%	4.7	2	0	0	1
サント・ステーファノ広場（フランチェスコ・モロジーニ広場）	サン・マルコ地区	5 769	1	1	3	2	2	2	5 50.0%	4.3	1	1	0	4

写真◇2.1.1　井戸と貯水槽部分（周囲）の基壇

場」，または接している「街路（またはポルティコ）」，「運河」，「橋」などである（表2.1.1）。

内陸型では，隣接する街路の幅員によって，アプローチのしやすさは，決まるのであるから，広場と接続する部分での道路の幅員の合計と平均も併せて表に示した。例えばサン・マルコ広場とサン・マルコ小広場は，相互に広場が接しているために平均接続部の幅員の値は大きくなる。

▶ 2.1.2　階段・レベル差

ヴェネツィアは，ほとんど起伏がない街であるが，運河に架かる橋はアーチ状となっており，10段から13段の階段を持ち，それを昇りまた降りることとなる。

船着場に設けてある段差は，潮の干満に対処するため，運河沿いのいたるところで目にする。また広場内にある井戸やモニュメントの基壇，建築物の玄関部や回廊にも，階段やレベル差があって，ヴェネツィアでは広場の空間構成に影響を与えている。

井戸基壇には，井戸そのものの基壇と，井戸の貯水槽部分が周囲の地面より高くなっている場合の，2種類の段差が存在する（写真2.1.1）。これは，洪水の際に浸水から逃れるためである。表中のモニュメント・井戸基壇にある括弧内の数字は，該当数のうち，貯水槽部分にあたる基壇数を示している。

内陸型の広場には，アーチ橋や船着場は存在しない。運河に隣接した広場では，アーチ橋や船着場が存在する。

回廊に基壇が付属しているのは，サン・マルコ広場とサン・マルコ小広場である。井戸の基壇が存在しないのは，サン・ロッコ広場のみである。

▶ 2.1.3　設備・装置の構成要素

利用行動のパターンに影響を与えるのは，井戸やベンチ，公衆電話等の設備・装置（ファニチャー）の配置である（表2.1.2）。表中の丸印は，該当する要素が広場内にあることを示し，括弧内の数字は，該当要素の数を示している。

(1)　モニュメント

モニュメントが存在するのは，4つの広場である。モニュメントは，彫像であることがほとんどだが，サン・マルコ広場では，旗台もモニュメントとした。モニュメントのある広場は，それ相当の格式をうかがわせる。

(2)　井　戸

井戸は，カンポ内に少なくとも1つは存在するが，サン・マルコ広場とサン・マルコ小広場には存在しない。また，レオーニ小広場には井戸があり，カンポであるサン・ロッコ広場とリアルト広場には，井戸が存在しない。かつてヴェネツィアで井戸は，6 000個を数えたという。

(3)　リストン

リストンは，12広場中8広場に存在する。なお，リストンとは，床面の舗装とは違う色（白）で施されたライン上の舗装パターンである。装

第2章 広場の空間構成と利用

表◇2.1.2 各広場の空間構成(装置・設備的構成要素・デザインエレメント)

広場名	設備・装置的構成要素(ストリートファニチュア)							店舗				
	モニュメント	井戸	リストン	樹木	ベンチ	フォンターナ	公衆電話	オープンカフェ	キオスク	仮設(屋台)	露天(屋根無し)	日用品等
サン・マルコ広場	○(3)							○(5)	○	○	○	
サン・マルコ小広場(カルタ門前広場・モーロー部含む)	○(2)		○					○(3)		○	○	
レオーニ小広場	○(2)	○(1)						○(1)			○	
サンティ・ジョヴァンニ・エ・パオロ広場		○(1)	○	○	○			○(3)				
サンタ・マリア・フォルモーザ広場		○(2)	○		○	○		○(3)	○	○	○	○
サン・ヴィダーレ広場		○(1)		○								
サンタンジェロ広場		○(2)					○		○			
サン・ロッコ広場			○									
サン・ポーロ広場		○(1)	○	○	○	○		○(1)				
リアルト広場			○		○					○		○
サンティ・アポストリ広場		○(1)	○	○	○		○	○(1)				
サント・ステーファノ広場(フランチェスコ・モロジーニ広場)	○(1)	○(3)		○				○(6)	○		○	○

置の少ない広場では,重要なデザイン・エレメントとなる。

(4) 樹木

樹木が広場に植えられるようになった歴史は,浅く,4つの広場で見受けた。樹木の横には,たいていは古びたベンチが小さな鎖でくくりつけられている。

(5) 泉

フォンターナ(泉)と呼ばれる水飲み場は,サンタ・マリア・フォルモーザ広場,サン・ポーロ広場,リアルト広場の3広場に存在している。

(6) その他

その他,ベンチ,街灯,公衆電話,ポルティコ,ボラードやポストなど,さまざまな装置が広場には存在している。また,いつ終わるかわからない工事用の建設資材やフェンス,広告を兼ねたオブジェなども少なくない。

▶ **2.1.4 店舗と演出要素**

広場の景観に描かれたように,広場内では,商業活動が仮設店舗で行われている。近年,その形状,分布も少しずつ変化しているが,現在でも主要な景観要素の役割を果たしている。

(1) オープンカフェ

オープンカフェの店舗数は,広場の形状と大きさとが関係しているが,半数以上の広場で見ることができ,複数のオープンカフェが存在する場合もある。その他,オープンカフェにステージが設けられている場合もあり,そこで行われる音楽演奏も,景観要素の1つである。

(2) キオスク

キオスクは,比較的大きなカンポに存在する。各種の雑誌,週刊誌,新聞,カレンダー,CD,ガイドブック,ポストカード等の土産物が売られている。小さな店舗であるが,販売する1人分の空間以外は商品で埋まっており,すごい数

第3部　広場と運河の空間構成

写真◇2.1.2　広場内にあるキオスク

写真◇2.1.3　仮設店舗（テント固定式）

写真◇2.1.4　仮設店舗（屋台移動式）

写真◇2.1.5　露店（サン・マルコ広場の土産物屋）

のコンテンツである。雑誌の類だけでも80種は優に超える。店舗の屋根や壁面形状は，濃緑色でどのキオスクも同じであり，広場のやや中央部に位置する常設の小さな売店である（写真2.1.2）。

(3)　仮設店舗

仮設店舗は，写真2.1.3のように，テントや大きなパラソルを屋根にして，その下にテーブルをおいて商品を陳列するものや，写真2.1.4のように，移動式のもの（屋台）がある。仮設店舗の多くは，広場に展開し，観光客を相手に土産物を売り，時には楽器片手の若者も姿をあらわす。

(4)　露店

露店は，上記の仮設店舗に対して具体的には屋根を持たないタイプの店舗のことを指す。写真2.1.5は，サン・マルコ広場で土産物を売る店舗である。台車全面にシャツや帽子，絵画などを陳列し，広場の特定位置で留まることが多い。大きい広場では，似たような店舗も他に出店するため，店舗は互いに距離を置いた場所で営業する。

写真2.1.6（2006年調査）は，サン・マルコ小広場でハトの餌を売る店舗である。売り物が

写真◇2.1.6　露店（サン・マルコ小広場の餌売り）2006年

第 2 章　広場の空間構成と利用

場所を取らないため，店舗は店員の席と商品を置くテーブルだけという最小限の構成になっている。2009 年時点でハトの餌売りは消滅。観光客がパンくずを与える光景は残っている。以上のような露店は，いずれもサン・マルコ広場やサン・マルコ小広場，レオーニ小広場で見られる。

他の広場での露店は，床面やシート上に商品を並べているだけの形式で，営業場所も営業時間も不明なものが多い。

上に挙げた店舗形態のうち，仮設店舗において日用品を売る場合もある。ここでいう日用品は，土産物とは異なるものを指し，花や青果品，衣服，カバンが売られていた。サンタ・マリア・フォルモーザ広場，リアルト広場，サン・ヴィダーレ広場の 3 広場で見ることができた。

2.2　広場の空間特性

広場内の空間構成と日常的利用状況を，広場ごとに示そう。

▶ 2.2.1　サン・マルコ小広場（図 2.2.1a，図 2.2.1b）

サン・マルコ小広場は，広場の東側から南のサン・マルコ湾方向へ伸びる空間であり，面積約 $2542m^2$ である。東側を 3 層のドゥカーレ宮殿，西側を 2 層のマルチャーナ図書館に囲まれて，かつて政治と儀式，それに国際交流中心の広場であった。聖テオドルスと有翼の獅子像の両柱によって，ヴェネツィアの玄関口にふさわしい姿となった。

（1）アプローチ

サン・マルコ小広場へのアクセスは，南北の 2 方向に限られている。南側がモーロ河岸通り，

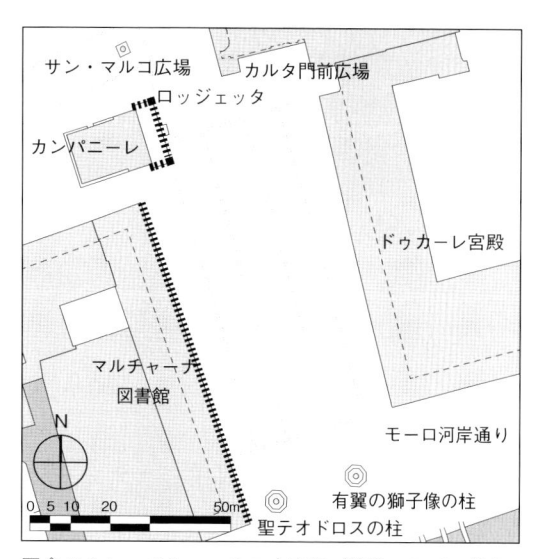

図◇ 2.2.1a　サン・マルコ小広場（階段，レベル差など隣接空間（街路）

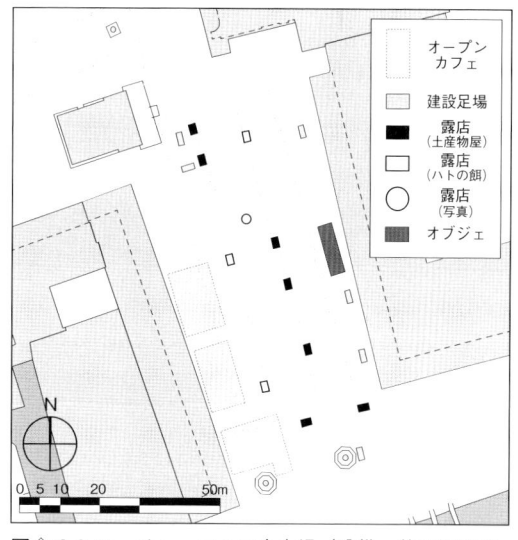

図◇ 2.2.1b　サン・マルコ小広場（設備・装置的構成要素）2006 年

北側がサン・マルコ広場である。他空間とのつながり度は，対象広場中では最も高い。

（2）階　段

階段・レベル差は，マルチャーナ図書館の回廊基壇と，鐘楼の玄関基壇であるロッジェッタ，そしてモニュメントの両円柱の基壇部分の計 4 箇所となっている。

(3) 設備・装置・その他

サン・マルコ小広場で特徴のある設備・装置的構成要素は，サン・マルコ広場と同じく，長辺方向へ伸びる美しいリストンと，有翼の獅子，聖テオドルスの両円柱である。ドゥカーレ宮殿のポルティコ内の壁面側にはバキーナがあり，現在ではベンチとして機能している。

オープンカフェは，マルチャーナ図書館側の3箇所に設けられている。土産物店や写真店は，リストンの中央に位置している。その他，期間限定的なものとしては建設足場，ヴェネツィア・ビエンナーレの広告を兼ねたオブジェが存在している。

(4) 人の流れ

多くの観光客は，サン・マルコ聖堂と鐘楼から2本の円柱方向，サン・マルコ湾方向に流れる。サン・マルコ聖堂に入場を待つ観光客の列は，この小広場まで連なる。つまり滞留する。そして観光客の一部はモーロ河岸，一部はスキャヴォーニ河岸通り方向へ，またはジアンデイニッテイ通り方向へと移動する。ドゥカーレ宮殿のポルティコでは，休憩して食事を取る人が滞留する。

▶ 2.2.2　サン・マルコ広場（図 2.2.2a，図 2.2.2b）

サン・マルコ広場は，サン・マルコ小広場やレオーニ小広場と一体となって壮大な景観を形成している。まさにヴェネツィアを代表する広場であり，面積は 11 175m² である。3層の新旧行政長官府と聖堂に囲まれている。固定された装置は旗台を除けば，何もない広い空間があるだけである。

(1) アプローチ

サン・マルコ広場へのアクセスは，水上交通を利用する場合，同地区にあるヴァポレットのサン・マルコ乗船所，あるいは隣のカステッロ地区にあるサン・ザッカリア乗船所からモーロ河岸（スキャヴォーニ河岸通り）を経由して，サン・マルコ小広場を通る経路をとっている。

陸路の場合はいくつものコースが考えられる。観光客のほとんどは，リアルト橋から東のサン・マルコ広場の時計塔まで続く「メルチェリエ」と呼ばれる通りから広場へ，また西側のサン・モイゼ通りからコレール博物館の下のポルティコをくぐり，サン・マルコ広場へとアプローチする。

(2) 隣接空間

サン・マルコ広場と隣接している空間は，サン・マルコ小広場とレオーニ小広場の2つの広

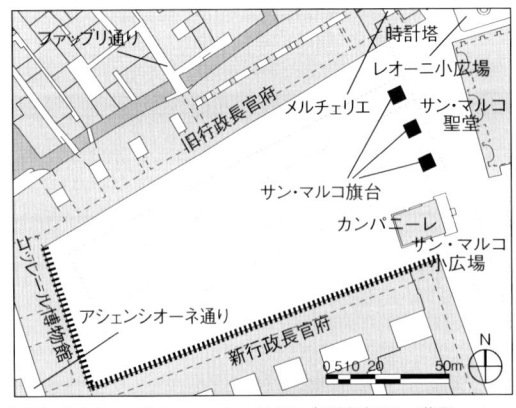

図◇ 2.2.2a　サン・マルコ広場（隣接空間，階段・レベル差）

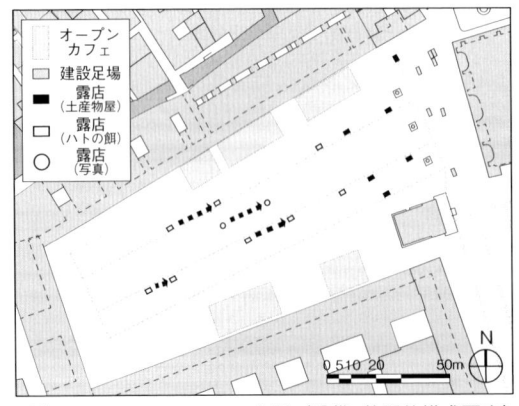

図◇ 2.2.2b　サン・マルコ広場（設備・装置的構成要素）
2006年

場である。サン・マルコ広場の三方を取り囲むポルティコや建築内部で街路や広場（コルテ）に繋がっている。時計塔下のメルチェリエ，旧行政長官府中央からファッブリ通りへと繋がるソットポルティゴ，サン・モイゼ方向へと繋がるコレール博物館下のポルティコなど，アプローチにかかわる空間は多い。

(3) 階　段

階段・レベル差は，コレール博物館と新行政長官府の回廊基壇が2箇所，サン・マルコ旗台の基壇が3箇所の計5箇所（図中の点線部）。広場に面して数段の段差のあるところでは，ポリスの目を避けながら腰をおろして休憩する観光客は多い。

(4) 設備・装置・その他

サン・マルコ広場で特徴のある設備・装置的な要素は，広場の長辺方向に伸びるリストン，サン・マルコ旗台，オープンカフェである。オープンカフェは，まとまった席のエリアが5箇所存在し，中には生演奏のステージが設けられている。

観光客を相手にした土産物店が点在している。広場西側から中央部に写真屋，東側に土産物店というように，エリアがわかれている。店舗の位置は，リストンを目安にして決められているようで，リストン上にほぼ等間隔で互いの店舗が並んでいる。陽射しが強いときには西側の店舗は，時間経過とともに日陰を求めて徐々に東へ移動する。また，調査を行った際には，建設用の足場がサン・マルコ聖堂前と鐘楼の数箇所に置いてあった。

(5) 人の流れ

人の主な流れは，周囲の建物（コレール博物館と旧行政府長官）のポルティコを通過して，サン・マルコ広場，そしてサン・マルコ聖堂方向へと移動する。圧倒的多数が観光客であり，団体客である。これらの一部はサン・マルコ聖堂への入場の行列になって滞留し，また一部はサン・マルコ小広場，サン・マルコ湾方向へと流れていく。

▶ 2.2.3 レオーニ小広場（図2.2.3a，図2.2.3b）

レオーニ小広場は，サン・マルコ広場の北東部に位置し，サン・マルコ聖堂と時計塔に囲ま

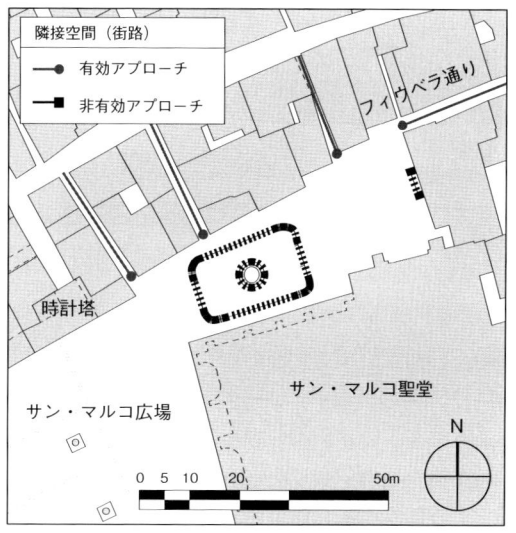

図◇ 2.2.3a　レオーニ小広場（隣接空間，階段・レベル差）

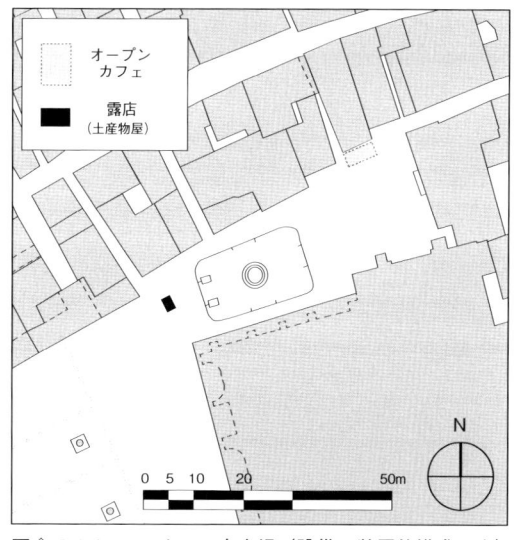

図◇ 2.2.3b　レオーニ小広場（設備・装置的構成要素）

れた部分から東側へ伸びる比較的小さな広場である。面積は1 235m²である。

(1) アプローチ

レオーニ小広場へのアプローチは，隣のカステッロ地区からサン・マルコ広場へ向かう場合と，リアルトからメルチェリエの東側にある街路を通ってサン・マルコ広場へ向かう経路の2つがある。

(2) 隣接空間

隣接空間は，サン・マルコ広場と4本の街路である。いずれも他地区へと繋がる陸上有効アプローチとなっており，このことがレオーニ小広場へのアプローチを，容易にする。

(3) 階段・レベル差

階段・レベル差は，建築の玄関基壇，広場中央の井戸基壇，井戸の周囲にある貯水槽の基壇の計3箇所となっている。とくに貯水槽の基壇は，周囲の床面よりも30cm程度高く，広場の形状に従って大きく方形を描いている。

(4) 設備・装置・その他

レオーニ小広場にある設備・装置は，広場名と関係する2つの獅子の彫像，広場中央に位置する井戸である。獅子の彫像は，貯水槽の基壇と一体化している。

また，オープンカフェは，フィウベラ通りに近い場所にあり，土産店は，1店舗がサン・マルコ広場との結節部分で営業している。

(5) 人の流れ

サン・マルコ広場とフィウベラ通りを結ぶ線上に，観光客の主な流れ，移動がある。その間には，獅子の彫像があり，それを取り巻く基壇では観光客が腰を下ろして食事，あるいはカメラを片手に，ガイドブックを広げて休憩している。

次に，カンポ「公共（一般）広場」について述べよう。

▶ 2.2.4 サン・ロッコ広場（図2.2.4a,図2.2.4b）

サン・ロッコ広場は，サン・ポーロ地区に位置し，サン・ロッコ教会とサン・ロッコ同信会館，フラーリ教会の大規模建築物に囲まれた小さな広場で面積702m²，形状は台形，$D/H=0.8$〜1.1である。

(1) アプローチ

サン・ロッコ広場へのアプローチは，南のヴァポレット乗船所であるサン・トマ方向からサン・ロッコ通りを経由する場合と，北のサンタ・ルチーア駅方向からサンタ・クローチェ地区を抜けて広場北西のティントレット通りを通る経路がある。

(2) 隣接空間

サン・ロッコ広場は，運河に接していず，内

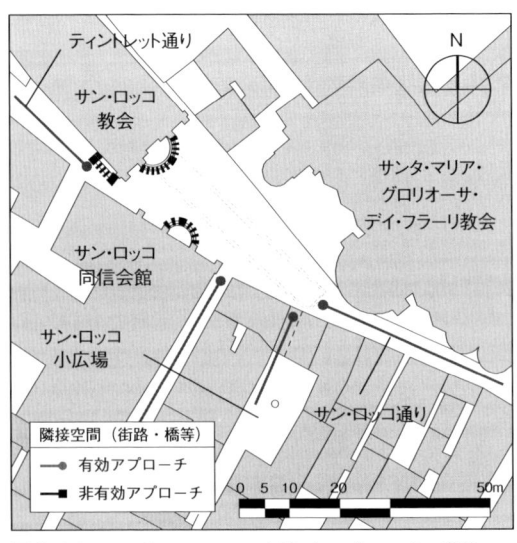

図◇2.2.4a　サン・ロッコ広場（アプローチ，階段・レベル差）

陸型広場となっている。内陸型であるが，逆に周囲からの独立性は低く，アプローチしやすい。この広場へのアプローチ可能な道路は，4本である。アプローチの際には，広場とは実感せずに，幅員の大きな街路と感じるほど隣接空間との連続性が高い空間構成となっている。

(3) 階段・レベル差

階段・レベル差は，サン・ロッコ教会の玄関基壇の2箇所，サン・ロッコ同信会館の玄関基壇の1箇所，計3箇所である。

(4) 設備・装置・その他

サン・ロッコ広場は，面積が小さく，形状もいびつであることから，設備・装置的な要素は少ない。

床面に長辺方向のリストンが施されていることと，サン・ロッコ同信会館の壁面にあるパンキーナと呼ばれる段以外には，目立ったものはない。また，井戸が存在しないカンポとなっており，代わりに隣接空間のサン・ロッコ小広場に井戸の姿を見ることができる。

店舗は，サン・ロッコ通り沿いの建物1階部分に並んでいるが，広場に席を設けたり店舗を構えているものは存在しない。

(5) 人の流れ

主な人の流れは，サン・ロッコ通りとティントレット通りを結ぶ線上で，通過交通が多い。朝は通勤と見られる人々が黙々と移動していく。午後になると，広場は日陰となり，密やかな空間に変貌する。教会前の基壇や階段，パンキーノでは休憩してアイスクリームを食べている若い女性，ピザを食べている若者も結構見かける。あるいは署名を取るために机を置いて活動している若者，教会前の基壇では，ギターを片手に音を響かせていた。

▶ 2.2.5 サン・ポーロ広場（図2.2.5a, 図2.2.5b）

サン・ポーロ広場は，サン・ポーロ地区に位置し，コルネール・モツェニーゴ邸やソランツォ邸などの4階建て大規模邸宅，サン・ポーロ教会に囲まれている広場である。地区内では最も大きな広場で（面積5 930m^2），かつては祭や催しが開かれて賑やかであったが，普段は住民の姿が目立つ。観光客は，ただ広いだけで見印に乏しいこの広場の前を，何気なく通り過ぎてしまう。時には黒い幕で囲まれたスクリーンと客席が設置され，映写会が開催される。

(1) アプローチ

サン・ポーロ広場へのアプローチは，広場南西部に接続するサン・ポーロ通りや，南東部のマドネタ通り，北部のサン・アントニオ通りである。

(2) 隣接空間

サン・ポーロ広場は，内陸型の広場である。この広場に入ってくる街路は，9本と，対象の

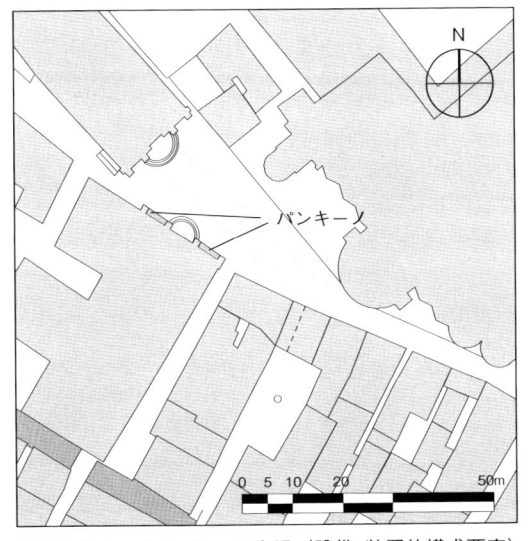

図◇2.2.4b　サン・ロッコ広場（設備・装置的構成要素）

図◇2.2.5a　サン・ポーロ広場（アプローチ，階段・レベル差）

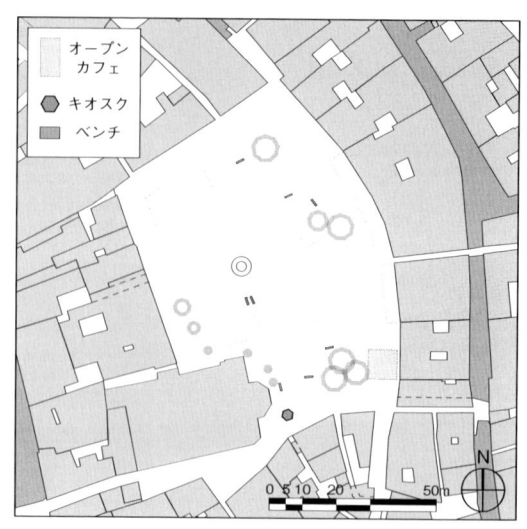

図◇2.2.5b　サン・ポーロ広場（設備・装置的構成要素）

広場のうちで最も多くなっているが，そのうちアプローチに有効な街路は少ない。広場の規模は大きいのであるが，周辺からの独立性は高く，隣接空間との連続性が乏しい。

(3) 階段・レベル差

階段・レベル差は，井戸の基壇1箇所のみが確認できる。広場全体が井戸に向かって緩やかに下っている。

(4) 設備・装置・その他

サン・ポーロ広場の設備・装置的な要素は，樹木，ベンチ，リストンである。樹木は広場の面積の割には多くはないが，全対象広場の中では最も多く，その横にはベンチがある。リストンは，広場の形状に合わせて施されている。店舗は，南に分布しており，サン・ポーロ教会付近にキオスクが1店，南東部と北部にオープンカフェがそれぞれ1店確認できる。

(5) 人の流れ

広場の南側にあるサンポーロ通りとマドネタ通りを結ぶ線上に，主な人の流れがある。広がりを見せる北側の空間は，三々五々，子供連れや犬の散歩をしているお年寄り，乳母車を押す母親など，地元の住民と思われる人が散歩しているのだが，やや閑散とした雰囲気の広場である。木陰のベンチでは，お年寄りや子供をつれた夫婦，新聞を読む中年男性が腰を下ろして休憩である。

▶ 2.2.6　リアルト広場（図2.2.6a，図2.2.6b）

リアルト広場は，サン・ポーロ地区の東端，リアルト橋の西側に位置する。

シェクスピアの『ヴェニスの商人』で唯一ヴェネツィアの地名が出てくるのがこのリアルトであり，高利貸しシャイロットが情報を集めに頻繁に出入りするのがここリアルト，取引所であった。1588年の作とされているので，その頃からリアルトは，ヴェネツィアの一大商業センターとして知られていた。

銀行家，商人のための回廊を持つ3階建て旧役所，それにサン・ジャコモ・ディ・リアルト教会に囲まれているのがリアルト広場で，調査

第 2 章　広場の空間構成と利用

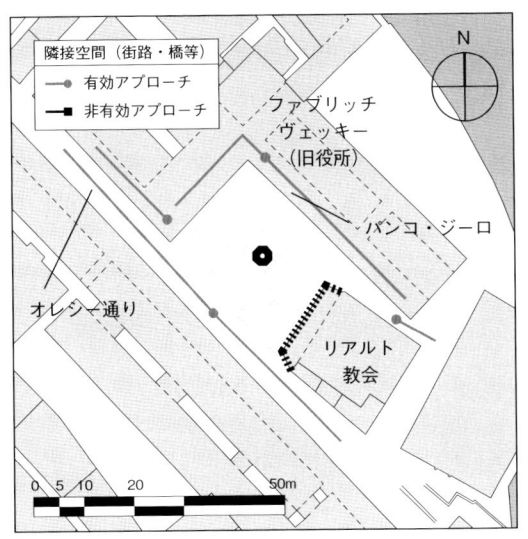

図◇ 2.2.6a　リアルト広場（アプローチ，階段・レベル差）

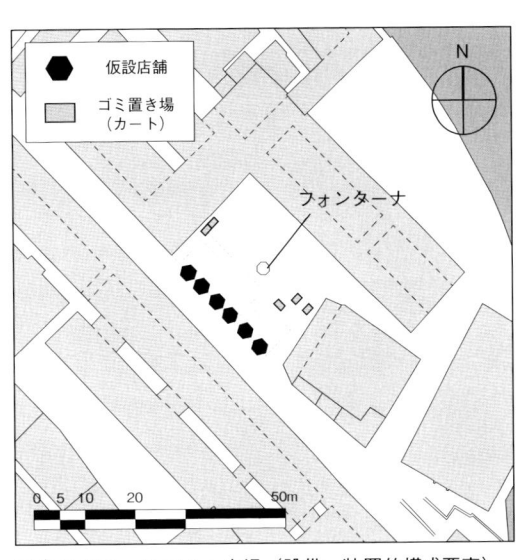

図◇ 2.2.6b　リアルト広場（設備・装置的構成要素）2006 年

対象の広場の中で最も小さい（面積 644m^2）。

(1)　アプローチ

リアルト広場へのアプローチは，リアルト橋へと繋がるオレシー通り，さらにバンコ・ジーロへ辿り着くいくつかの街路やソットポルティゴである。

(2)　隣接空間

内陸型の広場である。ソットポルティゴが広場を囲んでいることから，他空間とのつながりはよいし，スケールは小ぶりであるが格式の高い広場空間となっている。近くにリアルト橋という交通要所があることを考慮に入れると，独立性は相対的に低い空間である。

(3)　階段・レベル差

階段・レベル差は，フォンターナの水槽部分の 30cm 程度の立ち上がり，さらにサン・ジャコモ・デイ・リアルト教会の玄関基壇の計 2 箇所となっている。ポルティコと広場には，段差は存在しない。

(4)　設備・装置・その他

リアルト広場にある設備・装置は，建物に付属しているポルティコ，フォンターナ（水道蛇口），リストン，仮設店舗である。フォンターナは，広場のちょうど中央に位置しており，常に水が流れ出ているが，カナレットの絵画にはない。オレシー通りと広場とが接する場所には，かつて多くの仮設店舗が並び，オレシー通り側に向けて営業をしていた。そのため，隣接の空間と連続性の高い広場となっているが，実際には動線と視覚の両面で分断されている。当時の調査では仮設店舗のバックヤードにあたることから，多くの業務用ゴミ箱（運搬が容易なカート式）が置かれていた（図 3.13）。しかし今では，これらの仮設店舗はなくなり，当時のせわしさはなく，にぎわいのある落ち着いた空間に変貌している。

(5)　人の流れ

主な人の流れは，リアルト橋方向から広場を対角線上に横切り，市場方向に向かう移動である。教会前の 2 段ある段差では，腰を下ろして休憩，食事をとる観光客を見かける。

第3部　広場と運河の空間構成

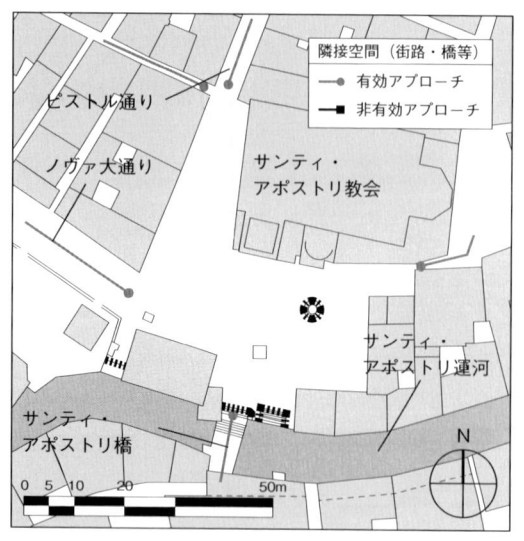

図◇2.2.7a　サンティ・アポストリ広場（アプローチ，階段・レベル差）

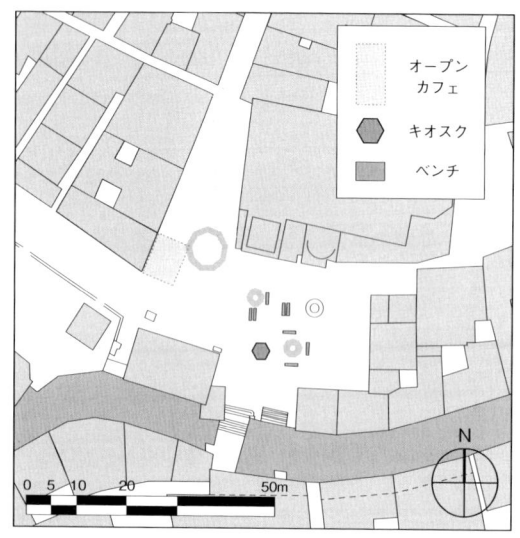

図◇2.2.7b　サンティ・アポストリ広場（設備・装置的構成要素）

▶ 2.2.7　サンティ・アポストリ広場（図2.2.7a，図2.2.7b）

　サンティ・アポストリ広場は，カンナレージョ地区の東部，カステッロ地区との境界付近に位置する広場である。この広場は，サンティ・アポストリ教会の西側と南側を囲むようにL字型の形となっており，面積は1631m²である。

(1) アプローチ

　サンティ・アポストリ広場へのアプローチは，南側のカステッロ地区からサンティ・アポストリ運河や運河に架かるサンティ・アポストリ橋を利用する場合，西側のノヴァ大通り（ストラダ・ノヴァ）を通る場合，北側のピストル通りを通る場合などである。かつては，ノヴァ大通りが運河であった時代，アポストリ運河からのアプローチが主であって，この運河から見る教会は「絵になる景観」であった。現在では若いゴンドラーナの呼び声が響いている。

(2) 隣接空間

　運河に隣接した広場で，それ以外には，街路3本とつながっている。しかしノヴァ大通りは，広幅員で，土産物店などが並ぶ人通りの多い通りであり，西側からの連続性は高く，広場としての独立性は低い。

(3) 階段・レベル差

　階段・レベル差は，構造的船着場の2箇所と井戸基壇，アーチ橋の計4箇所である。

(4) 設備・装置・その他

　サンティ・アポストリ広場の設備・装置は，樹木，ベンチ，キオスクなどである。サンティ・アポストリ橋を進んだ場所にキオスクが位置し，その北側や東側周辺には，井戸とベンチ，樹木が固まって配置されている。

　オープンカフェは，1店のみでノヴァ大通り近くに営業しており，近くには樹木があり，その北側，ちょうど教会の玄関付近には，リストンが施されている。

(5) 人の流れ

　サンティ・アポストリ橋とノヴァ大通りを結ぶ線上に，主な人の流れがある。サンタ・ルチーア駅から流れてリアルトに向かう人々の動線と

第2章　広場の空間構成と利用

なっており，通過交通量はきわめて多い。

この流れから外れている東側のスペース，樹木やベンチ，キオスクのある場所では，地元のお年寄り，母親たちが大声で歓談している。会話を楽しんでいるようで，滞留は長時間にわたる。ここにも，ベンチ，キオスク，樹木，井戸などの装置があり，オープンカフェなどが住民の交流を醸成している。通過する一般の歩行交通と滞留する地元住民の空間が，使い分けられている。

▶ **2.2.8　サンティ・ジョヴァンニ・エ・パオロ広場（図2.2.8a，図2.2.8b）**

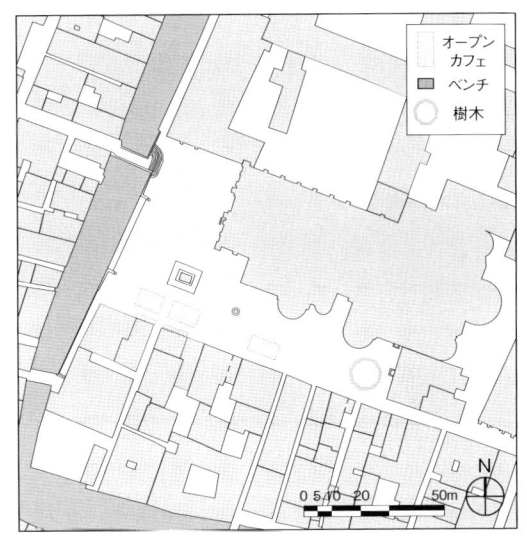

サンティ・ジョヴァンニ・エ・パオロ広場は，カステッロ地区の北部に位置している。この広場は，サン・マルコ同信会館とサンティ・ジョヴァンニ・エ・パオロ教会が面しているL字型の形状をしたやや大きい広場で，面積3 698m²である。

(1)　アプローチ

サンティ・ジョヴァンニ・エ・パオロ広場へのアプローチは，広場南に接続するブレッサーナ通りやコルテ・ヴェニエールを通る場合，サンタ・マリア・デイ・ミラコリ教会のある西側からカヴァッロ橋，同じくエルベ橋経由のダンドーロ運河通りを利用する場合，メンディカンティ運河から舟を利用する場合等である。

かつては，このメンディカンティ運河が主たるアプローチであって，ここから見るゴシック様式のサンティ・ジョヴァンニ・エ・パオロ教会と同信会館は，仰角が大きい迫力ある景観を与えた。

(2)　隣接空間

運河隣接型の広場のため，隣接する通り空間はメンディカンティ運河とそれに架かるカ

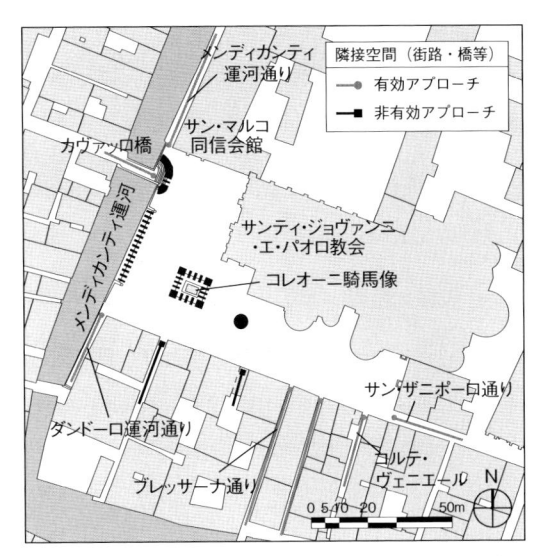

図◇2.2.8a　サンティ・ジョヴァンニ・エ・パオロ広場（隣接空間，階段・レベル差）

図◇2.2.8b　サンティ・ジョヴァンニ・エ・パオロ広場（設備・装置的構成要素）

ヴァッロ橋，それに街路となっている。

そのうち，陸上からのアプローチは，袋小路や私的広場へと繋がる細い街路である。隣接空間との連続性はほとんど感じず，独立性が高い空間構成となっている。

(3)　階段・レベル差

階段・レベル差は，メンディカンティ運河沿いの比較的大きな船着場が1箇所（カナレット

119

の絵画には，ゴンドラが接近している様子が描かれているが，ここが主たるアプローチであった），コレオーニ騎馬像と井戸の基壇，さらに隣接のカヴァロ橋の階段も加えると計4箇所である。

(4) 設備・装置・その他

サンティ・ジョヴァンニ・エ・パオロ広場にある設備・装置は，モニュメントであるコレオーニ騎馬像と井戸，リストン，オープンカフェ，樹木である。

オープンカフェは，広場の南側に3店存在している。また，サンティ・ジョヴァンニ・エ・パオロ教会の入口近くには，使い古されたベンチが1脚そっけなく置かれている。広場の東側の奥まった場所には樹木が船着場の付近には，舟を固定するためのボラードがある。

(5) 人の流れ

図中の北西部のガヴァロ橋と南東のブレッサーナ通り，それにサン・ザニポーロ通りを結ぶ線上に，主な人の移動がある。その途中には，コレオーニ騎馬像が配され，人々はそれを立ち止まって見ている。同信会館と教会前では，団体の観光客がガイドの説明に耳を傾ける。西側のメンディカンティ運河を走る水上タクシーの運転手が，時には広場にいる女友達に声をかける。橋の上では，ガイドブックを持った観光客が立ち止まり，運河方向を撮影する観光客が目立つ。

広場の南東部分は，カナレットの絵画では，陰の部分で描かれていない。ここは地元の住民の憩いのコーナーとなり，夕方4時ごろになると，子供や母親，お年寄りが木陰のベンチに腰を下ろして休憩している。南面したところにあるオープンカフェは，大人の交流空間となっている。その他のスペースは，縄飛びする女の子のスペース，ゲーム遊びやボール蹴りをする男の子のスペース，幼児のためのスペースと広場が使い分けられていた。

▶ 2.2.9　サンタ・マリア・フォルモーザ広場（図2.2.9a，図2.2.9b）

サンタ・マリア・フォルモーザ広場は，カステッロ地区の西側のほぼ中央にあり，サンティ・

図◇2.2.9a　サンタ・マリア・フォルモーザ広場（アプローチ，階段・レベル差）

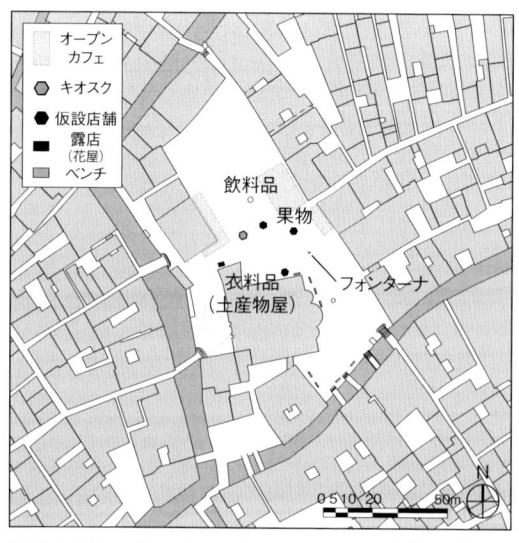

図◇2.2.9b　サンタ・マリア・フォルモーザ広場（装置・設備的構成要素）

第2章　広場の空間構成と利用

ジョヴァンニ・エ・パオロ広場とサン・マルコ広場，リアルト橋からほぼ等距離の位置にある。南北には長い広場であるが，南側を教会が囲んでいるため独特の形状を持った広場となっている。面積は4716m^2。

(1)　アプローチ

サンタ・マリア・フォルモーザ広場へは，サンタ・マリア・フォルモーザ運河から舟を利用する場合や，どの方角にも伸びているいくつかの街路からアクセスすることができる。

(2)　隣接空間

運河隣接型の広場であり，サンタ・マリア・フォルモーザ運河の西側と南側の二方向で大きく接している。

運河には橋が7箇所に架けられており，この広場は接続する多くの街路を持つ。

周辺からは，比較的独立性の高い空間構成であるが，運河の存在とアプローチの多さによって逆に独立性が和らげられている。

(3)　階段・レベル差

階段・レベル差は，広場が運河に接していることから構造的船着場3箇所，アーチ橋7箇所，これに井戸の基壇を加えて計11箇所と，レベル差がある。

(4)　設備・装置・その他

サンタ・マリア・フォルモーザ広場の設備・装置は，2箇所の井戸（カナレットも描いている），さらに平日に賑わう店舗である。

サンタ・マリア・フォルモーザ広場では，オープンカフェ，仮設店舗，露店等の店舗形態が見られ，青果や花など，日用品も売られている。オープンカフェは広場中央部に計3店ある。店舗もサンタ・マリア・フォルモーザ通りとノヴォ橋を結ぶ中央部に集中している。

広場南東側（教会裏手にあたる場所）には，7脚の古びたベンチが置かれ，よく使われている。井戸は，南と北に1箇所ずつ存在し，ちょうどそれらの中間あたりにフォンターナが位置する。リストンは，サンタ・マリア・フォルモーザ教会の玄関側となる西側の狭いエリアのみ施されている（図3.19）。

(5)　人の流れ

サンタ・マリア・フォルモーザ通りと，南西と南にあるサンタ・マリア・フォルモーザ運河に架かる2つの橋を結ぶ線上に，主な人の移動がある。その流れは，主として観光客（ガイドブック，カメラ，ビデオ等を片手にしたグループあるいは団体客）である。教会前では，立ち止まってガイドの説明を聞いている姿をよく見かける。

北側の広いスペースでは，人の姿をあまり見かけないが，井戸や店舗の周辺では滞留が見られる。

教会の南東側，背後のスペースは，地元の住民の憩いの空間となっている。犬と散歩の老夫婦，ベンチに腰を下ろしている老人，ベビーカーを押していく若い夫婦の散歩，それに幼児用のブランコや滑り台が持ち込まれ，それで遊ぶ幼児，子供達の声が響く。日陰を求めて人々の行動の場所が変わることもあるが，とくに夕方4時以降，子供たちの大きな叫び声が，建物に反響して，広場中に響き渡る。

オープンカフェでは大人の笑い声，背後から聞こえる子供の遊び声，そして幼児の声が周囲の建物に反響して聞こえてくる。私たちが久しく忘れていたところの，無我夢中で遊ぶ子供たちの声と，大人の笑い声の調和の素晴らしさを感じさせる空間である。

▶ 2.2.10 サンタンジェロ広場
（図2.2.10a，図2.2.10b）

サンタンジェロ広場は，サン・マルコ地区のほぼ中央にある広場で，面積は3710m^2，D/H = 2.7である。カナレットによって描かれた教会と鐘楼は，すでに取り壊されて存在しない。広場の西側にはりだした建物は，調査時点ではドイツ領事館となっていた。

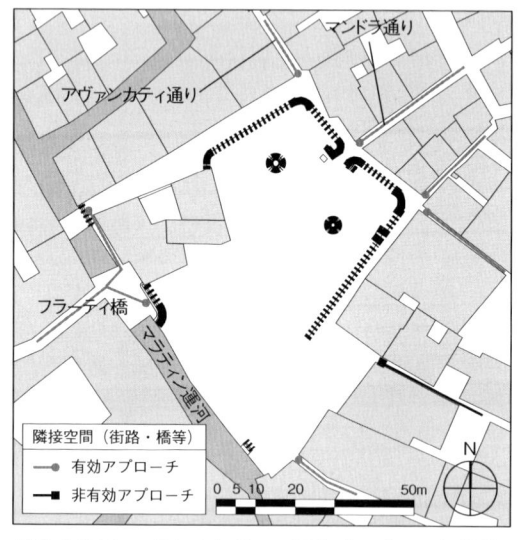

図◇2.2.10a サンタンジェロ広場（アプローチ，階段・レベル差）

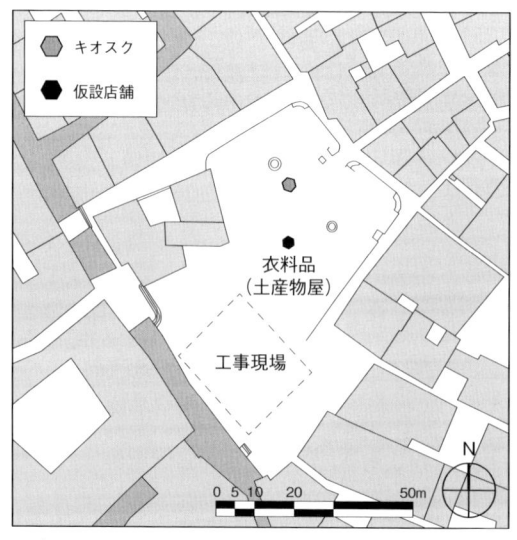

図◇2.2.10b サンタンジェロ広場（設備・装置的構成要素）

（1） アプローチ

サンタンジェロ広場へは，北側にある大運河沿いのヴァポレット乗船所（水上バス停サンタンジェロ）方向からアッヴォカーティ通りを通る場合，東側のフェニーチェ劇場の方から来る場合，サント・ステーファノ方向からフラーティ橋を通る場合がある。

（2） 隣接空間

運河隣接型の広場であり，マラティン運河に隣接しており，かつてはこれに面して教会があった。

陸上からの有効アプローチは，袋小路に繋がる街路を除く6本の街路と，フラーチ橋の計7本で，周辺との連続性はやや低い。

（3） 階段・レベル差

階段・レベル差は，2つの井戸基壇とその貯水槽基壇であり，広場の形状に沿って大きく設けられている。構造的船着場とアーチ橋を含め，レベル差は計7箇所である。

（4） 設備・装置・その他

サンタンジェロ広場の設備・装置は，2つの井戸，キオスク等の店舗である。面積は小さくない広場だが，オープンカフェは存在せず，リストンも現存しない。

また，調査時には広場南側で建設工事が行われており，シートによってそのエリアは覆われていた。キオスクは，2つの井戸のほぼ中間に位置し，Tシャツなどの衣料品を売っている仮設店舗の土産物店は，やや南に位置している。

（5） 人の流れ

マンドーラ通りとフラーティ橋を結ぶ線上が，主な人の移動である。カメラやビデオを持った観光客が，グループで通過する。その線上にキオスク，仮設店舗が配されており，観光客の

第2章　広場の空間構成と利用

図◇2.2.11a　サント・ステーファノ広場（アプローチ，階段・レベル差）

一部が，その前で滞留する。

周囲には，飲食店舗が数軒あるのみで，この広場は，通過交通の多い空間である。装置は少ないが，地元の人が，犬の散歩やベビーカーを押してぐるぐる回っていた。広場のスケールもヒューマンで，密やかな声もよく透り，落ち着いた空間の印象であった。マラティン運河にゴンドラを置き，女性に声をかけているゴンドラーナの青年がいた。

▶ 2.2.11　サント・ステーファノ広場（図2.2.11a，図2.2.11b）

サント・ステーファノ広場は，サン・マルコ地区の西側，ちょうどサンタンジェロ広場とサン・ヴィダーレ広場の間に位置する南北に長い広場で，面積5 769m²である。地図上では南側の台形部，ちょうどロレダン邸の東側にあたる場所が，サント・ステーファノ広場で，北側はフランチェスコ・モロジーニ広場となっている。

第 3 部　広場と運河の空間構成

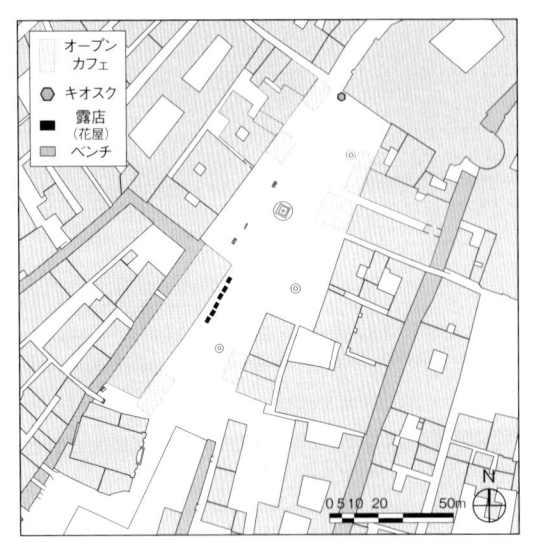

図◇2.2.11b　サント・ステーファノ広場（設備・装置的構成要素）

ここでは，双方の連続性や一般的な呼称から両広場をまとめてサント・ステーファノ広場としている。サント・ステーファノ教会は，ガイドブックにも必ず紹介されているが，この大きな広場に対して教会は，側面に接している。

(1)　アプローチ

サント・ステーファノ広場へのアプローチは，北側のサンタンジェロ広場からフラーティ通り，サント・ステーファノ広場を経る場合と，同じく北側のボッテゲ通りを通る方法や，南側のサン・ヴィダーレ広場を通る場合，東側のサン・マルコ広場方向からこのサン・マウーリツィオ橋を通る場合などがある。

(2)　隣接空間

運河隣接型の広場ではあるが，運河に接している部分は小さく，広場内から見渡しても運河や橋が目立つわけではない。

南側のサン・ヴィダーレ広場，サント・ステーファノ広場と隣接しており，交通の結節点として機能している。

(3)　階段・レベル差

階段・レベル差は，サン・ヴィダーレ教会の玄関基壇とアーチ橋2点，井戸・モニュメント基壇4箇所と構造的船着場1箇所の計8箇所となっており，とくに井戸の基壇数が多いのが，特徴である。

(4)　設備・装置・その他

サント・ステーファノ広場の設備・装置は，モニュメント，井戸，オープンカフェ，ベンチなどである。ニコロ・トマゾの影像のモニュメントは，広場北側のほぼ中央に，位置している。

オープンカフェは，対象広場中最多の6店が確認でき，そのうち4店は北側に集中している。キオスクも北側に1店，営業している。ベンチは，広場の西側中央に5脚程度設けられている。

(5)　人の流れ

人の主な流れは，サント・ステーファノ広場とサン・ヴィターレ広場，アカデミア美術館を結ぶ線上である。観光客の移動が多い。

中央の影像や広場の両サイドでは，立ち止まって地図を広げ，また影像の基壇では，多くの観光客が腰を下ろして休憩しているのを見かける。行為はシンプルである。

▶ 2.2.12　サン・ヴィダーレ広場
　　（図2.2.12a，図2.2.12b）

サン・ヴィダーレ広場は，サン・マルコ地区のアカデミア橋が架かる場所に位置し，南北に長辺を持つ方形の小さな広場である。面積は1 162m^2。カナレットが描いた当時は石工の仕事場であったが，現在では，その姿をとどめていない。

(1)　アプローチ

大運河に架けられている3本の橋のうちの1

第2章　広場の空間構成と利用

つ，アカデミア橋は，アカデミア美術館へのアクセスとして挙げられる。アカデミア美術館やヴァポレット乗船所が対岸にあり，この近くからサン・マルコ地区へ向かうときに，サン・ヴィダーレ広場を必ず通過することとなる。また，広場北側のサン・ヴィダーレ教会玄関付近でサント・ステーファノ広場と結節しており，こちらも北側からの主要なアクセス路となっている。

(2)　隣接空間

運河隣接型の広場で，南を大運河，西をサン・ヴィダーレ運河に接し，街路は8本。

(3)　階段・レベル差

階段・レベル差は，井戸の基壇が1箇所，アーチ橋が5箇所，構造的船着場が3箇所で計9箇所である。

(4)　設備・装置・その他

サン・ヴィダーレ広場の設備・装置的な要素は，樹木と描かれた当時の井戸のみである。とくに樹木は，広場東側のフランケッティ邸(ヴェネト州芸術科学文書研究所)の庭園と視覚的に連続しており，緑溢れた空間が印象的である。

オープンカフェ，リストンは存在せず，店舗も仮設店舗形態の土産物屋が1店，一時的に現れた露店(花屋)の計2店である。

(5)　人の流れ

この広場は，図中北側にあるサント・ステーファノ広場と南にあるアカデミア美術館を結ぶ通路となっており，観光客の通過交通が多く，滞留する空間ではない。地図，ガイドブック，あるいはカメラを片手に団体客が頻繁に流れていく。露店と階段周辺で一部は立ち止まって滞留はあるものの，その大多数はもくもくと通り過ぎていく。

▶ 2.2.13　まとめ

1)　サン・マルコ広場，サン・マルコ小広場は，現在では観光客中心の利用である。

通過交通を主として処理するタイプの広場

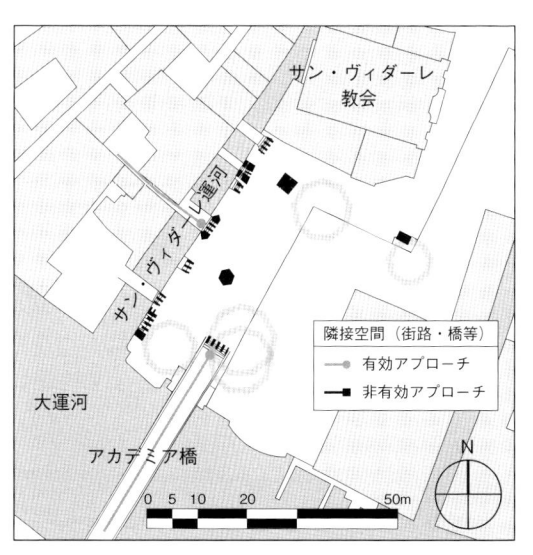

図◇2.2.12a　サン・ヴィダーレ広場(アプローチ，階段・レベル)

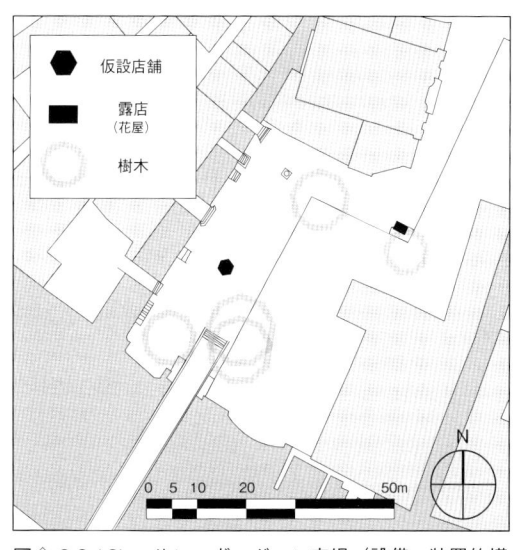

図◇2.2.12b　サン・ヴィダーレ広場(設備・装置的構成要素)

は，サン・ヴィターレ広場，リアルト広場，サン・ロッコ広場である。地元住民の広場は，それ以外のカンポ（広場）である。

2) 広場内の装置の役割

ヴェネツィアの広場には，最小限，最低限の設備しか用意されない。広場内にあるわずかな装置，① 井戸，② キオスク（露店），③ オープンカフェ，④ 樹木やベンチ，は地元住民の戸外生活の拠点として活用されている。

井戸の周辺では，子供たちがたむろし，キオスク周辺では観光客が滞留し，オープンカフェでは大人たちが談笑しており，ベンチや樹木周辺では，幼児を連れた母親，それにお年寄りがゆったりと憩っている。このように，カンポ（広場）は，コーナーをそれぞれ適度に使い分けられる。

広場が不整形であることが，さまざまな利用を誘発し，観光客と地元住民の利用を適度に分離・誘導している。

3) 運河隣接型と内陸型

運河隣接型に分類される広場は，サンティ・アポストリ広場，サン・ヴィターレ広場，サンティ・ジョヴァンニ・エ・パオロ広場，サンタ・マリア・フォルモーザ広場，サンタンジェロ広場である。

内陸型は，サン・ロッコ広場，リアルト広場，サント・ステーファノ広場，サン・ポーロ広場である。

内陸型は，通過交通が多く交通の要所に広場が位置しているということでもある。

2.3 広場の利用者数

12箇所の広場の空間的な特性を逐一述べてきたが，住民や観光客などの利用行動についても，人数を調べてもう少し詳しく観察してみよう。

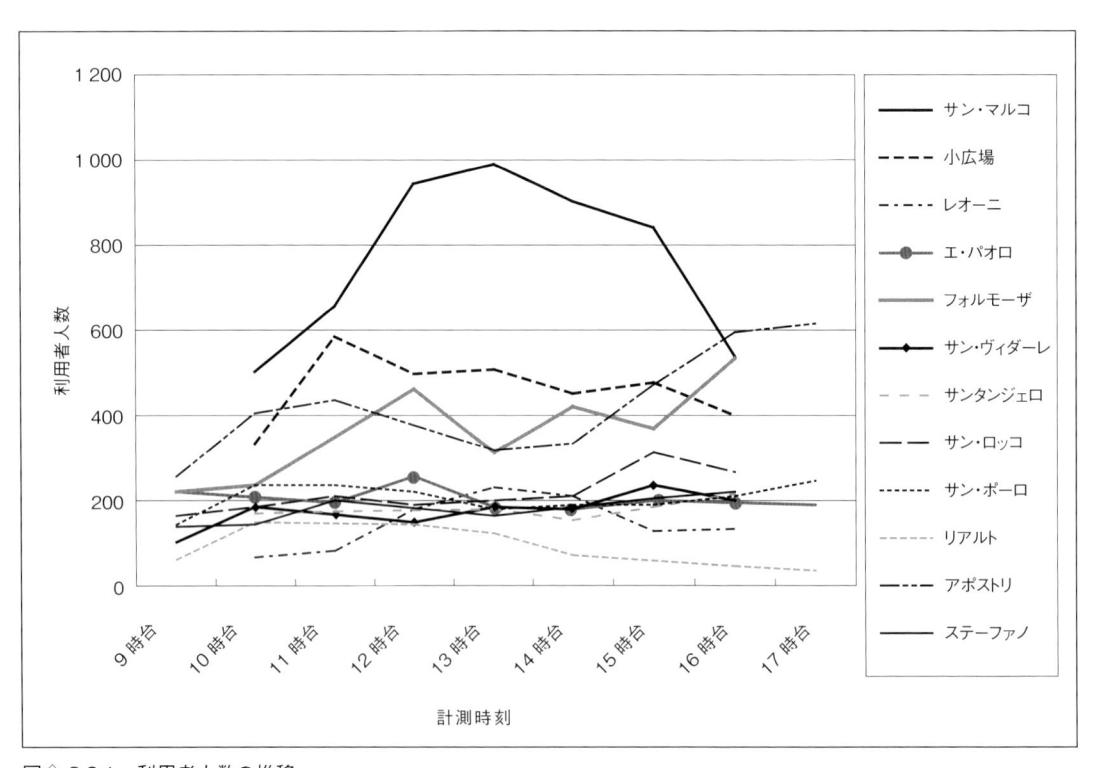

図◇ 2.3.1 利用者人数の推移

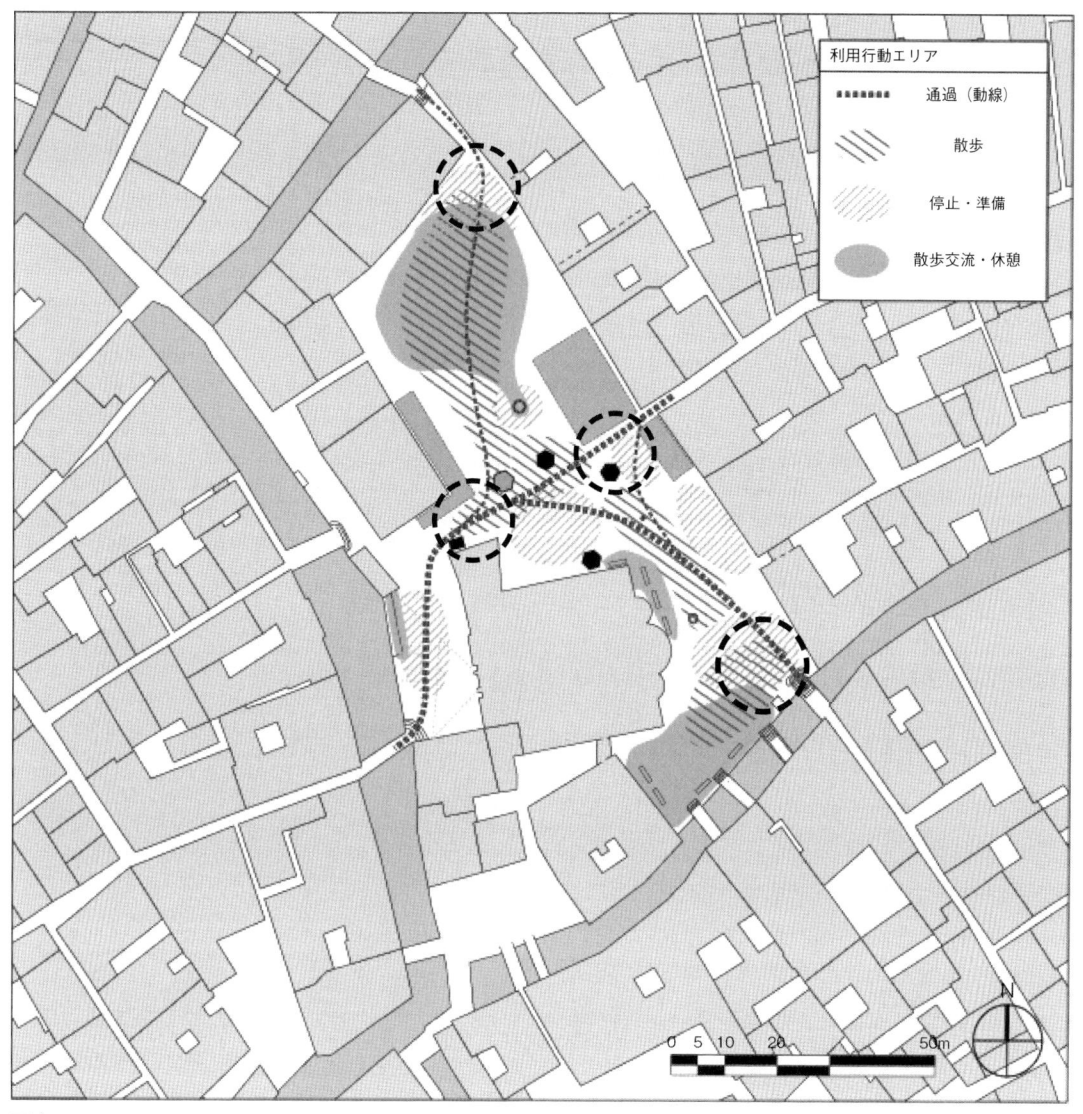

図◇2.3.2 サンタ・マリア・フォルモーザ広場での利用構造の分布事例（破線の円は視点場となる可能性が高い場所）

▶ 2.3.1 利用者人数の推移

各広場で，朝の9時から夕方の4時ごろまで観察した広場の利用者の人数とその推移を，図2.3.1に示す。

まず，全広場の利用者人数のおおまかな推移をみると，サン・マルコ広場とサン・マルコ小広場，サンタンジェロ広場とサンティ・アポストリ広場以外は，日中を通して約200人/10分の利用人数となっている。

その推移を見ると，① サン・マルコ広場やサン・マルコ小広場，レオーニ小広場に代表されるように，昼頃に人数のピークが見られる場合，② サンタンジェロ広場，サン・ロッコ広場，サンティ・アポストリ広場のように昼過ぎや夕方以降に人数が増える場合，そして③ その他の広場のように日中を通してそれほど大きな変化がない場合，の3通りの利用タイプに分けられる。

昼にピークが見られる広場は，サン・マルコ広場で，観光客の利用を示している。とくにピーク時には1 000人/10分以上の利用者を示

し，最も多い人数となっている。1時間に直せば，約6 000人の観光客である。

昼過ぎから夕方以降に人数の多くなる広場は，サンタンジェロ広場や規模が小さなサン・ロッコ広場，サンティ・アポストリ広場である。交通の要所であるために，広場利用というよりは観光客などが帰路に着く際の通過行動が，人数推移に影響を与えた。これはアカデミア橋のあるサン・ヴィダーレ広場でも，同じような傾向が見られる。

変化を示さない広場は，観光と住民の混合の利用の多い広場である。

▶ 2.3.2　広場内の利用行動の分布

広場内の利用行動は，「移動」と「滞留」の2つが基本である。これを，利用時間の長短で区分すると，移動は「通過」，「散歩」，滞留は「停止・準備」，「交流・休憩」の4つに分類できる。行動分布の1つの事例として，図2.3.2にサンタ・マリア・フォルモーザ広場の例を示す。

（1）　通　過

「通過」行動は，広場と隣接空間である街路や橋などの結節点に多く発生している。

広場によってこれらの動線はさまざまであるが，おおむねその占有の面積は小さく，細長い街路的空間構成のサン・ロッコ広場などでは，「通過」行動がとくに目立つ。また，サンタンジェロ広場のように，結節点から多くの動線を持つような交差点的役割を持った広場も，「通過」行動が多くみられる。

（2）　散　歩

「散歩」行動は，面積が大きく動線数も多い広場，あるいは動線から外れたところに広いエリアを有した不整形の広場で目立つ。ベビーカーを押して散歩する若い夫婦の行為などである。

ただ，サン・マルコ小広場のように主動線が1方向であっても，その動線に対する幅員が広い場合は方向性が弱まり，「通過」行動が「散歩」行動などの他の滞留行動へと結び付く。

広場内に著名な建築物や見所がある場合には，「散歩」行動を誘発することになる。

（3）　停止・準備

「停止・準備」行動は，結節点付近や著名建築物を眺めることのできる地点，仮設店舗周辺，あるいは井戸基壇や回廊付近，動線から少し離れて腰を休めることのできる場所によく見られる。

建築物を眺めるための場所は，集団の観光客にとっての集合場所や待ち合わせ場所となる。あるいは入場を待つ観光客の列，並びながら別の行為を伴う。こうした観光客は，集合の際にこの地点で写真撮影，店舗での買い物，移動先の準備確認であろう地図の閲覧や立ち話などの行動を伴う。例えば，サンティ・ジョヴァンニ・エ・パオロ広場，サンタ・マリア・フォルモーザ広場など，教会前が該当する。

写真撮影や地図・ガイドブック等を読む場所として，結節点付近が挙げられる。狭い街路から広場へと移動して生じた空間変化によって，自分の居場所を確認するために周囲を眺めたり，眼前に現れた光景を，思わず眺めたり写真撮影したりする行動をとる。

こうした結節点付近は，「通過」行動から「停止・準備」行動や「散歩」行動など，広場を利用する行動へと切り替わる特徴的な場所となる。

（4）　交流・休憩

「交流・休憩」行動は，オープンカフェやベンチ，それにレベル差があって座れる場所に多く発生し，食事や会話，音楽演奏のようなイベ

ントとの関連性がとくに高くなる。

広場空間が変形して，アルコーブを持っている場合，そのスペースは，休憩用，とくに地元住民の交流空間として機能する。そこではエレメントを必要とせず，幼児，子供のボール遊び，縄跳び等，多様な行動分布となる。あるいは運河沿いでゴンドラの客待ちをしている若者達。

こうしたエリアでは当然ながら「交流・休憩」行動と「散歩」行動の重複する場合が多い。

2.4　広場内での視点場の位置

カナレットの描いた絵画の視点場は，広場内で，どのような場所であったのか。もう一度振り返ってみよう。絵画の全視点場の位置の特徴を，表2.4.1 に示しておく。

表◇2.4.1　各視点場の総合空間特性

| 広場 | 視点場 | 絵画番号 | 利用行動 | | | | 空間 |
| | | | 移動 | | 滞留 | | |
			通過	散歩	停止・準備	交流・休憩	
サン・マルコ広場	旧行政長官府	2.2.9				1	滞留空間
	カフェ・クアドリ					1	滞留空間
	旧行政長官府					1	滞留空間
	コレール博物館	2.2.13	1		1	1	やや滞留空間
	時計塔前	2.2.6	1		1		結節点
	旗台横		1	1	1		やや移動空間
	聖堂前		1	1	1		やや移動空間
	レオーネ小広場	2.2.8	1		1		結節点
	時計塔前	2.2.7	1		1		結節点
	旗台横		1	1	1		やや移動空間
	サン・マルコ広場中央	2.2.12		1			移動空間
	サン・マルコ広場			1			移動空間
	カフェ・クアドリ	2.2.10				1	滞留空間
	カフェ・クアドリ					1	滞留空間
	カフェ・フロリアン	2.2.11				1	滞留空間
	カフェ・フロリアン					1	滞留空間
	鐘楼前			1			滞留空間
	コレール博物館	2.2.15	1		1		結節点
	コレール博物館ポルテイコ	2.2.14	1		1		結節点
サン・マルコ小広場	サン・マルコ小広場中央	2.2.3	1	1			移動空間
	ロゼッタ前					1	滞留空間
	カルタ門前	2.2.4			1		滞留空間
	ドゥカーレ宮殿ポルテイコ		1	1	1		やや移動空間
	有翼の獅子像横	2.2.1	1		1	1	結節点
	有翼の獅子像横		1		1	1	結節点
	ドゥカーレ宮殿ポルテイコ	2.2.5			1		滞留空間
	ドゥカーレ宮殿ポルテイコ				1		滞留空間
	モーロ河岸	2.2.2	1		1		結節点
	サン・マルコ小広場		1	1	1		やや移動空間
サンテイ・ジョヴァンニ・エ・パオロ広場	パオロ広場	2.3.6	1		1		結節点
サンタ・マリア・フォルモーザ広場	フォルモーザ広場	2.3.7		1	1	1	やや滞留空間
サン・ヴィダーレ広場	サン・ヴィダーレ広場	2.3.10	1		1		結節点
サンタンジェロ広場	サンタンジェロ広場	2.3.8	1				結節点
サン・ロッコ広場	サン・ロッコ広場	2.3.1		1	1	1	やや滞留空間
サンポーロ広場	サンポーロ広場	2.3.2	1				結節点
リアルト広場	リアルト広場	2.3.3		1	1		やや滞留空間
	オレシー通り		1	1			移動空間
	リアルト広場	2.3.4			1	1	滞留空間
サンテイ・アポストリ広場	ポルテイコ	2.3.5	1				移動空間
サント・ステーファノ広場	サント・ステーファノ広場	2.3.9	1		1		結節点

2.4.1 滞留エリアと結節点が視点場の場合

全視点場41点のうち15点が結節点付近，17点が滞留エリア，9点が移動エリアにある。やや滞留エリアに視点場を持つ場合が多い。

つまり，絵画の構図を決定する視点場は，結節点付近か滞留エリアである。地図上で視点場位置を確認すると，こうした視点場は，広場全体を見渡せる場所となっている。

2.4.2 広場へアクセスする空間が視点場の場合

かかる視点場決定の要因を，各絵画の主題も考慮すると，まず，カナレットは著名な建築物を描くだけでなく，狭い街路などから広場に入ってくる際の景観，つまり急激な変化の起こる結節点付近の景観を描く。

事実，「サン・ポーロ広場」や「サント・ステファノ広場」の絵画では，著名な建築物を描くというよりは，広場の全体像を見ることに重きを置き，結節点付近を視点場として選択した。

2.4.3 広場全体が見渡せる場所が視点場の場合

視点場が滞留エリアにある場合，カナレットはここでも広場全体を見渡せる場所を選定し，広場での人々の様子や，視対象間の関係性を主題とした観察者の意図が働いたときに見ることができる景観を描く。

例えば「サン・ロッコ広場」の絵画では，広場内の教会や著名建築物を描くというよりは，通りの先の鐘楼が見えるような位置を選定している。他には，「リアルトの広場」や「サン・マルコ広場：ピアツェッタの北端から西を見る」の絵画のように，広場に滞留したり行き交う人々の様子を主題として描くようなものも見受けられる。

2.4.4 視点場の位置

結局のところ，カナレットが選定した広場内の視点場は，次の位置となる。

① 広場全体を広範囲に見渡せる場所，② 広場内に入った時に劇的な景観が得られる結節点付近の場所，③ 主題を意図的・選択的に選ぶことのできる滞留エリア。

カナレットは，広場全体を描いているが，不整形な広場の場合には，凹んで見えない部分が生じ，そのような空間は描きえない。実は，この凹の部分が生活空間として生かされているのを見てきた。幼児，子供の遊び空間として現在でも活用されている。凹んでいるためにそれが可能となった空間。

当時の利用状況は不明であるが，カナレットは，生活空間の景観を描くというよりは，ややマクロ的な目で見た広場を描いた，と推測できる。

2.5 広場の3つの機能

広場の空間特性に共通していることは，広場内に固定された装置が，井戸と彫像を除いてまったく見られないことである。だだっ広い石畳の空間があるだけ。

広場を囲む教会などの建築物が，広場内に臨時的に設営される店舗の位置をコントロールし，その設営された店舗によって，多様で重層的な住民の行為が繰り広げられている。

1) サン・マルコ広場，サン・マルコ小広場の基本的機能は，現在では観光である。
2) カンポ広場の基本的機能は，1つは住民生活の広場，2つは通過交通用の交通広場である。

それに観光的な機能が求められ，キオスクや，仮設店舗などが立地する。

　それらの機能は，重なり合っている。それを可能にしているのは，不整形な広場の形状と，設備・装置の配置である。

3）　広場景観の視点場は，広場全体を望める場所である。広場へアクセスする結節点で，狭い歩行空間から一挙に開放的な空間となる地点である。

◎参考文献

1)　クリストファー・ヒバート，横山徳爾訳：ヴェネツィア（上）（下），原書房，1997

2)　J.G.Links：Venice for Pleasure，Pallas Athene，London，2000

3)　Alberto Manodori：Venice - as it once was photographic memories，Fratelli Palombi Editori，2000

4)　Calli，Campielli e Canali，Edizioni Helvetia，1989

5)　Venice Portrait D'Une Ville -Atlas Aerien-，Gallimard，1990

6)　田篭友一：観光都市ヴェネツィアの「絵になる」広場空間デザインに関する研究，九大大学院修士論文，2004

第3章　運河空間の水際線

　絵画の中の「描かれた運河」も美しいが，「現実の運河」も美しく，その美しさをより美しく見せる工夫，またそう見せる場所が存在する。カナレットは，漫然と運河を描いたのではなく，視点場と構図を選択して描いた。

3.1　大運河空間のプロポーション

　街路空間のプロポーションを示すのによく用いられる指標は，街路と両側の建物高さの比，D/H である。かつてヴェネツィアは，船舶を中心に経済は成立し，運河が幹線道路の役割をし，経済の大動脈であった。この大運河を街路とみなして，運河幅員と両側の建物高さの比（D/H）を計測し，運河空間のプロポーションを考えてみよう。

　これらの計測値は，現在の建物をもとにした値であり，当時の運河空間のプロポーションを推定するための参考値として考えたい。

▶ 3.1.1　運河沿いの建物高さ，運河幅員

(1)　運河沿いの建物の高さ

　運河沿いの建物のパノラマ写真（図3.1.1）と地図を用いて，大運河沿いすべての高さをおおまかに見ておこう。建物の高さを，6～12m，12～18m，18～30m の3つに区分し，その結果を図3.1.2に示した。

　運河沿いの両側の建物の高さは，すべて30m 以内であり，逆に6m 以下の建物はほとんど存在しない。最も数が多いのは，12～18m の範囲の高さの建物であり，大運河沿いに一様に分布している。多くは，邸宅として建てられたものである。次に多いのは，18～30m の範囲の高さの建物である。これも，大運河沿いに一様に分布しているが，運河の北西方向はやや少ない。規模の大きい邸宅や教会，商館建築などがその内容である。

　6～12m の範囲の建物は低いものに分類され，これらは，住宅として建てられたものであ

図◇3.1.1　計測に使用したパノラマ写真（一部）[1]

第3部　広場と運河の空間構成

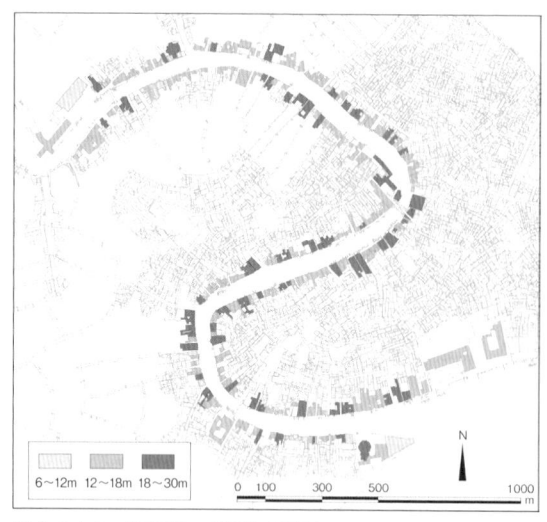

図◇3.1.2　運河沿いの建物の高さ

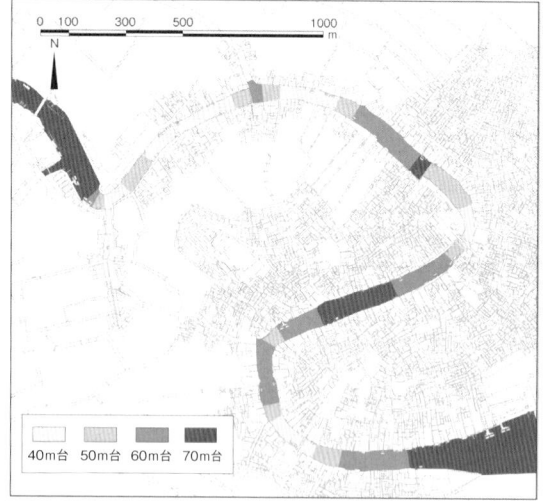

図◇3.1.3　運河幅員

る。立地場所に大きな特性は見られないが，運河の北西方向にやや多い。全体として見ると，大運河沿いの建物は，12〜30m以内の高さのものがほとんどである。

(2)　大運河の幅員は一定ではない

建物高さに続いて，運河の幅員を計測した。

現在の地図を基に，幅員を計測し，次の4つに分類した。40〜49m，50〜59m，60〜69m，70m以上の4つでその結果を図3.1.3に示す。

最も幅員の狭い40〜49mは，運河の北西方向に多く，またリアルト橋，バルビ邸，アカデミア橋の付近に分布している。逆に，運河幅員が最も広い70m以上の処は，運河の入り口部分や，大運河の中心部分，ペスカリーナ広場付近に分布している。大運河の幅員は，同じと思われがちであるが，変化に満ちたものであり，これがさまざまな運河の景観を形成する。

(3)　大運河のD/Hの平均は4.5である

上述した，大運河の幅員と，建物の高さをもとに，大運河のD/Hを計測した結果を図3.1.4に示す。D/Hの値の分布を見ると，全体の平均は4.5で，最小値で2.1，最大値で9.1である。

次に，このD/Hをもとに，各絵画の視点場から見通す方向の運河空間にについてD/Hを適用していく。

▶ 3.1.2　運河景観のグループ別に見るD/H

ここで，各絵画の視点場を基点に置き，それから描かれた大運河の水面の最遠部分まで，グループ別（第2部第4章参照）のD/Hの値を逐一求めて，その変化を調べてみた。

(1)　「運河上にかかる橋の景観」のD/H

このグループの絵画の水面を見る最遠の距離は，161mで，他に比べ見通し距離は短い。

このグループでは，およそ2.0〜4.5の間でD/Hは推移している。いずれの絵画も，視点場付近で最も高い値を示し，その後，値は徐々に減少している。D/Hが急激に変化するような地点は存在しない。

(2)　「水視率の高い景観」のD/H

このグループの見通し距離は610mである。D/Hの距離ごとの変化を，事例として図3.1.5

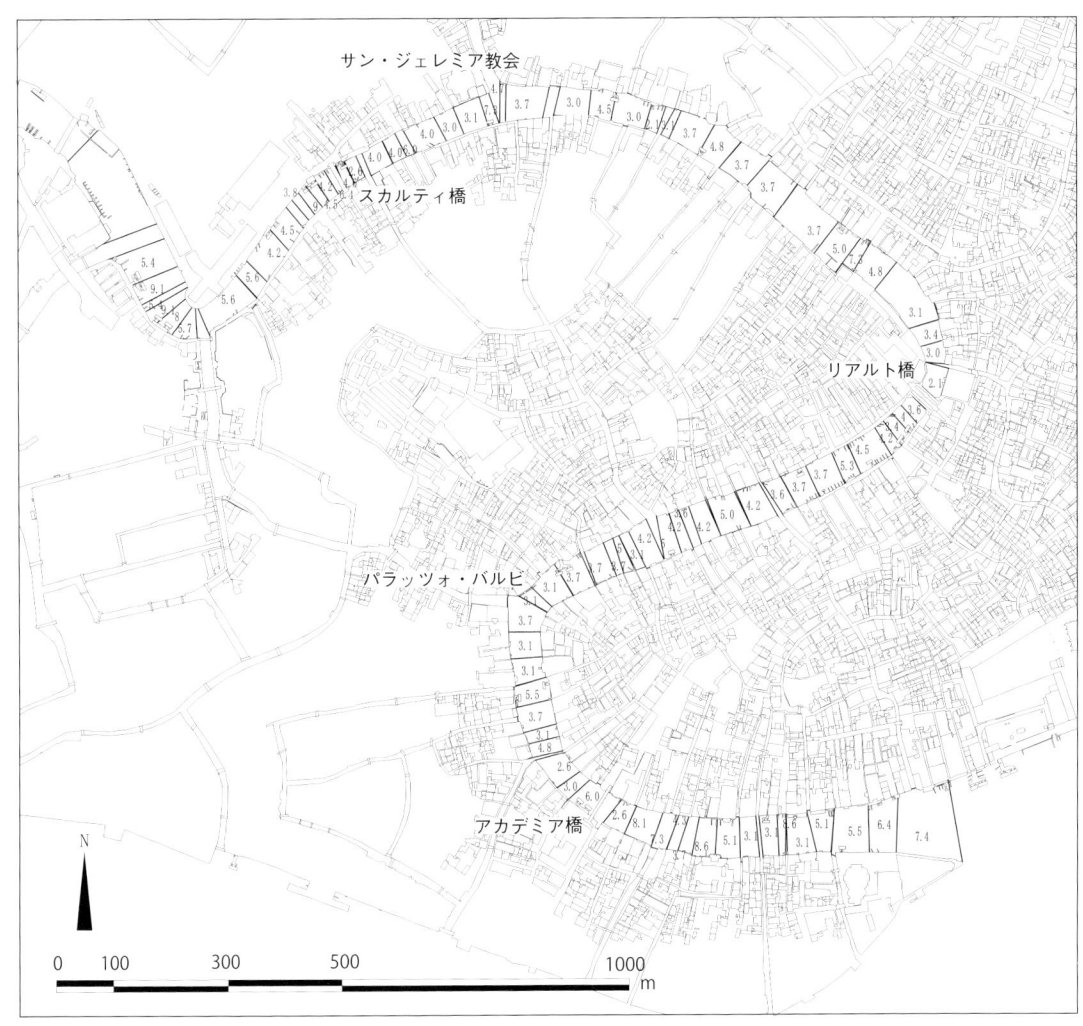

図◇3.1.4　運河の D/H 分布

に詳しく示す。全体的にみると，おおむね3～5の値を上下している。

さらに詳しく見ると，D/H が急激に変化している地点が存在している。第2部絵画3.3.10，第2部絵画3.3.4，第2部絵画3.3.2である（図3.1.5）。

絵画3.3.10では，80m地点，220m地点で急激に D/H が上昇している。これは，いずれも建物高さ（H）が極端に低い住宅によって，急激に開放的になっているためである。絵画3.3.4では，40m付近で，D/H が大きくなり，絵画3.2.2では，340m，460m付近で D/H が大きくなる。

大雑把にとらえると，80m，220m，340m，460mと約100m間隔で D/H の大小のリズムが見出せ，開放感と閉鎖感の交互のリズムが見出せる絵画が，このグループの特徴である。

(3) 「運河沿いのシンボリックな建築物の景観」の D/H

このグループの見通し距離は，964mである。視点場からの距離ごとの D/H の変化を見よう。このグループの D/H は，3～6の間で推移している。このグループにおいても D/H の変化が見られる。

第3部　広場と運河の空間構成

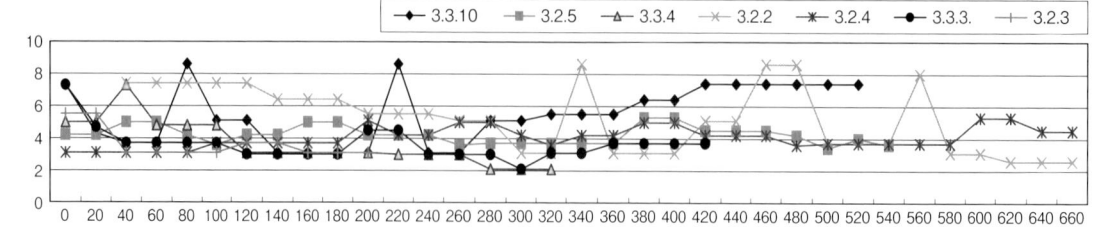

図◇3.1.5　事例「水視率の高い景観」の D/H

(4)　「運河沿いの街路の景観」の D/H

このグループの見通し距離は，616mである。D/H の視点場からの距離ごとの変化を見ると，D/H は，4前後で推移し，他のタイプと類似している。

3.2　水際線の多様な構成

次に，運河景観を成立させている水際線の空間構成について示そう。

▶ 3.2.1　水際線を構成するエレメントの接続形式

描かれた水際線に注目すると，運河の水面から直接立ち上がった建築物の壁面で構成される場合と，水面沿いに通りや広場などのオープンスペースで水際が構成されている場合の2つがある。後者のオープンスペースの場合は，さらに細分化される。結局，以下の6つである。

①建築物の壁面，②広場，③街路，④橋，⑤船着場と基壇，⑥階段

絵画内で確認される水際線は，かかるエレメントの組み合わせであり，断面形状ごとに整理したのが図3.2.1である。この図にあるように，建築壁面，街路，広場がそれぞれ階段を介して運河に接している場合と，それらが介しない場合，さらにポルティコ，橋に接続している場合がある。水際線もまた，カナレットは精緻に描いているのである。階段や段差は，人の滞留場所となるだけでなく，水際線に陰影を与えて表情を豊かにする。

(1)　「建築壁面－運河」

建築物の壁面が，直接運河に接しているものである。これは，ほとんどの絵画で描かれ，最も一般的な形式である。該当絵画数は，23/25件とほぼすべての絵画で見出せる（図3.2.1a）。

(2)　「建築壁面－階段－運河」

これは，建築物に付属した階段を介するものである。運河に面して玄関がある住宅や商館建築が，これにあたる。該当絵画数は，7/25件である（図3.2.1b）。

(3)　「ポルティコ－運河」

これは，ソットポルティゴや，商館建築のポルティコ部分が，運河と接するものである。該当絵画数は，6/25件である（図3.2.1c）。

(4)　「街路－運河」

これは，リバやフォンダメンタ等の直接運河に面する典型的な街路であり，16/25件と半数以上の絵画で見出せる（図3.2.1d）。

(5)　「街路－階段－運河」

これは，上記の街路に含まれるもので，街路の一部に階段を介するものである。階段付近では，休憩や舟の乗り降りの様子などが描かれて

いる。該当絵画数は，7/25件である(図3.2.1e)。

(6) 「広場－運河」

これは，広場が直接運河に接する形式である。シンボリックな建築物の前にある広場の様子は，多くの絵画で描かれ，該当絵画数は，12/25件である。(図3.2.1f)。

(7) 「広場－階段－運河」

これは，上記の形式からさらに，階段を運河との間に介するものである。該当する絵画数は，13/25件である（図3.2.1g）。

(8) 「橋（横断）－運河」

これは，大運河を横断する橋によって水際線が構成される例である。絵画のなかでは，リアルト橋のみが該当する。該当絵画数は，7/25件である（図3.2.1h）。

(9) 「橋（平行）－運河」

これは，大運河に並行して架けられた橋によって，水際線が構成される例である。該当絵画数は，8/25件である（図3.2.1i）。

以上のように，運河景観の絵画は，9種類の水際線のタイプで描かれている。

▶ 3.2.2　絵画ごとの水際線の接続タイプ

(1) 絵画1点あたりの接続タイプ

絵画1点に水際線の接続タイプが，どのぐらいの種類で描かれているかを調べた。全体の平均では，絵画1点あたり4.5種類の接続タイプが描かれている。

グループ別に接続タイプ数の平均値を見る

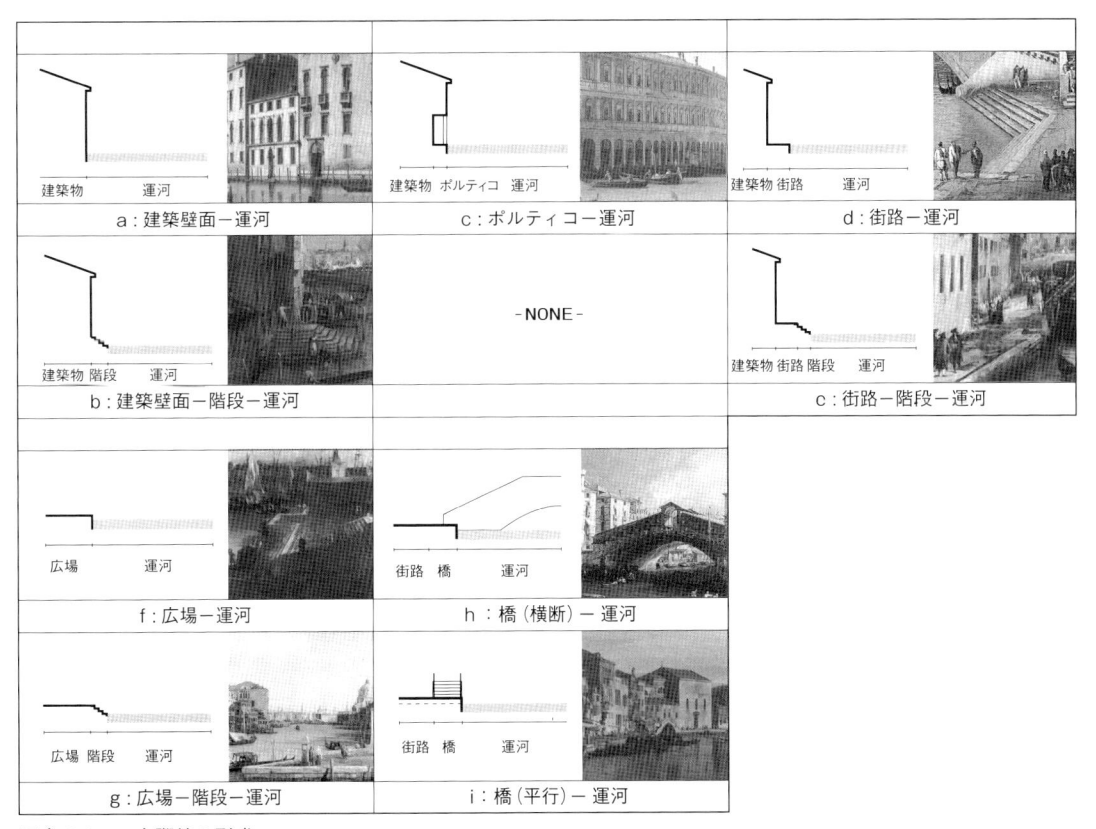

図◇3.2.1　水際線の形式

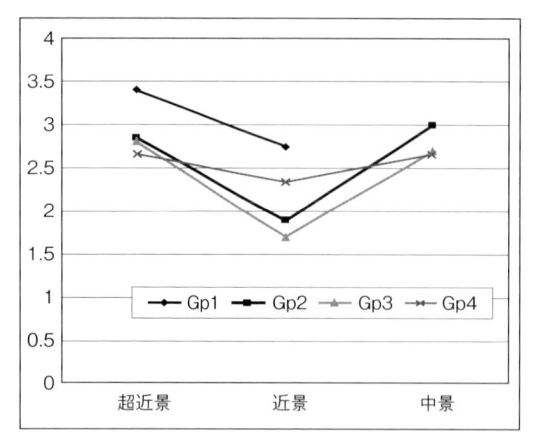

図◇3.2.2　グループごとの接続タイプ数の平均

と，「運河上にかかる橋の景観」では5種類，「水視率の高い運河景観」は4.3種類，「運河沿いのシンボリックな建築物の景観」は4.6種類，「運河沿いの街路の景観」は3.7種類。

平均で4～5種類の水際線で描かれ，水際線は一見シンプルに見えるが，詳細に見ると複雑である。

(2) 距離景ごとの接続タイプ

次に，超近景，近景，中景の距離景ごとに，水際線の接続形式を見てみよう（図3.2.2）。

いずれのグループも，平均接続のタイプ数は，超近景が最も多く，超近景から近景にかけて減少する。中景が存在しない「運河上にかかる橋の景観」を除くと，近景から中景にかけて，平均の接続タイプ数は多くなる。

接続タイプの種類数が多いことは，それだけ変化に富んだ水辺空間であり，接続タイプの数が少ないということは，変化の少ない水辺空間であると見なしてよい。

▶ 3.2.3　運河景観グループ別の水際線接続タイプ

次に，それぞれの水際線の接続形式の長さを，4つのグループごとに見よう。すべての水際線の長さのうち，どれくらいの割合を占めるかを求め，絵になる運河景観の特徴を述べよう（表3.2.1）。

(1)　「運河上にかかる橋の景観」

超近景では，「建築壁面－階段－運河」を除くすべての接続タイプが確認される。そのなかでも，「街路－運河」のタイプが占める割合が最も高い。

近景では，「建築壁面－運河」「ポルティコ－運河」「街路－運河」「橋（横断）－運河」等の接続タイプで構成されている。そのなかで最も

表◇3.2.1　グループごとの水際線の割合

グループ	距離帯	接続形式									
		建築壁面－運河	建築壁面－階段－運河	ポルティコ－運河	街路－運河	街路－階段－運河	広場－運河	広場－階段－運河	橋（横断）－運河	橋（平行）－運河	その他
運河上にかかる橋の景観	超近景	8.0%	0.0%	10.0%	46.4%	4.4%	13.3%	11.4%	5.5%	1.2%	0.0%
	近景	20.4%	0.0%	6.0%	49.6%	4.9%	0.0%	0.0%	19.1%	0.0%	0.0%
	中景	77.5%	0.0%	22.5%	0.0%	0.0%	0.0%	0.0%	0.0%	0.0%	0.0%
水視率の高い景観	超近景	67.9%	4.3%	3.7%	8.7%	0.6%	8.8%	6.2%	0.0%	0.0%	0.0%
	近景	65.5%	1.8%	7.1%	14.0%	1.1%	2.1%	4.7%	2.2%	0.0%	1.4%
	中景	66.5%	0.0%	3.2%	19.4%	0.0%	3.6%	3.5%	2.5%	0.4%	1.0%
運河上に建つシンボリックな建築物の景観	超近景	10.6%	1.4%	9.7%	35.9%	17.5%	14.0%	10.2%	0.0%	0.0%	0.7%
	近景	27.0%	2.5%	10.8%	41.9%	3.0%	9.8%	4.0%	0.0%	1.0%	0.0%
	中景	30.2%	0.5%	0.5%	40.8%	0.8%	14.5%	8.5%	0.0%	2.6%	1.7%
運河と街路の景観	超近景	16.8%	0.0%	5.6%	64.8%	10.2%	0.0%	0.0%	0.0%	0.0%	2.6%
	近景	18.2%	0.0%	0.0%	74.4%	4.1%	0.0%	0.0%	1.6%	1.7%	0.0%
	中景	71.1%	0.0%	0.0%	17.4%	0.8%	0.0%	2.0%	0.0%	0.0%	8.7%

割合が高いのは,「街路－運河」の接続タイプである。中景域まで描かれるケースは少ない。

全体として見ると接続タイプは,「街路－運河」である。

(2) 「水視率の高い景観」

超近景では,「建築壁面－運河」が他のタイプに比べて高い割合を占めている。近景と中景においても,「建築壁面－運河」の割合がきわめて高い。

つまりすべての距離景において,「建築壁面－運河」による接続タイプの割合が高い。

(3) 「運河沿いに建つシンボリックな建築物の景観」

超近景では,「街路－運河」の割合が一番高い。近景では,「街路－運河」が最も高い割合を占めるが,「建築壁面－運河」も次に高い接続タイプとなる。中景においては,「街路－運河」が最も高い割合を占めるが,「建築壁面－運河」も,やや高い割合を示している。また一方で「広場－運河」「広場－階段－運河」のオープン・スペースによる接続タイプの割合も高くなっている。

全体として,オープン・スペースの「街路－運河」の接続タイプの割合が高い。

(4) 「運河沿いの街路の景観」

超近景では,いくつかの接続タイプが確認されるが,そのなかでも,「街路－運河」の割合が非常に高い。近景でも,やはり,「街路－運河」の割合が高い。中景では,「建築壁面－運河」の割合が高くなっているが,全体としてみると「街路－運河」の接続タイプの割合がやや高い。

(5) 水際線の接続タイプのまとめ（図3.2.3）

繰り返すが,「運河上にかかる橋の景観」「運河沿いのシンボリックな建築物の景観」「運河沿いの街路の景観」の3つのグループでは,共通して,「街路－運河」などオープン・スペースによる接続タイプの割合が高い。

それに対して,「水視率の高い景観」では,「建築壁面－運河」の接続タイプの割合が高い。

すなわち,水視率の低い景観では,水際にオー

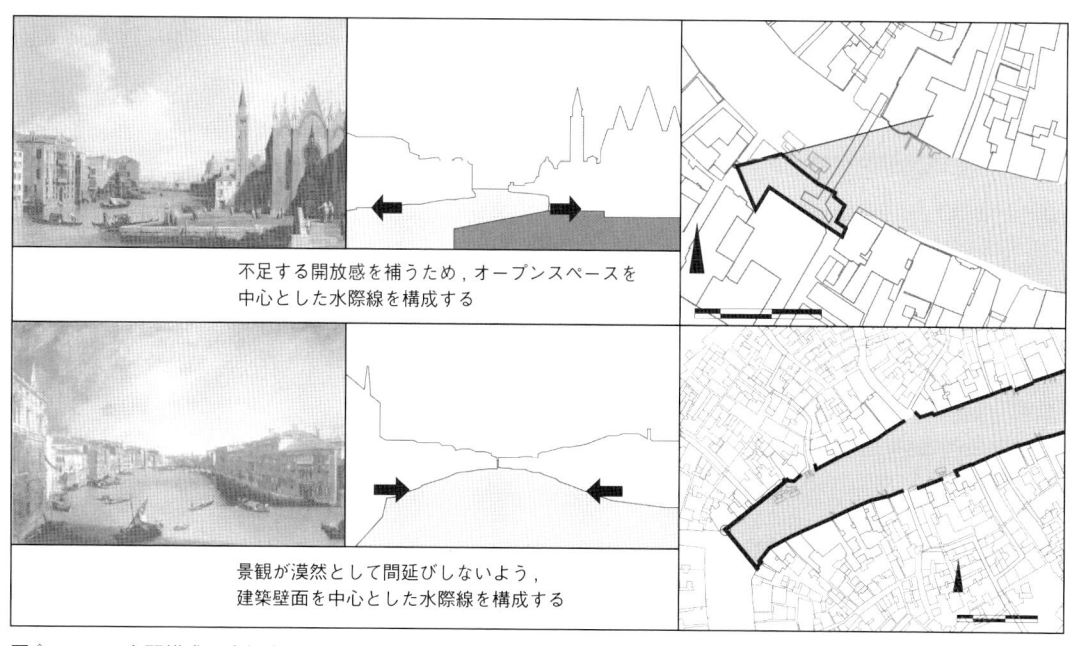

図◇3.2.3　空間構成と水視率

3.3 水際線の工夫

ひとまずここで，現在のヴェネツィアの水際線の解読結果を，まとめておこう。

1) 運河空間の D/H は，おおむね 3～5 の間で推移しており，これが，ヴェネツィアの大運河の空間的プロポーションである。
カナレットの描く運河景観には，手前から順に遠くまで見える運河の D/H に，リズムが見出せた。
2) 絵画中に描かれた運河空間の水際線は多様で，絵画 1 点当たりで見ると，平均 4.5 種類の接続タイプが用いられている。
3) 視点場を基点として，それから水際線が見える最遠地点までの接続タイプの数は，超近景から近景にかけて減少し，近景から中景にかけては上昇している。水辺空間は，均一に変化しているのではなく，超近景と中景で変化が大きく，近景で変化が少ないというリズムが存在している。
4) 水視率の低い景観では，水際線と建築の間に媒介としてのオープン・スペースが配される傾向が強く，水視率の高い景観では，建築壁面を中心とした構成が多く存在することがわかった。

3.4 運河沿いの街路・広場の空間構成と人の流れ

これからは，水際から陸地に上り，運河景観のなかで主な視点場，視対象となった運河沿いの広場と街路を取り上げて，その空間構成と人の流れを述べよう。

▶ 3.4.1 スカルツィ運河通り（図 3.4.1）

この通りは，サンタ・ルチーア駅前から続く通りである。「大運河：スカルツィ教会より，南西にクローチェ運河通りとサン・シメオーネ・ピッコロ教会を望む」（第 2 部絵画 3.2.11）の右手の手前に描かれた通りで，当時は，この先の西方向にサンタ・ルチーア教会，ドミニコ修道院があって，人通りの少ない街路であった。

(1) 空間構成

現在では，本土とつなぐサンタ・ルチーア駅があり，スカルツィ橋が大運河に架けられ，絵画が描かれた当時とはまったく様子が異なる。ただ当時は，ブレンタ川経由でパドヴァと結ぶブルキェッロ（定期船）が，ここを通行しており，本土との結びつきはあった。しかも，ここスカルツィ通りに面した大運河では，ブルキェッロの乗客を目指してゴンドラが群がっていた場所でもあった。

この運河通りは約 70m の長さ，面積は約 840m² である。橋のたもとの辻広場的な印象が強く，露店が 2 店，仮設店舗が 2 店，いずれも水辺を背にして設置されている。

オープンカフェは，通りに面して 4 店運営されている。座席数は全部で 44 席で，通り沿いの店舗に接して運営されている。サンタ・ルチーア駅からの乗降客の流れがこの前を通過していく。

水上交通の施設は，水上バスの停留所が 2 箇所，水上タクシーの桟橋が 2 箇所，ゴンドラ乗り場が 1 箇所あり，水上交通の利用地点としては充実している。

(2) 人の流れ

主な人の流れは，サンタ・ルチーア駅からス

第 3 章　運河空間の水際線

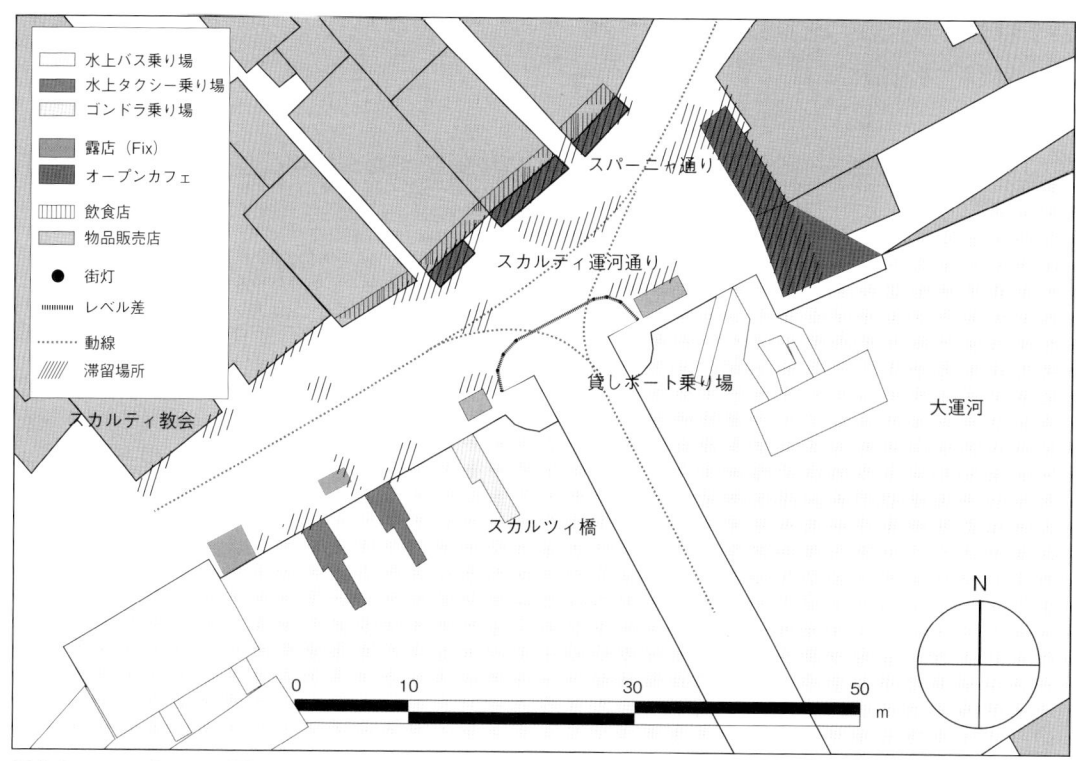

図◇ 3.4.1　スカルツィ運河通り

カルツィ橋とリスタ・デイ・スパーニャ通りを結ぶ線上にある。とくに，午前中にかけてはサンタ・ルチーア駅からスカルツィ橋方向への通勤客，つまりメストレで居住しヴェネツィアで働く人の流れが多い。それを過ぎた時間帯から，駅から出てくるカートを引く観光客が多くなり，一方スパーニャ通りから駅方向，橋方向へと行く観光客も多くなる。滞留場所は，その動線をさけるように，水上交通の施設付近，店舗の周辺，オープンカフェの周辺に分布する。

写真◇ 3.4.1　スカルツィ広場

▶ 3.4.2　ピッコロ広場（図 3.4.2）

この広場は，サンタ・ルチーア駅の対岸にあり，スカルツィ橋を渡って右に折れて歩くと数分で着く。「大運河：スカルツィ教会より，南西にクローチェ運河通りとサン・シメオーネ・ピッコロ教会を望む」（第 2 部絵画 3.2.11）の左手に描かれたピッコロ教会前の広場で，その面積は 962m^2。

（1）　空間構成

ピッコロ広場には，教会の基壇が立ち上がっている。対岸には，サンタ・ルチーア駅と長い階段を持つ駅前の広場が面しており，運河を挟んでこれら二つの基壇（ステージ）が相対していることになる。なお，調査時には，ピッコロ広場の両翼とファサードは，工事用の囲いが設けられていた。

露店は，仮設店舗が 3 店，1 店は運河に背を

第3部　広場と運河の空間構成

向けて設置され，あとの2店は運河をのぞむように設置されていた。

オープンカフェも運営されており，座席数は，計17席である。水上交通の施設は，ゴンドラ乗り場が2箇所に設けられていた。

(2) 人の流れ

利用動線は，この広場を横切るように，南西のローマ広場方向，逆にスカルツィ橋方向，と左右に人の流れがある。滞留場所は，露店の周辺と教会の基壇に発生している。とくに基壇では，大運河の景色を眺めたり休憩する人だけでなく，ピアニカを演奏する人がみられるなど，都市における舞台装置としての機能を十分に発揮している。

▶ 3.4.3　サンタ・シアラ運河通り（図3.4.3）

サンタ・シアラ運河通りは，ピッコロ広場の前を通り，そのまま西方向，ローマ広場方向に進む。「サンタ・シアラ運河：クローチェ運河通りより，北西にラグーナを望む」（第2部絵画3.2.12）に描かれたクローチェ運河通りで，当時はこの近傍までは十分には整備されていなかったし，北方向は広大なラグーナを見る景観であった。

(1) 空間構成

この通りは，大運河の北西端に位置する運河通りである（長さ220m）。現在この周辺は，ロー

写真◇3.4.2　ピッコロ広場

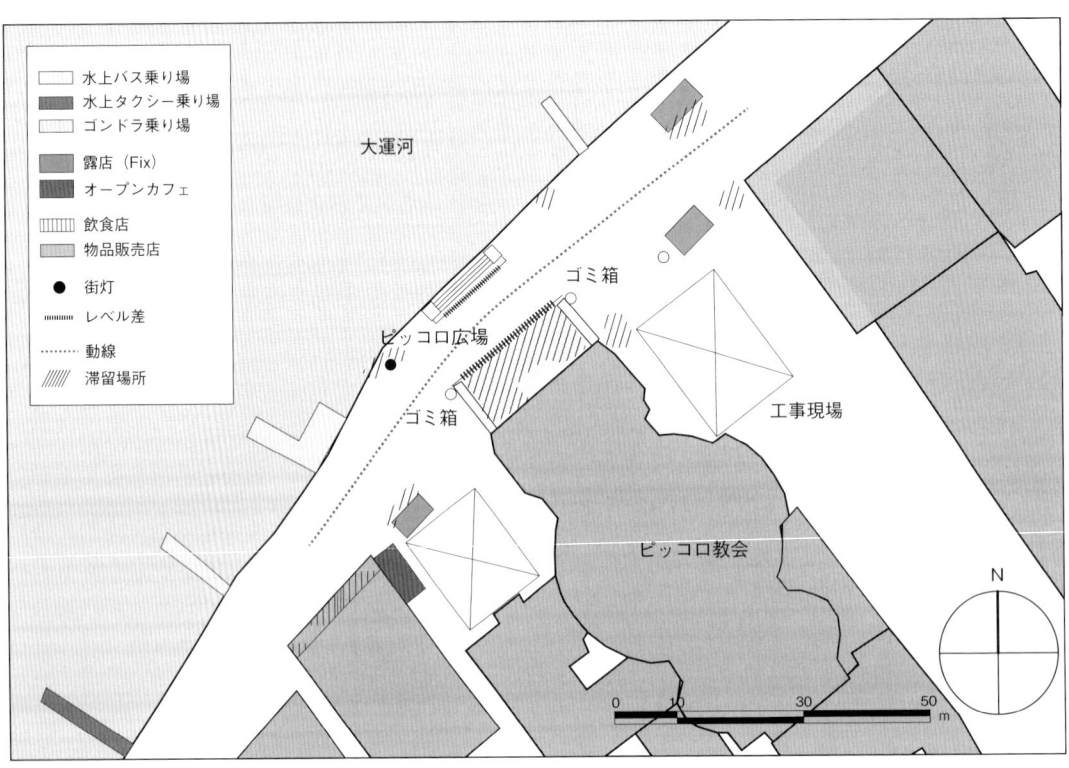

図◇3.4.2　ピッコロ広場

第 3 章　運河空間の水際線

マ広場のバスターミナルなどの交通結節点となっている。クローチェ橋からクローチェ通りの最先端までである。現在，バスターミナルと対岸のサンタ・ルチーア駅を結ぶ第4番目の橋コスティトゥツィオーネ橋が完成している。

　この運河通りには，露店は1店舗存在する。オープンカフェも1店存在しているが，全部で7席の小規模なものである。ここは通りの一番幅員の狭いところに，テーブルと椅子を設置しただけの簡単なものであり，前方には通行客が行き来してる。

　水上交通の施設は，水上バスの停留所が3箇所に分散，水上タクシーの桟橋は9本とかなり多く，交通の一大拠点であり交通量も多い。

(2)　人の流れ

　人の流れをみると，ローマ広場のバスターミナルから水上バス停への流れ，スカルツィ橋からローマ広場への流れ，それにサンタ・シアラ運河通りの北西部と南東の橋（ヌボー運河に架かる橋）を結ぶ流れが，主な動線となっていた。現在では，ローマ広場から直接コスティトゥツィオーネ橋を渡り，サンタ・ルチーア駅へ向かう人の流れが主となっている。滞留場所は，水上バスの停留所，水上タクシーの桟橋付近で圧倒的に多い。これらの場所での滞留行動のほとんどは，水上バス待ちである。

　その他では，サンタ・シアラ通り東端の橋の袂で滞留行動が多い。この橋の袂からは，サンタ・シアラ運河通りの先端までよく望むことができる。

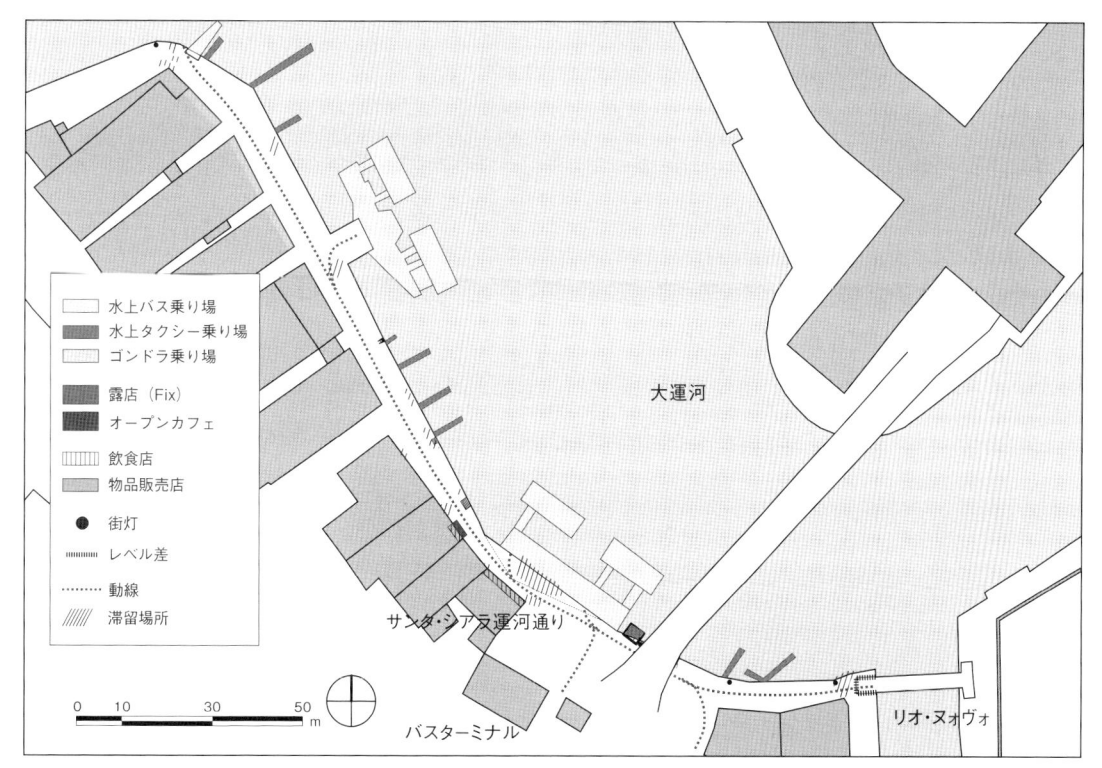

写真◇3.4.3　サンタ・シアラ運河通り

図◇3.4.3　サンタ・シアラ運河通り

第3部 広場と運河の空間構成

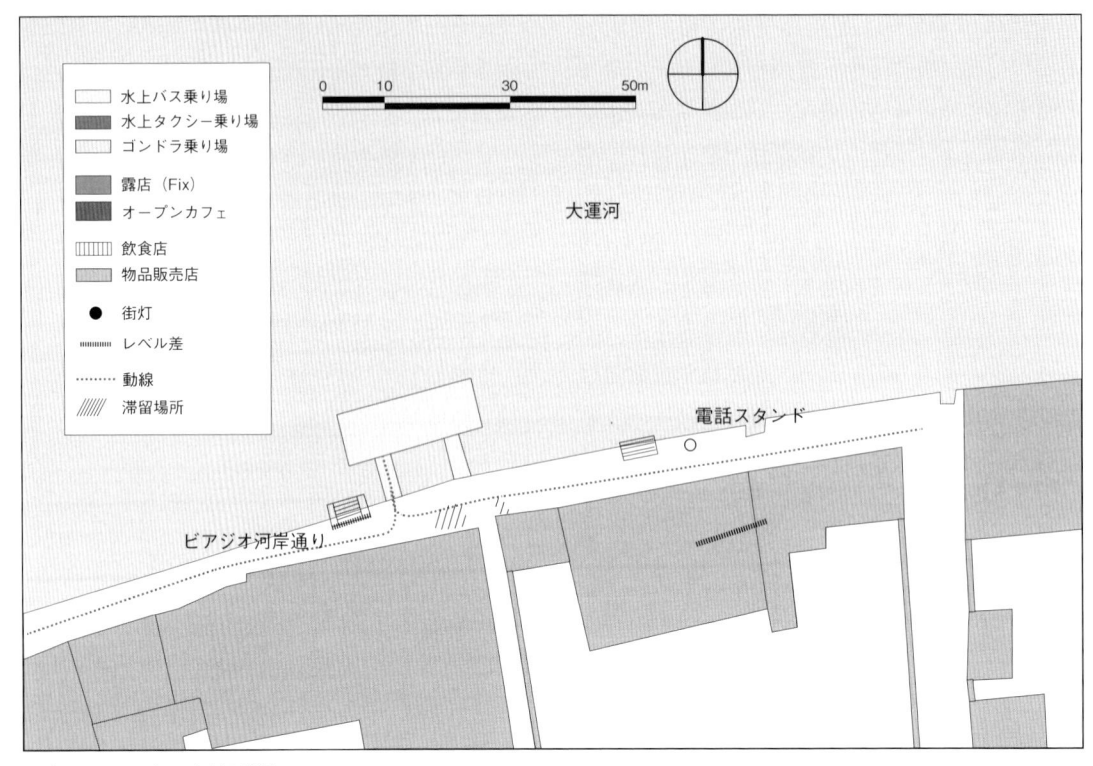

図◇3.4.4 ビアジオ河岸通り

▶ 3.4.4 ビアジオ河岸通り（図3.4.4）

ビアジオ河岸通りは，おそらく観光客が訪れたこともない通りであろう。カンナレージョ運河のちょうど対岸にこの通りはあり，カナレットの絵画に導かれて見出した通りである。

この通りに，絵画3.3.3「サン・ジェレミーア教会とカンナレージョへの入り口」のカンナレージョ運河を見る視点場が位置しており，カンナレージョ運河と大運河の結節点に位置する。この場所は，サン・ジェレミーア教会を見ることのできる最適の視点場である。

(1) 空間構成

運河沿いの通りで，長さ約170m，幅員2.8m，片側は建物群である。ここでの大運河幅員は約64m。露店やオープンカフェは存在せず，比較的閑散とした印象である。唯一電話スタンドがこの通りの装置である。

写真◇3.4.4 ビアジオ河岸通り

水上交通の施設は，水上バスの停留所が2箇所あるだけで，水上タクシーその他の施設は存在しない。ただカンナレージョ運河を通る水上バスは，ここのバス停にしか止まらない。

(2) 人の流れ

人の流れをみると，水上バス停からビアジオ河岸通りの西方向，それに東方向の街路を結ぶ動線となっており，滞留場所も停留所付近にしか存在しない。滞留行動の内容は，ほとんどが水上バス待ちである。観光客は見かけず，水上バスを利用する人の動線が中心で，ほとんどが

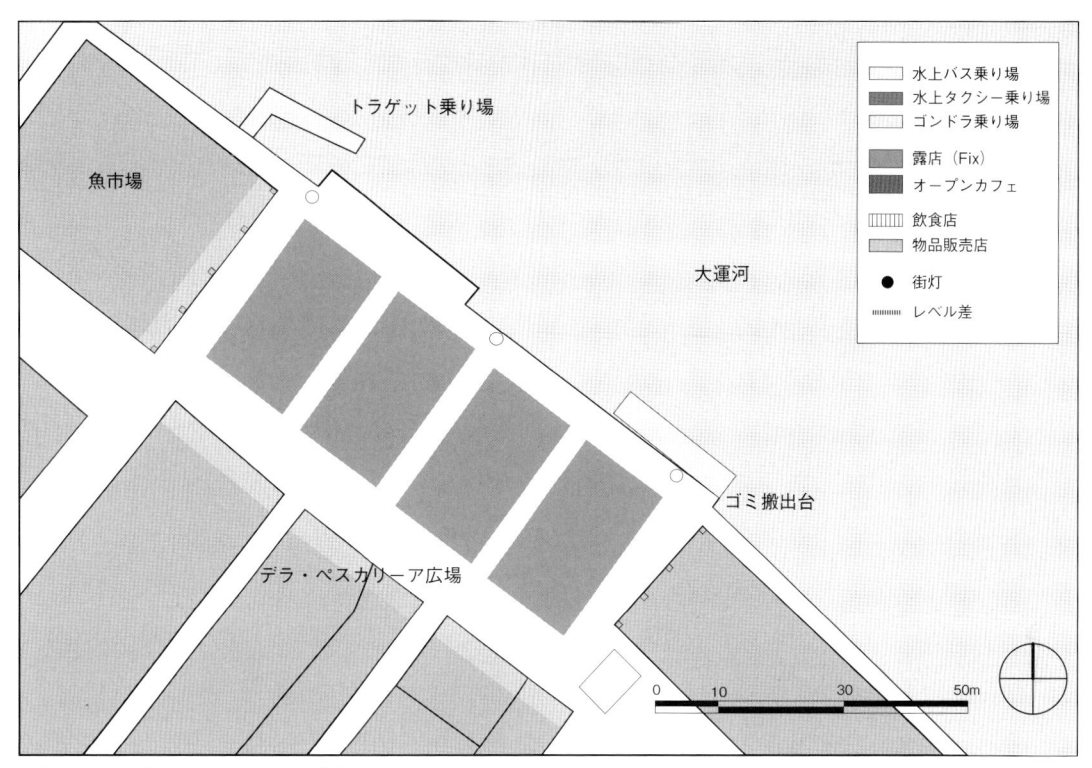

図◇3.4.5　デラ・ペスカリーア広場

住宅地へと消えていく。乗降客は少ない。

▶ 3.4.5　デラ・ペスカリーア広場（図3.4.5）

この広場はリアルト橋の近傍にあり，「大運河：サンタ・ソフィア広場より，南東にリアルト橋を望む」（第2部絵画3.3.4）に，市場で混雑している様子が描かれている対岸の広場である。絵画に描かれた頃から現在にいたるまで，市場として使用されているカンポである。

(1) 空間構成

この広場は，約1 097m^{2}の面積である。広場には，仮設テントの屋根が4棟設けられて，野菜や果物の市場となっている。北側は魚市場，南西部の建物では肉類も販売され，午前中は，買い物客などでごった返す。地元の住民のみならず観光客も訪れる。ここにはオープンカフェ

写真◇3.4.5　デラ・ペスカリーア広場

は設けられていない。これらの店舗は午後には閉鎖，午後2時過ぎには商品はきれいに後片付けされ，商品台だけが残されている。

(2) 人の流れ

4棟の屋根付市場とその周囲は，買い物客で埋め尽くされ大混雑する。多分にカナレットの時代と，同じであろう。運河沿いでは，商品の搬入と同時にゴミの搬出も行われ，運搬船が，横付けされひっきりなしに出入りしている。近年は，スーパーマーケットの立地の影響で，客足はやや少なくなる傾向にあり，店舗もやや少

なくなった。

ただ午後2時過ぎには閑散となり、人の姿は見かけない。

▶ 3.4.6　エルベリア広場（図3.4.6）

この広場もリアルト橋近傍にあり、運河に面した三角状の広場である。「大運河：北より望むリアルト橋」（第2部絵画3.3.5）、「大運河：リアルト橋とともに北から望む」（絵画3.3.6）、「ファッブリケ・ヌオーヴォでの大運河」（絵画3.2.8）において、対岸側から描かれ、当時はゴンドラや貨物船の船着場であった。

(1) 空間構成

この広場は、ファッブリケ・ヌーヴォ（新役所）とファッブリケ・ベッキオ（旧役所）に囲まれ、大運河に面する三角形状の広場（面積952m^2）である。新旧役所側の建物の1階はポルティコで構成されている。

露店は一切存在しない。オープンカフェは2店。座席数は、計48席であり、比較的規模は大きい。この広場では、露店が水際に存在しないかわりに、水際は段状の護岸となり、親水性の高い空間となっている。水上交通の施設はこの広場に存在しない（最近水上バス停が設置された）。唯一、広場の北端に運搬船の船着き場が存在するのみである。時々ゴンドラが止まり、客を勧誘する姿を見かける。

(2) 人の流れ

利用動線を見ると、水際空間とオープンカ

写真◇3.4.6　エルベリア広場

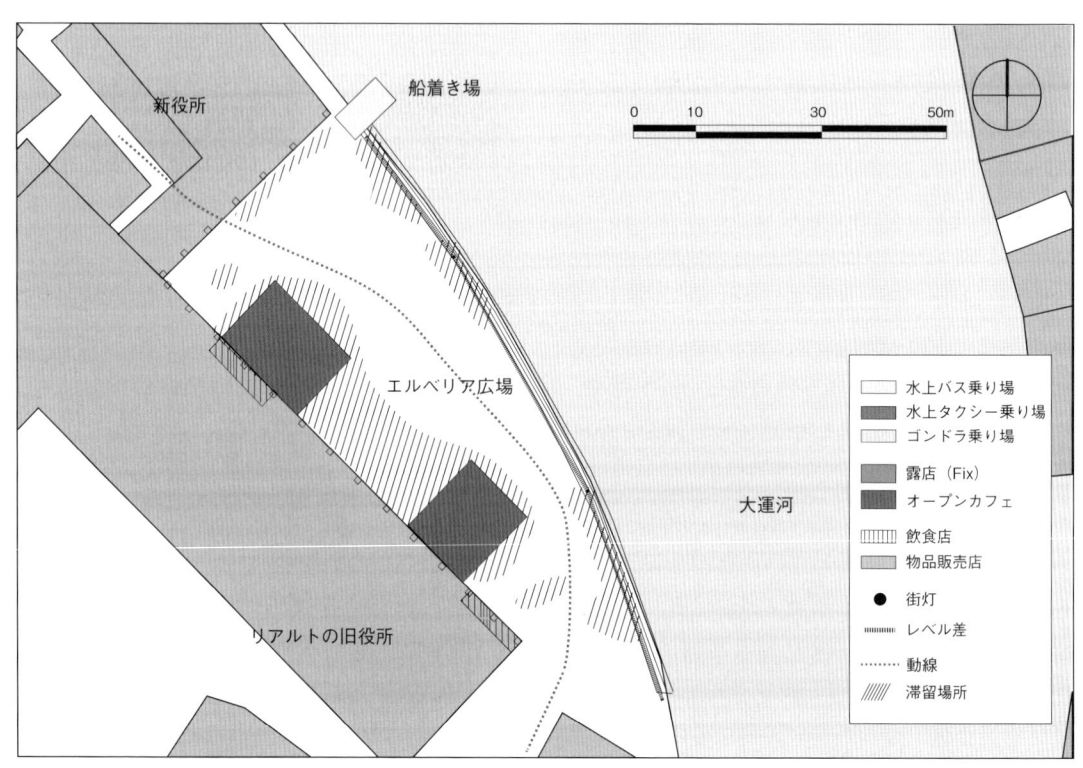

図◇3.4.6　エルベリア広場

第3章　運河空間の水際線

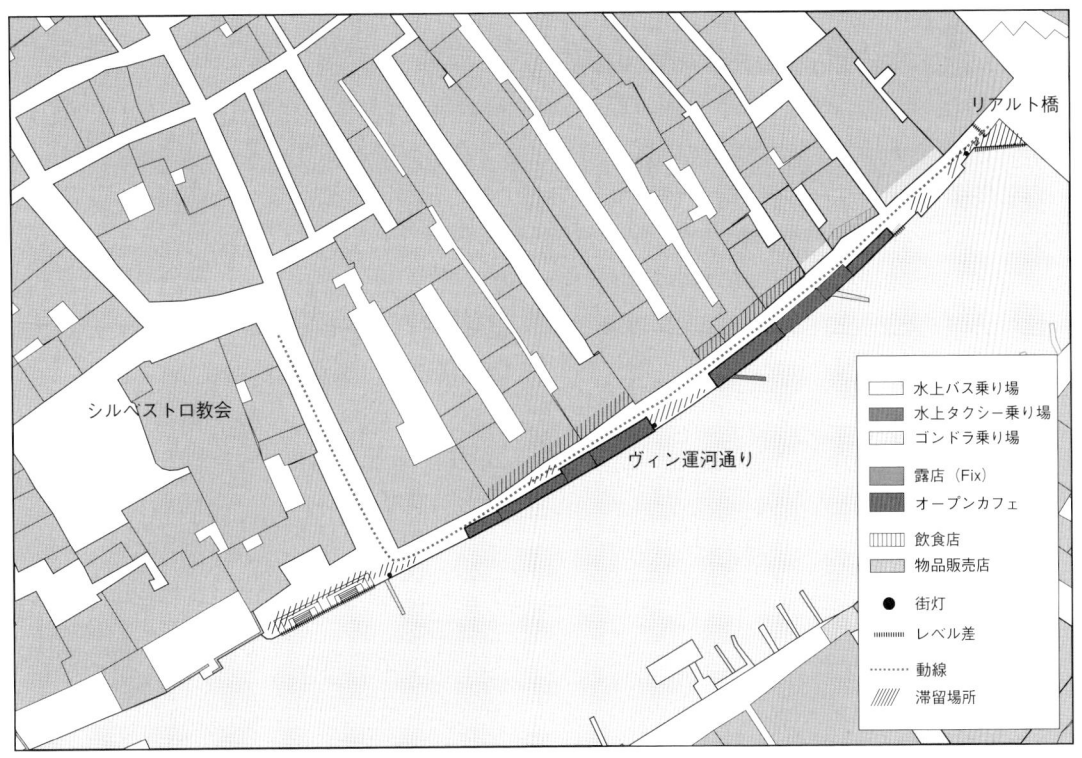

図◇3.4.7　ヴィン運河通り

凡例：
- 水上バス乗り場
- 水上タクシー乗り場
- ゴンドラ乗り場
- 露店（Fix）
- オープンカフェ
- 飲食店
- 物品販売店
- ● 街灯
- レベル差
- 動線
- 滞留場所

写真◇3.4.7　ヴィン運河通り

フェの間を縫うように人々は，移動している。滞留行動は，オープンカフェのまわりと，水際空間の一部で発生する。隣接しているペスカリーナ広場の混雑に比べて，やや静かである。

なお，調査中には，オープンカフェの付近で200人規模の結婚式の披露パーティが催され，バンドも入り，後にはダンスも繰り広げられた。単なる広場ではなく，対岸から見られる舞台ともなっていた。隣接したオープンカフェで談笑している観光客も，それを楽しんでいる。

段差のある水辺では，ゴンドラに乗る人を勧誘している青年の声が響き，また腰をおろして休憩，食事をする観光客も多い。

▶ 3.4.7　ヴィン運河通り（図 3.4.7）

この通りは，「大運河：リアルト橋より，南西にフォスカリ邸を望む」（第2部絵画 3.3.6）に描かれた通りで，大運河上には，最も多い船舶が描きこまれ，当時の混雑した様子が描かれた。もともとこのヴィン運河通りは，ワイン樽を搬入する船舶の係留地点であって，そのために「ヴィン」運河通りの名称が残った。また，パドヴァから帰還するブルケッロの終着地であった。

(1)　空間構成

リアルト橋の南側に位置し，約190mの長さの運河通りである。

オープンカフェは8店も運営され，いずれも運河沿いの狭い通りに設置されているのが最大

第3部 広場と運河の空間構成

の特徴。距離の長いそして狭い通りが，このオープンカフェによって占められている。露店は小規模で絵画を売る店の1店のみで，オープンカフェの間に，かろうじて空間を確保している。

水上交通の施設をみると，ゴンドラ乗り場が2箇所，水上タクシーの桟橋が1箇所設けられているだけである。カナレットが描いた当時の船舶の混み方はなく，対岸のフェロー河岸通りに水上交通の拠点は移されている。

(2) 人の流れ

人の主な流れは，リアルト橋とヴィン運河通りの南端を結ぶ線上で，オープンカフェの間を通り抜けていく。

人の滞留は，おもにリアルト橋のたもとの階段部分，ヴィン運河通りの南端の護岸部分，オープンカフェの間などに発生している。ここは観光客で終日混雑している。この混み方は，カナレットの時代と同様である。

▶ 3.4.8 フェロー河岸通り（図 3.4.8）

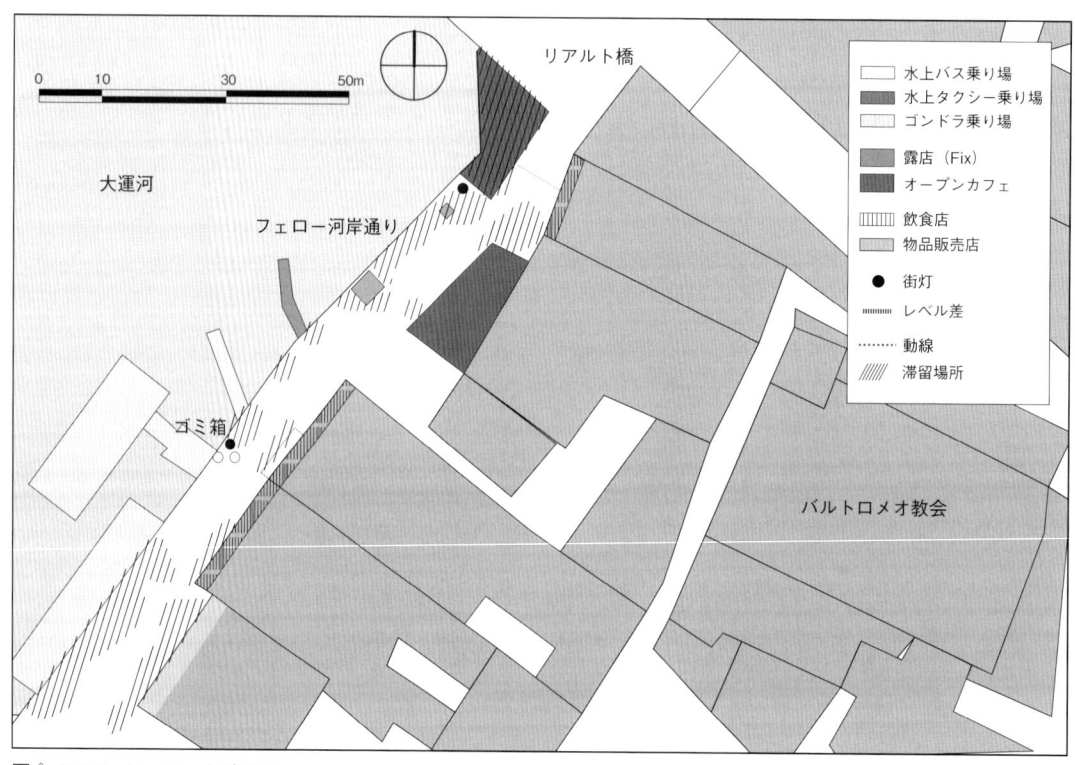

フェロー河岸通りは，「大運河：リアルト橋より，南西にフォスカリ邸を望む」（第2部絵画 3.3.7），「南より望むリアルト橋」（第2部絵画 3.2.7）において描かれた。かつてフェロー（鉄）が船舶で搬入されていた係留地であって，その「フェロー」という名称が残った。

(1) 空間構成

リアルト橋の南側に位置する先のヴィン運河

写真◇3.4.8　フェロー河岸通り

図◇3.4.8　フェロー河岸通り

第3章 運河空間の水際線

通りの対岸の通りで，辻広場的な不整形な通りである。長さは約100m。

この通りには露店は2店があり，1店は土産品屋，もう1店は絵画を売る比較的小規模なものである。オープンカフェは2店で運営され，1店は店舗の横で通りに沿っており，もう1店は橋のたもとの三角形状の空間に位置し，魅力的な空間構成である。座席数は，計77席と多い。

水上交通の施設を見てみると，水上バスの停留所が2箇所にわかれ，水上タクシーの桟橋が1箇所，ゴンドラ乗り場が1箇所で，この通りは，大運河の中でも水上交通の大結節点である。

(2) 人の流れ

人の主な流れは，リアルト橋から水上バス停を経て，フェロー河岸通りの南北を結ぶ線上にある。ここは，終日観光客で混み合う。

滞留行動は，水上バスの停留所付近でのバス待ちや，露店での買い物客，またリアルト橋を眺めたり写真におさめたりする行為も見られ，実に多様な行動が見られる。この通りもカナレットが描いた当時と同じ賑わいである。

▶ **3.4.9 デラ・カリタ広場（図3.4.9）**

カリタ広場は，現在のアカデミア美術館の前の広場である。この広場は，「大運河：サンタ・マリア・デラ・カリタよりサン・マルコ湾を望む」（第2部絵画3.3.9）において，運河沿いに広がるテラス状の広場として描かれた。

写真◇3.4.9 デラ・カリタ広場

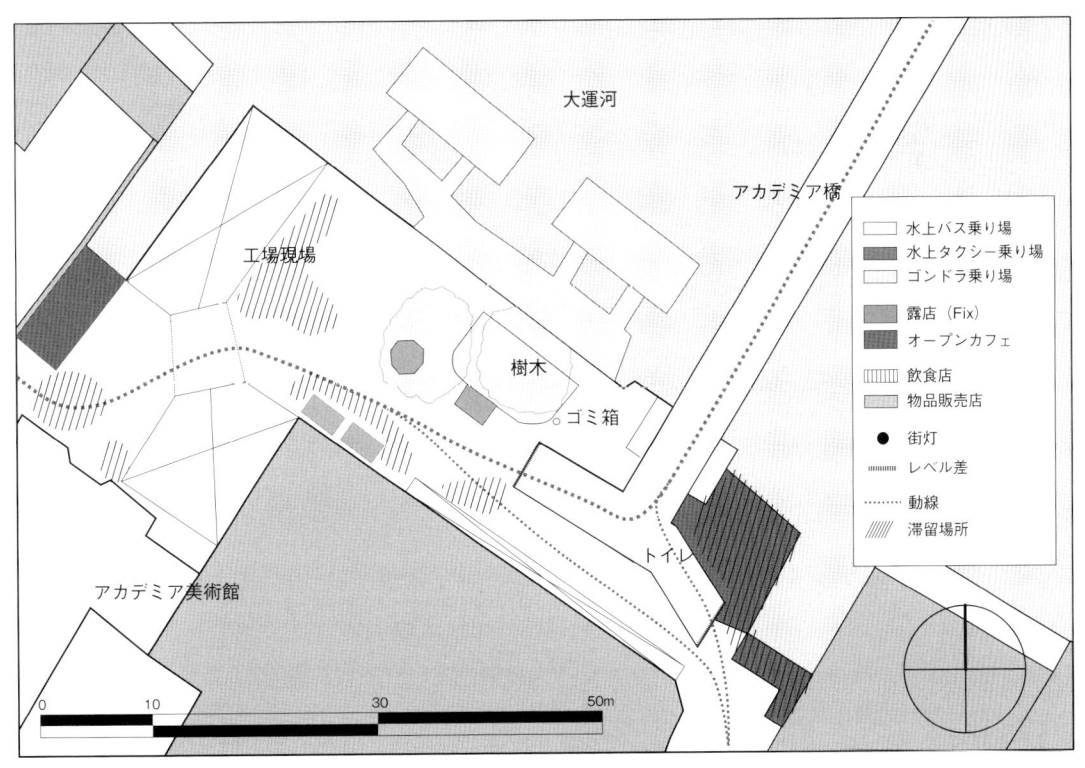

図◇3.4.9 デラ・カリタ広場

第3部　広場と運河の空間構成

(1) 空間構成

現在は，アカデミア橋が架かり，広場も狭くなり，絵画が描かれた当時とは様相が異なる。なお，調査期間中は，この広場も工事中で囲いがあった。橋上から見下ろすカリタ広場は，アカデミア美術館のエントランスとして機能しているようで，いつも混雑している。広場の面積は1 503m^{2}である。

この狭い広場に露店と仮設店舗がそれぞれ2店ずつ存在している。いずれも広場の中心近くに設けられている。また，橋の階段の下にはトイレがある。オープンカフェは，2店，計78席。1店は美術館付近，1店は橋のたもとの運河沿いの空間。フェロー河岸通りと同様に，橋のたもとはオープンカフェとして利用されることが多い。水上バス停が1箇所存在する。

(2) 人の流れ

人の主な流れをみると，アカデミア橋と広場に隣接するアカデミア美術館とを結ぶ線上に動線が存在している。一部は南東部のアントニオ・フォスカリニ通りに流れる。

滞留場所は，広場にある露店の周辺，アカデミア美術館の建物入り口付近，工事囲いの周辺などで，昼食時のオープンカフェはいつも満席である。

▶ 3.4.10　デラ・サルーテ広場
（図3.4.10）

この広場は，大運河入り口に位置するサルーテ教会前の広場である。

写真◇ 3.4.10　デラ・サルーテ広場

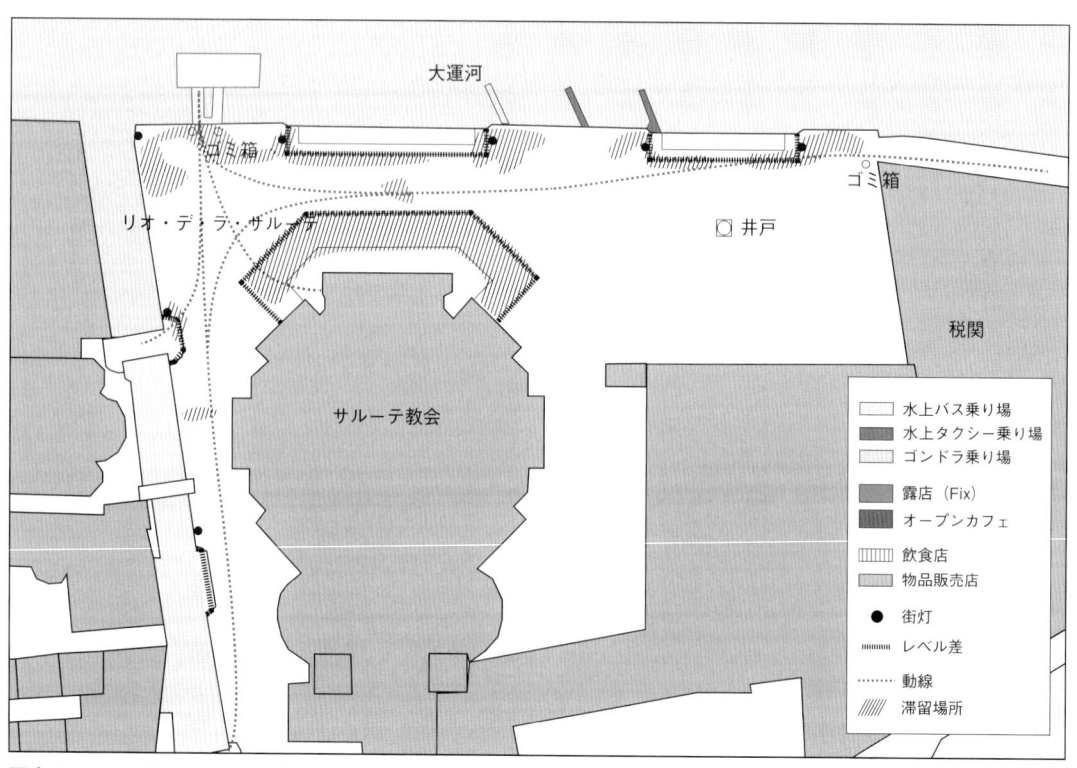

図◇ 3.4.10　デラ・サルーテ広場

「大運河への入り口：東を望む」（第 2 部絵画 3.3.11），「大運河への入り口：サンタ・マリア・デラ・サルーテより東を望む」（第 2 部絵画 3.3.12）に描かれたサルーテ教会前のカンポ広場で，当時とまったくおなじ光景をうることができる。

(1) 空間構成

教会前の基壇は，広場に面しており，一部は運河際まで，東方向は税関舎の壁際まで伸びたレベル差の大きい空間である。広場から見る教会は，眼前にそびえている。

この広場には，露店やオープンカフェはない。教会正面の基壇から水際の護岸まで，空間的に一体となっており，階段のところに腰をおろして休憩している多くの観光客は，教会に抱かれているように見える。この広場の面積は 3 847m^2，大運河に面した広場の中では最も大きい。

水上交通の施設は，水上バスの停留所が 1 箇所，水上タクシーの桟橋が 2 箇所，ゴンドラ乗り場が 1 箇所存在しており，このことから水上交通の要所とも言える。

(2) 人の流れ

主な人の流れをみると，水上バスの停留所とサルーテ教会の入り口を結ぶ線上に，またアバツイ通りと教会入り口を結ぶ線上にある。滞留行動は，主に水上バスの停留所，段状の護岸と教会の基壇，橋のたもとである。

大運河の入り口に建つ教会周辺は，当時は税関舎も隣接しており，船舶で混み合っていた。

▶ 3.4.11 水際線の施設の占有 （表 3.4.1）

今まで見てきた大運河沿いの水際線の利用は，主としてオープンカフェ等の店舗であった。水際線に対してこれら施設の占有状況を見ると，平均で 32％，水際線の 1/3 程度は，これらの施設に占有されている。

水際に施設の占有がないオープンスペースは，水際線に視線をさえぎるものがないのであるから，対岸からの，あるいは，大運河を通る船中からの視対象となる。

一方水際線での水上バス停，水上タクシー乗り場，ゴンドラ乗り場などの水上交通施設の占有率は，5 割前後と多い。

水際の空間を占有しつつ，オープンカフェのように水際の景色を楽しむ空間や，水上バスの停留所のようなアプローチ空間，あるいはオープンな場合は，視対象として利用されているのである。

▶ 3.4.12 街路や広場内の施設の分布と利用

街路，広場の空間構成をまとめておこう。調査対象地で確認された主な装置を，表 3.4.2 に示した。

(1) 階段・レベル差

街路，広場での階段・レベル差は，運河沿いにある船着場（写真 3.4.11），建物周りの玄関・回廊基壇（写真 3.4.12），それに橋基壇（写真 3.4.13）の 3 つの場所にある。いずれの場所でも，腰をおろして運河を眺めながら休憩する人，あるいは食事を取っている人を見かける。カナレットが描いた当時と類似している。

(2) 水上からのアプローチ施設

水際のオープンスペースの特性の一つは，水上からのアクセスが可能であるということである。水上バス（写真 3.4.14），ゴンドラ，水上タクシー（写真 3.4.15）の停留所や乗り場が，運河沿いの街路や広場の各所に設けられている。人はそこでバスを待ち，やがてそれに乗

第 3 部　広場と運河の空間構成

表◇3.4.1　水際線の占有状況

分類	街路・広場 名称	空間データ 接水長さ(m)	交通施設長さ(m) 水上バス停留所	ゴンドラ乗り場	水上タクシー乗り場	店舗(m) 露店・仮設店舗	オープンカフェ	レベル差(m) 構造的船着場	利用率
街路	サンタ・シアラ運河通り	229.8	42.1 (3)		10.8 (9)	3.5 (1)		1.4	24.5%
	ビアジオ河岸通り	90.1	7.9 (1)					6.5	8.8%
	ヴィン運河通り	206.7				1 (1)	97.4 (8)	35.4	47.6%
	フェロー河岸通り	78.1	32.8 (2)	1.6 (1)	1 (1)	3.3 (2)	11.8 (1)	9.2	64.7%
広場	ピッコロ広場	47.9		5.5 (2)		4.3 (1)		6.1	20.5%
	スカルツィ広場	49.6	2.3 (1)	2.2 (1)	4.6 (2)	12.7 (4)	3.7 (1)		51.4%
	デラ・ペスカリーナ広場							20.1	
	エルペリア広場	65.9						58.2	0.0%
	デラ・カリタ広場	98.9	22.2 (1)				30.1 (3)		52.9%
	デラ・サルーテ広場	191.3	4.4 (1)	1 (1)	3.3 (2)			61.7	4.5%

表◇3.4.2　各街路・広場の空間構成

分類	街路・広場 名称	空間データ 幅員(m)・隣接面積(m²)	隣接街路数	階段・レベル差 構造的船付場	玄関・回廊基壇	橋基壇	交通施設 水上バス停留所	ゴンドラ乗り場	水上タクシー乗り場	店舗 露店・キオスク	仮設店舗	オープンカフェ(座席数)	交通量 平均交通量(人/分)
街路	サンタ・シアラ運河通り	6.2	5		○		○(3)		○(9)	○(1)		○(7)	21.0
	ヴィン運河通り	7.0	4					○(2)	○(1)	○(1)	○(1)	○(297)	23.1
	フェロー河岸通り	5.2	4	○	○		○(2)	○(1)	○(1)	○(2)		○(77)	44.7
広場	ピッコロ広場	967.0	3	○	○			○(2)		○(3)		○(17)	31.6
	スカルツィ広場	838.4	3				○(1)	○(1)	○(2)	○(4)		○(44)	77.2
	デラ・ペスカリーナ広場	1 097.0	5	○						○(4・市場)			14.5
	エルペリア広場	952.3	3		○	○						○(48)	10.4
	デラ・カリタ広場	1 503.0	4			○	○(1)			○(1)	○(3)	○(78)	33.7
	デラ・サルーテ広場	3 847.0	4	○	○	○	○(1)	○(1)	○(2)				10.6

人の流れの起点となる。

(3)　店　舗

　運河沿い街路や広場には，露店・キオスク，仮設店舗，オープンカフェが立地し，運河沿いに華やかさを与えている。

　露店・キオスクは，午前中に店舗の準備を行い，午後にわたって営業を行う。これは 6 地点で見出すことが出来た。

　仮設店舗は，午前中に広場にやって来て店舗の準備を行い，午後にわたって営業している。

夕方 5 時を過ぎると，片付けていなくなる。3 地点の街路，広場で確認された。

　オープンカフェは主に，広場や街路沿いに運営している飲食店やカフェが路上に展開・営業している。これらの規模はさまざまであり，座席数は，7 席から多いもので 297 席にわたる。

3.5　街路・広場の歩行者交通量

　次に，街路，広場での朝 9 時から夕方 16 時

第3章 運河空間の水際線

写真◇3.4.11 構造的船着場
写真◇3.4.12 玄関・回廊基壇
写真◇3.4.13 橋基壇

までの人の交通量を示しておこう。

▶ 3.5.1 各調査対象地の交通量

最も交通量の多い場所は、スカルツィ広場前で平均で約770人/10分、ついでフェロー河岸通りで450人/10分、ついで、カリタ広場、ピッコロ広場前で330〜340人/10分となっている（図3.5.1）。

この調査の結果を見ると、サンタ・ルチーア駅とローマ広場からの交通、商業中心のリアルト橋周辺の交通、それにアカデミア橋周辺の交通量の多さが実感できる。

時間的変化を見ると、フェロー河岸通りとカリタ広場では、9時から16時へと時間が経過するにつれて、歩行者交通量は増えている。スカルツィ広場では、他に比べて相対的に交通量は多いものの、13時台でやや交通量が少なくなっている。これは、駅前広場の特徴か。その他の街路、広場では、時間による交通量の変化は比較的少ない。

▶ 3.5.2 オープンカフェの利用率

調査した街路、広場で運営されていたオープンカフェの利用率を時刻ごとに求めてみた（図3.5.2）。全体的に見ると、13時台にピークを迎えているものが多く、良く利用されている。ヴィン運河通りとデラ・カリタ広場では昼食時

写真◇3.4.14 水上バスの停留所

写真◇3.4.15 水上タクシー乗り場

間帯で100％を記録している。そのほかの街路、広場でも、ピッコロ広場を除いて、利用率が高いときには、60％を超えている。

スカルツィ広場では16時台に最も利用率が高くなり、サンタ・シアラ運河通りでは15時台に最も利用率が高くなっている。

ピッコロ広場では、オープンカフェは利用されていないが、これは調査時にオープンカフェのすぐ前面で工事が行われていたことによる。

第3部　広場と運河の空間構成

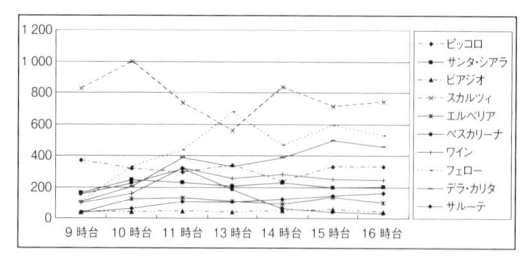

図◇ 3.5.1　歩行者交通量

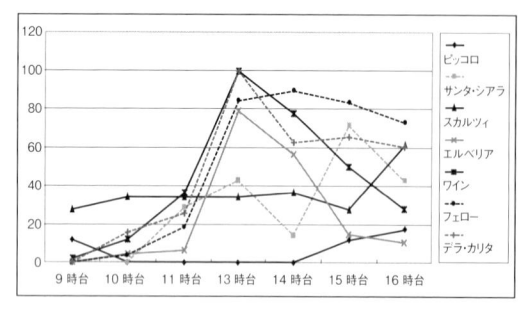

図◇ 3.5.2　オープンカフェの利用率

3.6　運河沿い街路や広場の空間構成

以上の結果を，まとめておく。

1)　絵画に主に描かれた運河沿いの広場，街路は，一部は水上の交通施設，一部はオープンカフェによって占有され，今日でも活動的な空間である。

2)　運河沿いの街路や広場での人々の主な行動は，つまるところは観光客の「休憩」である。教会の階段などに腰を下ろして，あるいはオープンカフェで運河の景色を眺めつつ休憩する人の姿を多く見かけるし，視点場としての利用が，運河沿いのオープンスペースの一つの特徴である。

3)　滞留行動が起こっている場所は，① レベル差のある空間，② 運河沿い店舗付近，③ 水上からのアプローチ施設付近である。

4)　運河沿いの広場や街路は，水上交通の拠点となり，水上バスの乗降客が，陸地へあるいは運河へと流れる。つまり大運河沿いの水上交通施設が，行動の起点になっている。

5)　運河沿いの人の流れは，サンタ・ルチーア駅周辺，リアルト橋周辺，それにアカデミア橋周辺で多いこと，またその周辺のオープンカフェ利用率は高く，よく活用されていることがわかった。

◎参考文献

1)　Daniele Resini：Venice, The Grand Canal, Grafiehe Vianello Libri, 2005
2)　森慎太郎：ヴェネツィアの「絵になる」運河景観に関する研究，九大大学院修士論文，2006
3)　Michael Levey：Painting in Eighteenth Century Venice, Yale University Press，1994
4)　Venice Portrait D'Une Ville-Atlas Aerien-, Gallimard，1990
5)　Alberto Cottino：Canaletto, Pockets Electa, Milan，1996
6)　Alberto Manodori：Venice-as it once was photographic memories, Fratelli Palombi Editori, 2000
7)　Calli, Campielli e Canali, Edizioni Helvetia, 1989
8)　Givanna Nepi Scire：Canaletto's Sketchbook, Canal & Stamperia Editrice，1997
9)　Umberto Franzoni：Palaces and Churches on the Grand Canal in Venice, Storti Edizioni, 1999

第4章　描かれた景観デザインの解読

　今まで取り上げてきたカナレットの絵画の中には，今日でも十分に活用できる「デザイン手法」が描かれている。

4.1　視点場や視対象としての段差・階段

　ヴェネツィアという都市には，さまざまな空間的な工夫が見られる。

　カナレットが描く際に視点場や視対象として利用した知恵の1つに，階段・段差・レベル差である。カナレットは，これらヴェネツィアのさまざまな階段やレベル差を，構図の一部に印象深く取り入れている。

　ヴェネツィアにおける段差は，大きく5つに分けることができる。階段状の護岸の「段状護岸」，広場や街路がそのまま船着場になる「構造的船着場」，そして「アーチ橋」，「建築物の玄関・基壇」，「モニュメント・井戸の基壇」などの段差である。何故「構造的船着場」を取り上げているかというと，大運河上には杭を立てただけの船着場も，多く存在し，その違いを浮かび上がらせるためである。

　このうち「構造的船着場」は，さらに4パターンに分類できる。船着場の平面の形状（凹型であるか凸型であるか）と，水際へのアプローチ方向（直交であるか平行であるか）との関係で表される。分類A（平面：凸形，アプローチ：直角），分類B（平面：凹形，アプローチ：直角），分類C（平面形態：凸型，アプローチ：平行）と分類D（平面形態：凹型，アプローチ：平行）

とおくと，分類C，分類Dは，絵画中に発見できないので，その平面図のみを図4.1に示している。

　1日2回の潮の干満があり，この干満の差に対応するように階段状の装置が，いたるところに設置されている。それを転用する知恵が，カナレットによって描かれた絵画により，読み取れるのである。もちろん私たちは，今日でも見出しうる（図4.2参照）。

▶ 4.1.1　段状護岸

　この段状になった護岸は，モーロ河岸やスキャヴォーニ河岸，リアルト地区のエルベリア広場等の大規模な広場や広幅員の街路上に存在している。これは，帯状に連続する大規模な船着場であり，また，親水性に富んだベンチとして腰を下ろすこともできる。

　図4.2（a）にあげる例は，モーロ河岸通りである。河岸通りの幅員は，30m前後であり，ここに全長95.8mほどの階段があり，踏み面35cm，蹴上げ17cmで，段数5段ほどの段状護岸が設けられている。この通りは，人通りも多く賑やかな空間となっている。

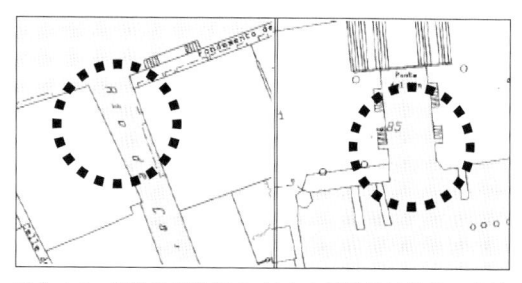

図◇4.1　構造的船着場C（左）と構造的船着場D（右）

第 3 部　広場と運河の空間構成

絵画内では「モロー河岸」のような，段状護岸の軸線方向が描かれている。添景となる人物は，付近で立ち話をする行為や，段差に腰掛けて談笑する行為，船を着ける行為等が描かれている。

▶ **4.1.2　構造的船着場 A**

これは，主に大規模邸宅の水上からの玄関として存在している。ヴェネツィアのほとんどの邸宅は，運河側と陸側の2つの出入口を持つ。今日ではその主従関係は入れ替わったが，ほぼ完全な形で当時のまま残っているものも多い。

図 4.2(b) に挙げる例は，大運河沿いに位置する「コルネール邸」の船着場であり，運河への張り出しが 6.8m，幅が 13.6m である。八角形を半分切り取った形であり，全周にわたり段差が設けられている。これによって，どのよう

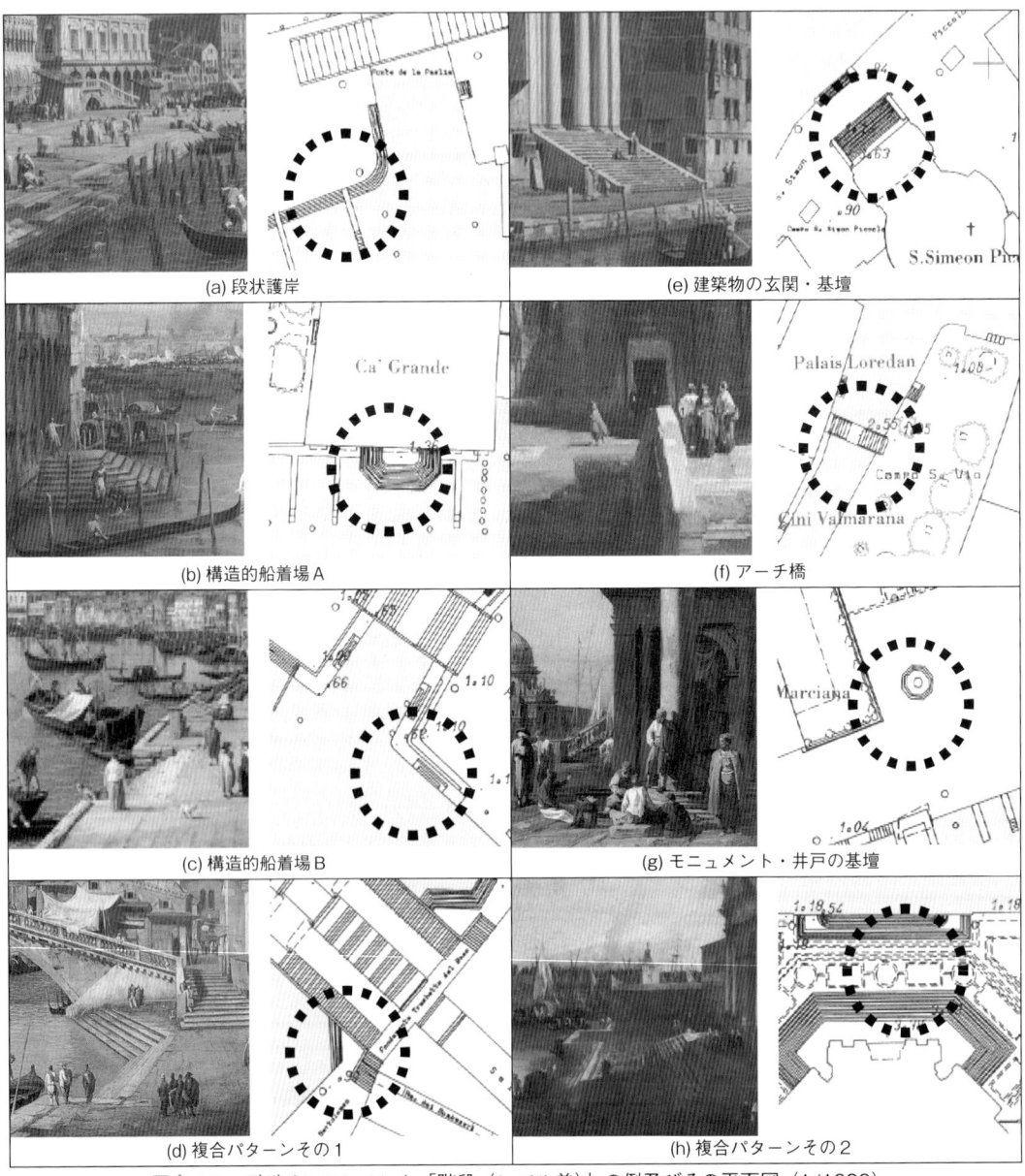

図◇4.2　デザインエレメント「階段（レベル差）」の例及びその平面図（1/1000）

(a) 段状護岸
(b) 構造的船着場 A
(c) 構造的船着場 B
(d) 複合パターンその 1
(e) 建築物の玄関・基壇
(f) アーチ橋
(g) モニュメント・井戸の基壇
(h) 複合パターンその 2

な角度に船を着けても，舳先に対して直角にアプローチすることができる。

絵画中では，正面から描かれることは少ない。また，多くの場合，人物が，添景として描かれている。コルネール邸の場合は，最上段から指示を出す様子，水際に寄り洗濯もしくは水を汲む様子，船を着ける様子が描かれている。

▶ 4.1.3　構造的船着場 B

主に小・中規模のカンポ（広場）や，リバ（河岸通り），フォンダメンタ（運河通り）等の街路上に存在している。これは，4パターンの船着場の分類の内，最も多く描かれるので，積石法にもさまざまなバリエーションが存在している。

図4.2（c）に挙げる例は，「スキャヴォーニ河岸通り」上のもので，運河からの引き込みが2.1m，幅が6.4mとなっている。

絵画中では，これも正面から描かれることは少ない。機能的には船着場であるが，腰掛け，休憩や，船を着ける行為，荷揚げを行う行為等が描かれている。

▶ 4.1.4　建築物の玄関・基壇

エントランス部の階段構成が明瞭なのは，教会等のシンボリックな公共建築の場合である。高い基壇の上に建築物を配することによって，教会から登場してくる人物が対岸を見渡す様子など，舞台としての機能をカナレットは表現している。

図4.2（e）に挙げる例は，「サン・シメオーネ・ピッコロ教会」の表玄関である。街路方向への張り出しが5.6m，幅が12.3m，街路面から最頂部までの高さが2.8mとなっている。この絵画には，腰を下ろし運河を俯瞰しながら休息・会話する様子が描かれている。

▶ 4.1.5　アーチ橋

ヴェネツィアに存在するすべての橋は，アーチ橋である。一般的な小運河に架かる橋の柱間は，おおむね10m以下，水面からの高さは約2.2m，手摺の高さは0.9m程度，段数はおおむね10〜13段である。その幅員は，さまざまであり，柱間より遥かに大きい幅員の「橋」も存在する。また，リアルト橋を始め，大運河に架かる橋は交通上の機能や，視点場としての機能を果たすだけでなく，それ自体が視対象としての役割を持つ。

「運河は橋から望むことができるので，休息は橋の上でとるべきである」[1]。図4.2（f）に挙げる例は，「サン・ヴィオ運河」に架かる橋であり，橋の上で立ち話しをしている様子が描かれている。この他にも橋の上では，欄干部や階段部に腰掛け，運河流軸方向の街並みを眺める様子等，視点場としての橋が，描かれている。

▶ 4.1.6　モニュメント・井戸の基壇

カンポ（広場）の中央には必ず井戸が存在している。またその他にも，街中の至る所にブロンズ像などのモニュメントが置かれている。その周りには基壇がある。

図4.2（g）に挙げる例は，サン・マルコ小広場にある聖テオドルスの柱である。「サン・マルコ小広場より望む大運河の入り口」の例を示す。ヴェネツィアのゲートとして機能し，この周辺に集まってくる人は多い。基壇部分の直径は5.8m，柱の高さ13m，柱の直径は1.6m。柱に寄り掛かったり，基壇部に腰掛けたり，また皆で会話をする様子，等が描かれている。

「サン・ヴィダーレ広場より望むカリタ教会（石工の仕事場）」では，井戸から水を汲んでいる女性の様子が描かれた。

▶ 4.1.7 複合パターン

リアルト橋の橋詰の階段が微妙に複合した様子，あるいはサルーテ教会前の基壇と水辺の階段・段差にも複合した様子が描かれている。階段上での人々のさまざまな行為が印象的である。「南より望むリアルト橋」に描かれている(図4.2 (d), (h) 参照)。

いくつかの階段が重なり合い，空間に流動性と変化を与える。

要するに，水際の段差を描いた構図は，水と馴染んで生活し，水なくしては成立しない生活の印象を与える。

4.2 デザイン・ボキャブラリーの発見

デザイン・ボキャブラリーは，ゴードン・カレン氏の「都市の景観」[2]の中で提案された指標を元にしている。彼は，都市景観を構成する要素をキーワードとして整理している。

その中で事例として取り上げたのは，次の4つである。

「焦点」は，構図の中で引き締める要素である。この要素は，それ自体でシンボル的であるもので，広場の景観の絵画中に描かれることが多い。

「偏向」は，視線を奥へ導くのを助ける要素である。このために，ある程度の見通しのきく「通り」が必要であり，ヴェネツィアにおいて見通しの良い通りとは，ほとんどが「運河」となる。

「切断」は，前景にあるものと，背景にあるものを対比的に取り扱うものである。対比的な構図の景観を得るためには，パースペクティブな要素が，逆に阻害要因となる。

「丸屋根」は，周囲の建物の形状とは異なるもので，それが家並みの上に重なるようにして存在して見えるものである。

▶ 4.2.1 焦　点

「焦点」は，主として「囲い地」としての広場を描いた絵画に見られる。柱状のモニュメントや鐘楼等の建築物は，面的に広がる広場に対し，垂直的なシンボルとして，構図を引き締め

図◇4.3　描かれたコレオーニの騎馬像

図◇4.4　視点場とコレオーニの騎馬像の位置

第4章 描かれた景観デザインの解読

る効果を持つ。これが「焦点」である。

この「焦点」に該当する建築物を描いた事例としては，サンティ・ジョヴァンニ・エ・パオロ広場のコレオーニ騎馬像，サンタ・マリア・フォルモーザ広場の鐘楼，サン・ジャコモ・デイ・リアルト教会の時計塔，サン・マルコ広場の鐘楼，サン・ジェレミーア広場の鐘楼，サンタ・マリア・デラ・カリタ広場の鐘楼，そしてサン・マルコ小広場の聖テオドルスの柱と有翼の獅子像の柱，等である。

これらの内，「コレオーニの騎馬像」と「鐘楼」の2例を挙げて具体的に解説しよう。

図◇ 4.5 描かれたカンパニーレ
（第2部 2.2.13 の詳細）

(1) コレオーニの騎馬像

これは，「サンティ・ジョヴァンニ・エ・パオロ聖堂とサン・マルコ同信会館」（第2部絵画 2.3.6）に描かれている。「焦点」の例を図4.3に，その周辺の位置関係を，図4.4に示す。「焦点」がコレオーニの騎馬像，「囲い地」がサンティ・ジョヴァンニ・エ・パオロ広場である。

コレオーニの騎馬像は，高さ10.3mである。また，騎馬像の置かれているサンティ・ジョヴァンニ・エ・パオロ広場は，不整形なL字型の広場である。このL字広場の屈折する部分の内側に，騎馬像が置かれている。これによって不整形の広場の，どこからでも騎馬像を眺めることが出来，それと同時に，広場の西側と東側の空間を，緩やかに分節する役割を果たしている。広場に対する騎馬像の配置を見ると，広場の骨格に対して，およそ8:2の割合（26m：7m）で配されている。

視点場からコレオーニの騎馬像までの距離は27m。また絵画正面に描かれるサン・マルコ同信会館までの距離は60m。さらにこれらに伸びる視線軸同士の成す角は44度。視点場から見た場合，騎馬像を画面右手にとらえることになる。

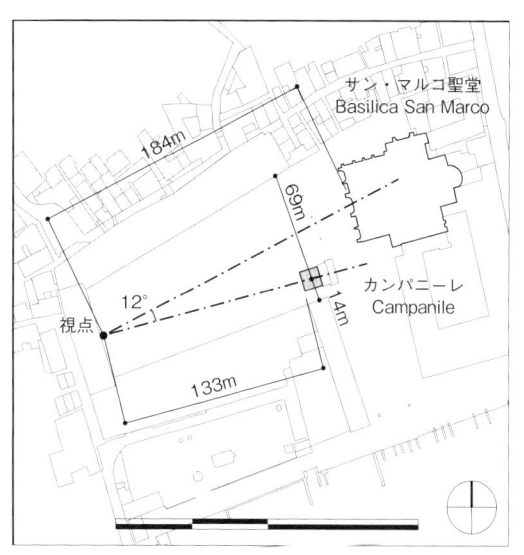

図◇ 4.6 視点場とカンパニーレの位置

(2) サン・マルコの鐘楼

これは，「サン・マルコ広場：聖堂を望む」（第2部絵画 2.2.13）に描かれている。「焦点」の例を図4.5に，「焦点」の周辺の位置関係を図4.6に示す。この場合，「焦点」が鐘楼，「囲い地」がサン・マルコ広場となる。

鐘楼は，最頂部までの高さが98.6mである。また，サン・マルコ広場は，サン・マルコ小広場とサン・マルコ聖堂の正面部分でL字型に結節しており，この屈折部分に，鐘楼が建って

159

いる。これにより，鐘楼はサン・マルコ広場側とサン・マルコ小広場側双方から望むことが可能であり，それぞれ異なった表情を見せる。また，基壇部分のロッジェッタとあいまって，両広場の分節を行っている。視点場から見た場合，広場の短手方向に対する配置割合は，およそ8：2（69m：14m）である。

視点場から鐘楼までの距離は133m，サン・マルコ聖堂までの距離は184m。さらにこれらに対する視線軸同士のなす角は，12度である。これにより，視点場から見た場合の鐘楼は，サン・マルコ聖堂と重ならず，画面右手に見えることになる。

(3)　2例の共通点と「焦点」の空間的特徴

共通点は，「焦点」が「囲い地」内に位置している「点」的な施設であることである。限定された領域内に置かれることにより，その効果は相乗的に増加する。また，「焦点」となる建築物が「囲い地」の規模に対応したものであることも重要な点である。

さらに，広場内におけるその配置関係は，以下のようである。

「焦点」となる塔状の構造物は，広場の中心には置かれず，中心から離れた位置に配されている。具体的には広場の短辺方向に対し，およそ8：2の比率で建てられている。これにより，他のシンボリックな建造物の正面が「焦点」によって遮られることがないばかりか，「焦点」を広場のどの場所からでも望むことが可能となる。

このように，「焦点」に必要な空間条件は，囲い地内の焦点の背面に，シンボリックな正面を持つ建造物が立地すること，囲い地の空間的規模に対応したスケールの「焦点」があること，さらにそれが広場の中心ではなく，周囲の壁面に寄せて建てられること，である。その際の平面上での配置位置は，広場の短辺をおよそ8：2に分割する地点となる。

▶ 4.2.2　偏　向

主として運河を流軸景として描いた絵画に見られ，アイ・ストップ（閉塞家屋）が視線軸に対して角度を持ち，さらにその先へと連続していくような空間を期待させる。このようなアイ・ストップとなる建築物を含めた空間の状態を，「偏向」と呼ぶ。

この「偏向」にあたる建築物が描かれた事例は，サンタ・クローチェ運河通りに面するサンタ・クローチェの住宅，カンナレージョ運河通りに面するゲットーの住宅，メンディカンティ運河に面するエルベの住宅，大運河に面するドイツ人商館，大運河に架かるリアルト橋，大運河に面するヴェンドラミン・カレルジ邸，そして大運河に面するフォスカリ邸等である。

以下に「ヴェンドラミン・カレルジ邸」と「フォスカリ邸」の2題を挙げる。

(1)　ヴェンドラミン・カレルジ邸

これは，「大運河：リアルト橋付近より北を望む」（第2部絵画 3.2.9）に描かれている。その周辺の位置関係を図4.7に示す。「偏向」の周辺は大運河であり，「閉塞家屋」がヴェンドラミン・カレルジ邸である。

ヴェンドラミン・カレルジ邸までの視線の回廊を形成する大運河は，視点場から100mの地点で幅員62m，300mの地点で幅員66mと，60m前後の幅員を持って北西方向に伸びている。視点場周辺とヴェンドラミン・カレルジ邸周辺の屈曲する部分では，やや幅員が狭くなり40mから50m程となる。視点場から「閉塞家屋」までの距離は，625mであり，その距離幅員比（距離／幅員）は，およそ13.8である。

ヴェンドラミン・カレルジ邸は，建築高さ22.8m，視点からの仰角は1.9度。周囲の建造

第4章　描かれた景観デザインの解読

物と比較してもスケールが大きく，遠方から視認した場合には，アイ・ストップとして働く。また，建物正面と視線軸との振れ角は159度，視点から見た場合，左奥方向に，運河沿いの街並みが続くことを暗示する構図がとられている。

(2)　フォスカリ邸

これは，「大運河：リアルト橋より南西にフォスカリ邸を望む」（第2部絵画3.3.7）に描かれている。「偏向」の周辺空間の位置関係を，図4.8に示す。「偏向」の周辺空間は大運河であり，「閉塞家屋」がフォスカリ邸である。

フォスカリ邸までの視線の回廊を形成する大運河は，視点から100mの地点で幅員55m，300mの地点で幅員62m，60m前後の幅員を持って南西方向に伸びている。視点場周辺とフォスカリ邸周辺の屈曲する部分では，やや幅員が狭くなり40mから50m程となる。視点場から「閉塞家屋」までの距離は810m，その距離幅員比はおよそ9.8。

フォスカリ邸は，建築の高さは，22.8mであり，視点場からの仰角は1.2度である。なお

視点場がリアルト橋上（水面からの高さ8.1m）に位置しているため，やや仰角は小さい。また，建物正面と視線軸との振れ角は，118度であり，視点場から見た場合，左奥方向に運河沿いの街並みが連続していることを暗示する構図となっている。

(3)　2例の共通点と「偏向」の空間的特徴

共通点は，まず「閉塞家屋」の形状と立地場所である。ヴェンドラミン邸とフォスカリ邸は，ともに都市内有数の大規模邸宅で歴史的価値も高い。これらが，大運河の屈曲する部分に正面ファサードを構えて位置している。このため，500m以上を見通すことのできる軸景において，アイ・ストップとして十分に機能を果たしている。

細街路が入り組むヴェネツィアにおいては，見通しのきく直線路は，景観的にきわめて重要である。この「直線路」は，けっしてフラットな壁面の連続した単調な街並みではなく，適度に凹凸を繰り返し，軸景を形成している。また視点場や「閉塞家屋」の立地する運河の屈曲部分では，幅員が狭まっている。これは，水利的

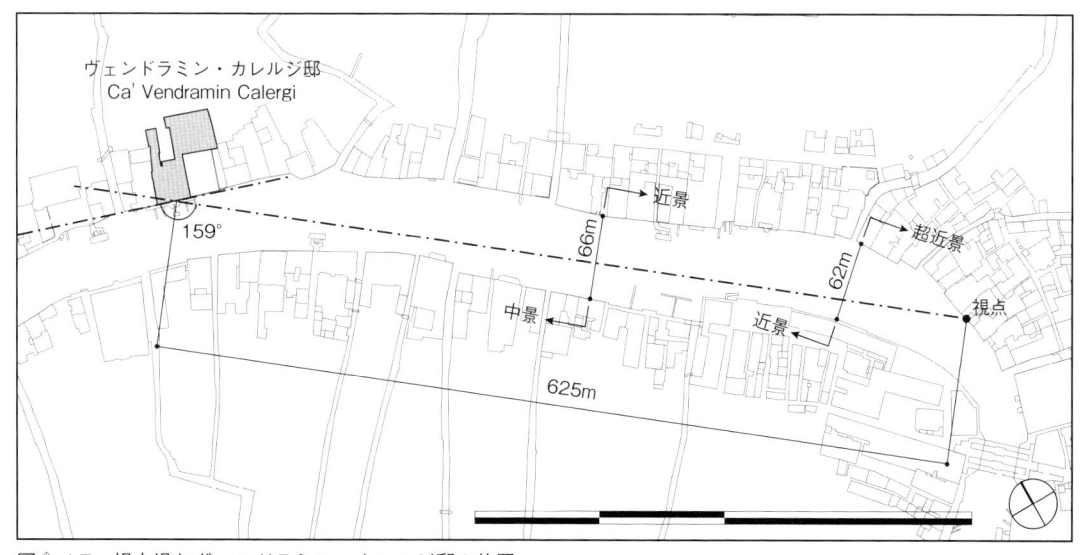

図◇4.7　視点場とヴェンドラミン・カレルジ邸の位置

第 3 部　広場と運河の空間構成

に開発が行われた現代の河川空間等とはまったく正反対の傾向である。それがヴェネツィアの大運河の軸景となっている。

さらに上記のような「閉塞家屋」は，軸景に対して正対すること無く，軸に対して左もしくは右に角度を持っている。この振れ角は，大き過ぎても小さ過ぎても，充分な期待感を誘発することはできず，およそ 120 度から 160 度の間が適当である。

以上より，「偏向」に必要な空間条件は，適度な平面的・立面的な凹凸のある軸景を持ち，その距離幅員比が 10 前後であること，アイ・ストップとなる要素が充分にシンボリックなものであり，軸線に対して 120 度から 160 度の振れ角を持っていることである。

▶ 4.2.3　切　断

水景が流軸を持たず，パースペクティブな景観を強調した構図を得ることが難しいため，近景要素と遠景要素を対比的に置き，緊張感のある構図を構成するものである。つまり，対岸景の成立が不可能な場合である。

この「切断」が描かれた事例としては，以下のものがある。「アルセナーレ」の船庫と視点場が位置するアルセナーレ運河通りの関係，「カリタ教会」ではカリタ同信会館とサン・ヴィダーレ広場の関係，「サン・ミケーレ教会」ではサン・ミケーレ島と新運河通りの関係，「サルーテ教会」では税関とモーロ河岸通りの関係，「スキャヴォーニ河岸の街並み」とモーロ河岸の関係，そして「サン・ジョルジョ・マッジョーレ教会」では島とサン・マルコ小広場の関係，等である。

次に顕著な例を示す「サン・ミケーレ教会」，「サン・ジョルジョ・マッジョーレ教会」の 2 題を挙げる。

(1)　サン・ミケーレ教会とサン・ミケーレ島

これは，「新運河通りより，サン・クリストフロ島とサン・ミケーレ島，ムラーノ島」(1724〜1725 年) に描かれている。「切断」の例を図 4.9 に，「切断」の周辺の位置関係を，図 4.10 に示す。「切断」の対象となるのは，視点場が位置する新運河通りと，フォンダメンタ・ヌオーボ運河を挟んで対岸に浮かぶサン・ミケーレ島およびサン・ミケーレ教会である。

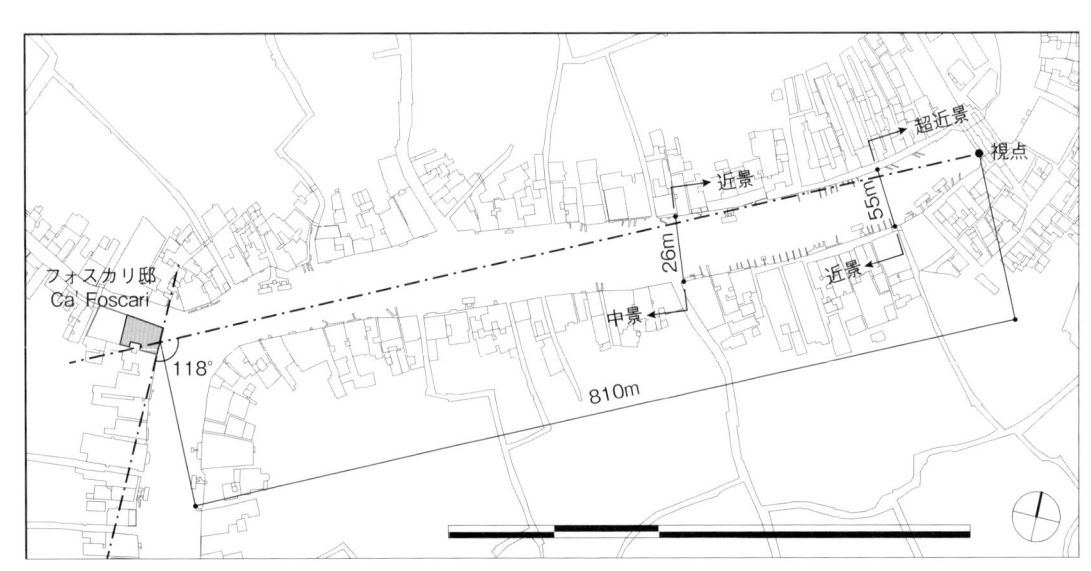

図◇ 4.8　視点場とフォスカリ邸の位置

第4章 描かれた景観デザインの解読

視点場からサン・ミケーレ教会までの距離は814m。このうち新運河通りとサン・ミケーレ島の間の距離は760m。なお，当時の水際線は，現在よりかなり北側にあったものと考えられ，その想定線を，図4.10に示す。また，新運河通りの陸地部分の長さは4m，サン・ミケーレ島の陸地部分の長さは50m。これによる水陸比（水面距離／陸面距離）は14.1となる。

さらに，視対象であるサン・ミケーレの見込み角は7度，その際のサン・ミケーレ教会の見込み壁面長は101m。これによる見込み壁面長比（視点から主たる視対象までの距離／見込み壁面線長）は，8.1。

図◇ 4.9 描かれたサンミケーレ教会[7]

(2) マッジョーレ教会とマッジョーレ島

これは，「サン・マルコ湾：小広場より望む」（第2部絵画2.1.7）に描かれている。「切断」の例を図4.11に，「切断」の周辺の位置関係を，図4.12に示す。「切断」の対象となるのは，視点場が位置するサン・マルコ小広場および聖テオドルスの柱・有翼の獅子像の柱と，サン・マルコ湾を挟んで対岸に浮かぶサン・ジョルジョ・マッジョーレ島およびマッジョーレ教会である。

視点場からマッジョーレ教会までの距離は562m。このうちサン・マルコ小広場とマッジョーレ島の間の距離は416m。また，サン・マルコ小広場の陸地部分の長さは109m，マッジョーレ島の陸地部分の長さは37m。これによる水陸比は2.8となっている。

さらに，視対象であるマッジョーレ教会の見込み角は，8度であり，その際のマッジョーレ

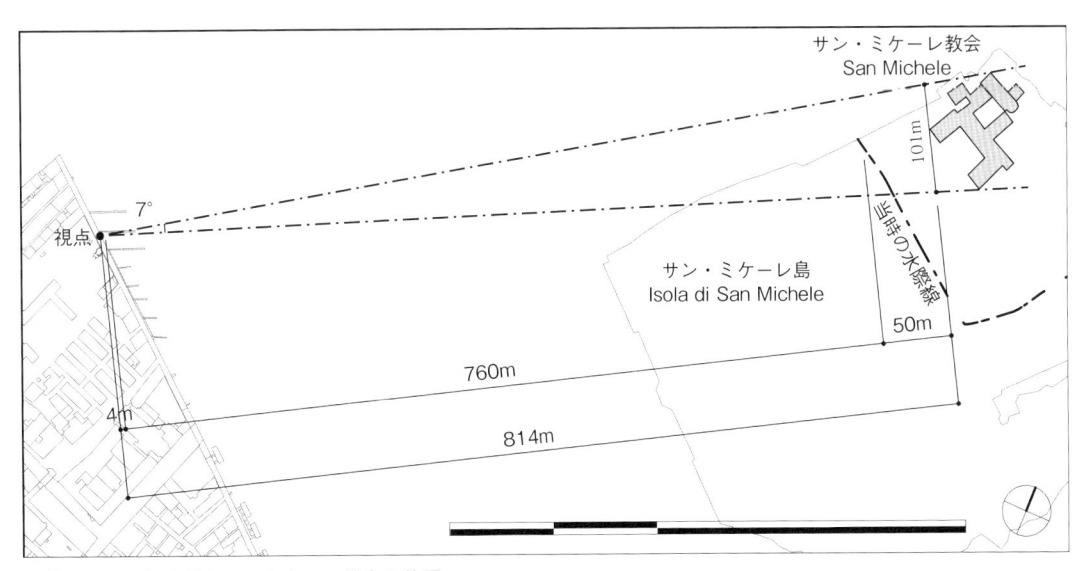

図◇ 44.10 視点場とサンミケーレ教会の位置

第3部　広場と運河の空間構成

教会の見込み壁面長は79mである。これによる見込み壁面長比は，7.1。

（3）　2例の共通点と「切断」の空間的特徴

共通点は，まず視点場と主たる視対象との間に広大な空白要素が置かれることである。この2例の場合は，ともに水面であり，直線距離で400m以上の値をとっている。調査の対象としたカナレットの絵画の中には，水景とともに船舶等が配される場合が多く有るのだが，この事例の場合にはほとんど描かれていない。手前と奥の対比関係をより鮮明に見せる為に，中間地点の目を引く要素を排除している。

視点場を，水際ギリギリに置くのではなく，これからやや距離をおくので，超近景域の人工景観が描かれている。新運河通りの視点場に比較して，サン・マルコ小広場の視点がかなり引いた位置に在るのは，聖テオドルスの柱や有翼の獅子像の柱等のモニュメントを，無理なく構図内に収める必要があったからだ。

水陸比は14.1，2.8で，その値は大きい。このことから，「切断」の効果が期待される場合には，おおむね2.5倍の距離の中間領域が必要と思われる。

これに対し，見込み壁面長比はそれぞれ8.1，7.1となっており，似たような値をとる。これは見込み角にも反映されており，「切断」が行われる際の主たる視対象の見込み角は，10度近傍と考えられる。言い換えれば，視対象に対する見込み角がこのような値を取るような位置に，視点場を設定している，と言えよう。

このように「切断」に必要な空間条件は，前景と後景の間に広大で均一な中間領域が存在することで，水面陸面比はおおむね2.5以上の値

図◇4.11　描かれたマッジョーレ教会
（第2部2.1.7の詳細）

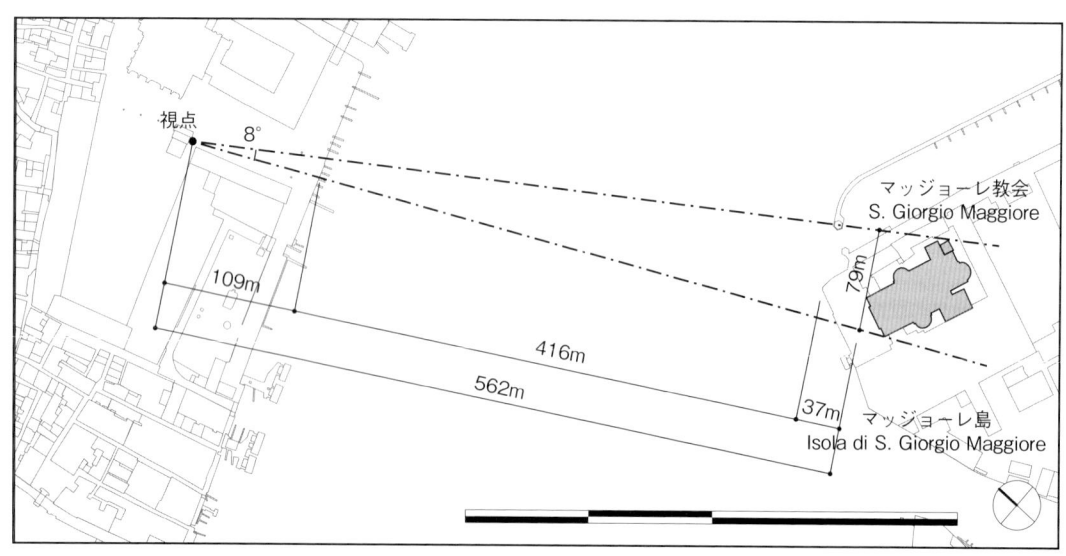

図◇4.12　視点場とマッジョーレ教会の位置

第 4 章　描かれた景観デザインの解読

をとること，後景に位置する主な視対象に対する見込み角が 10 度近傍となること，である。

▶ 4.2.4　丸屋根

建築物群の屋根越しにぬっとつきだした教会の大きなドーム屋根が見える。曲面を帯びたスケールの大きなドーム屋根は，パースペクティブな景観の直線と壁面の垂直ラインが集まる中でのアクセントとなる。

この「丸屋根」が描かれた事例は，スカルツィ運河通りから見たサン・シメオーネ・ピッコロ教会，サン・ヴィオ広場から見たサンタ・マリア・デラ・サルーテ教会，カリタ広場から見たサルーテ教会，サン・マウリーツィオ運河通りから見たサルーテ教会，そして，モーロ河岸から見たサルーテ教会，等である。なお，街並みの屋根越しではなく，ドームが単体で見えている場合は，これは「丸屋根」の定義には当たらない。

以下にこれらの内，最も顕著な例を示す「サン・シメオーネ・ピッコロ教会」，「サンタ・マリア・デラ・サルーテ教会」の 2 題を挙げる。

（1）　ピッコロ教会

これは，「大運河：南西にスカルツィ聖堂，クローチェ運河通り，ピッコロ聖堂を望む」（第 2 部絵画 3.2.11）に描かれている。「丸屋根」の例を図 4.13 に，「丸屋根」の周辺空間の位置関係を図 4.14 に示す。

「丸屋根」となるのはサン・シメオーネ・ピッコロ教会のドームであり，直径は 20.5m，最頂部までの高さは 38.3m，仰角 17.1 度。視点場から見た場合，大運河を挟んで対岸に位置してい

図◇4.13　描かれたピッコロ教会
（第 2 部 3.2.11 の詳細）

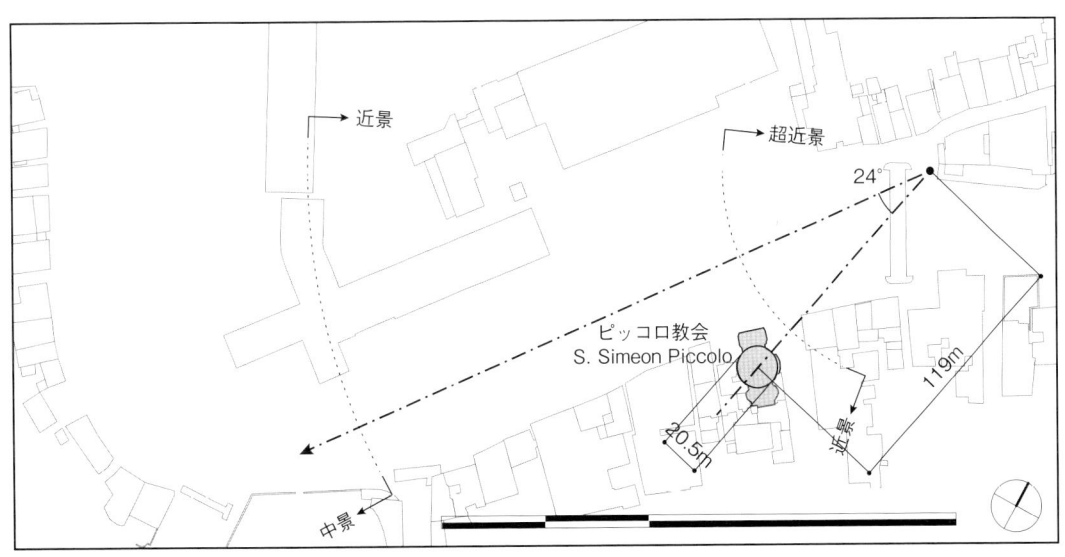

図◇4.14　視点場とピッコロ教会の位置

る。これは，大運河の流軸に対して24度の位置である。

また，視点場からの距離は，119mであり，この距離は超近景域から近景域へと距離景が変化する近傍である。

(2) サルーテ教会

これは，「大運河：サン・ヴィオ広場よりサン・マルコ湾を望む」（第2部絵画3.3.10）に描かれている教会である。「丸屋根」の例を，図4.15に，「丸屋根」の周辺空間の位置関係を図4.16に示す。

「丸屋根」となるのはサンタ・マリア・デラ・サルーテ教会のドームであり，直径は27.5m，最頂部までの高さは55.7m，仰角8.7度。視点から見た場合，大運河沿いの視点場と同じ側の岸に位置している。これは，大運河の流軸に対して14度の位置である。

また，視点場からの距離は，352mであり，この距離は，ちょうど近景域から中景域へと距離景が変化する近傍の地点である。

(3) 2例の共通点と「丸屋根」の空間的特徴

共通点は，まず「丸屋根」の立地状況である。それぞれ運河沿いに位置しており，教会の正面ファサードも運河側に正対している。しかしながらこれらは，水際線ぎりぎりには建築されてはおらず，水際線から「丸屋根」の直径と同程度の「引き」を持って描かれている。また，ドーム部の直径や教会堂の規模は，前面の運河の幅員と比例関係にあり，適正な規模があると予想される。

「丸屋根」に対する視線軸と運河の流軸との

図◇4.15　描かれたサルーテ教会
（第2部3.3.10の詳細）

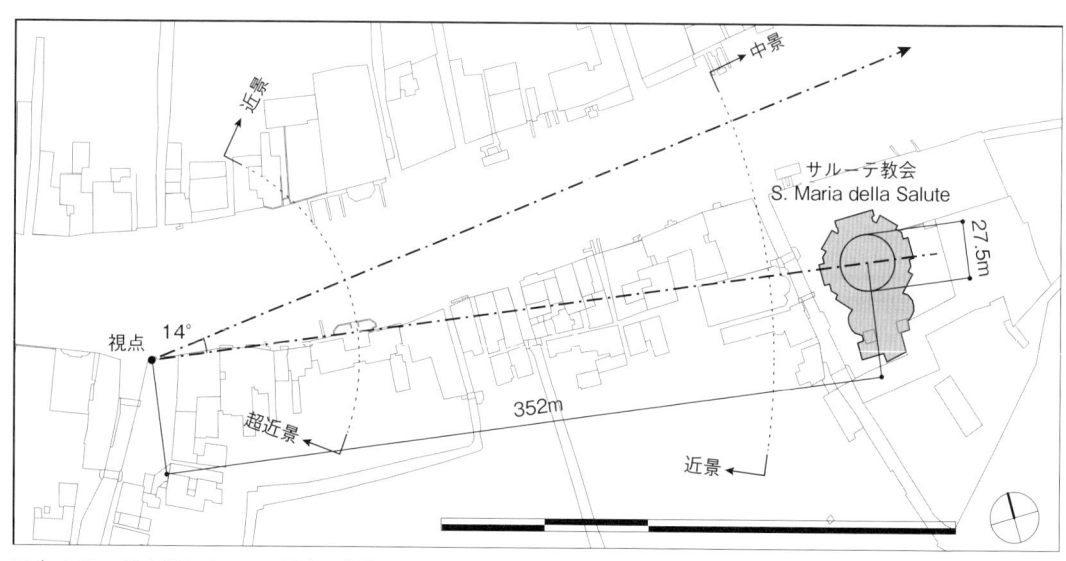

図◇4.16　視点場とサルーテ教会の位置

なす角度は，およそ 15 度から 25 度の範囲であり，連続する街並みとの効果的な位置関係を取る場合の基準となる。

視点場から見た場合,「丸屋根」は，距離景が変化したそのすぐ奥に位置している。これにより，ドームとその手前に連なった建築物群の距離景は異なり，この対比が「丸屋根」を鮮明にする。

このように,「丸屋根」に必要な空間条件は，隣接する街路や運河，そしてオープン・スペースに対して，適切な規模のドームが配置され，街並みの壁面ライン（ヴェネツィアの場合は運河の水際線）から，ドーム直径と同程度の引きがあること，手前の建築物群とドームとの距離景がちょうど変化する地点に視点を構え，街路軸（運河軸）に対して 15 度から 25 度の範囲でドームをとらえられること，である。

4.3 景観の共有

ヴェネツィアは，年間を通して数多くの祭事がある。かつては，1 年のうち 3 分の 1 までがなんらかの行事が行われていたという[3),4)]。現在も多くの祭事が行われている。この祭事は「おぼれかかった」ヴェネツィアを，観光客を含めて世界中の人々に,「ヴェネツィアは，すべての現代の人々に共有されている汲めども尽きない文化の宝である」[5)]という意識を持たせることを目的とする。祭事の役割は大きい。

▶ 4.3.1 海との結婚：「キリスト昇天祭におけるブチントーロの帰還」

カナレットは，ピアッツェッタからマッジョーレ教会方向を見た光景を描いた。サン・マルコ広場と海上に浮かぶ数多くのゴンドラ船が浮かぶサン・マルコ湾を描いた（第 2 部第 2 章絵画 2.0.1）。

しかしながら，湾とその先に見えるマッジョーレ教会の景観は，通常は長い奥行きの水面のために退屈である。しかしカナレットは，先に見た「切断」の技法により，その退屈さを切り抜けた。

もし祭事がこのサン・マルコ湾でなければ，何も知らない観光客は，湾を見ても何んら感慨を示すことはない。モーロ河岸の 2 本の円柱の存在理由も，単にオベリスクがあるという認識のみで終わるであろう。ヴェネツィアの海の玄関であるという認識は，そこからは生まれない。

ところが，「海との結婚」という祭事により，総督がセレモニーから帰還しモーロ河岸の入り口に入って来て初めて，ヴェネツィアの本当の玄関はこの河岸にあるのだ，と気づく。このときに，この河岸の重要性を認識する。この河岸の価値に，想いいたるのである。その再確認の作業が祭であり，その事実をカナレットは描いた。

つまり祭事と背景の建築とが，景観としても合致していることを表現しているもので，このことがこの空間の解読を容易にし，共有化を促進するのである。

▶ 4.3.2 レガッタ・ストーリカ：「大運河でのレガッタ」

もう 1 つ重要な絵画は，大運河が機能的にも，景観的にもヴェネツィアの骨格であることを表現したことである（第 2 部第 3 章絵画 3.1.0）。

カナレットが描いた祭事「レガッタ・ストーリカ（歴史的レガッタ）」は，14 世紀以来，祭典の一部として行われてきた。

普段の大運河は，ヴェネツィアの幹線道路として機能しているが，この幹線が，そのまま祭事の舞台となる。このレースは，運河沿いに建設されてきた街並みが，運河景観としても重要

で，また同時に背後にある経済活動の重要性も認識させ，共有化するための契機となった。

▶ 4.3.3 聖ロクスの祭日：「サン・ロッコ教会とサン・ロッコ同信会館を訪れるヴェネツィア統領」

この「聖ロクスの祭日」は，1576年に流行した疫病を鎮めたとされる，聖ロクスに対する感謝を表すために始まり，ヴェネツィア総督が訪問するなど，国家的に祝われるようなった。そのときの祭事を描いた（第2部第2章絵画2.3.0）。

これは，サン・ロッコ同信会館を正面に，サン・ロッコ教会を右手に眺めた絵画である。画面中心にヴェネツィア総督が描かれており，その周囲に多くの人垣ができている。祭事には，これら観客や教会訪問者を対象として絵画の売買も行われた。サン・ロッコ同信会館やその左手の住宅の壁に立て掛けて展示されているものが，その絵画である。

この絵画で興味深いのは，祭事を組織的に利用してカンポ広場で経済活動を行っているという点である。

▶ 4.3.4 祭事が景観上果たす役割

第1には，かつて存在した生活空間の記憶を呼び戻す役割がある。そしてその空間が，社会的に良く使いこなされ，現在でも秩序をもって存在していること。当時から今日までこれらのことが，一貫しており，その結果として景観を体験させ，現在の人々に共有の意識をもたらしている。

第2には，インフラのメンテナンスの恒常的意識，地域全体に対する美意識が培われ，地域（住民）の一体性が生まれ，良い景観維持に結びつき，空間的・組織的な枠組みづくりがさらに進むものと期待される。ヴェネツィアの大運河での過剰なモーターボートも，少なくなるであろう。

景観デザインの観点から言えば，以上の祭事は，広場や運河を解読していく手助けを与えており，それによって，共有化を促進し，カナレットはそれを意図して祭事の様子を描いたのである。

4.4　焦点，偏向，切断，丸屋根

本章で調べてきたことがらを以下にまとめる。

1)　水際で特徴的な階段（レベル差）は，本来の機能的な用途以外に，多様な機能を充足させ運河空間を豊かにしている。大運河の景観の視点場，視対象として，レベル差が活用された。

2)　「焦点」に必要な空間条件は，焦点の背面にシンボリックなファサードを持った建造物が立地すること，広場の空間的規模に対応したスケールであること，広場の中心ではなく，およそ広場の短辺方向を8：2に分割する地点に建設されること，の3点である。

3)　「偏向」に必要な空間条件は，平面的および立面的に適度な凹凸のある軸景が存在し，アイ・ストップとなる要素が充分にシンボリックであり，軸線に対して120度から160度の振れ角を持っていること，さらにそのアイ・ストップまでの距離幅員比が10前後であること，である。

4)　「切断」に必要な空間条件は，前景と後景の間に広大かつ均一な性格を有する中間領域が存在し，後景に位置する主たる視対象に対する見込み角が10度近傍であること。

5)　「丸屋根」に必要な空間条件は，シンボリックな形状で，隣接する街路や運河，オープン・スペースに対し適切なスケールであること，街

並みの壁面ラインから，ドーム直径と同程度の引きがあること，前景を形成する建築物群とドームとの距離景がちょうど変化する地点に視点を構え，街路軸（運河軸）に対して15度から25度の範囲でドームをとらえることである。

6) 祭事を行うことによって都市や地域における記憶を手繰りよせ，視る者に建築物の重要性を再認識させ，景観の共有化の意識を強めることができる。

当時ヴェネツィアが背負わねばならなかった気候上，地形上のハンディキャップを跳ね返すことができたのは，ひとえに政治の工夫であったと言われている。

さて，今日の祭事は，何のためにあるのであろうか。「ヴェネツィア問題」[6]を解決していく方策の1つとなりうるのか。私は，景観を維持するためには国際的に共感をうるような機能を果たさせるべきと考えている。

第4章 描かれた景観デザインの解読

◎参考文献

1) G.J.Links：Views of Venice by Canaletto，Dover Publication，1971
2) ゴードン・カレン，北原理雄 訳：都市の景観，鹿島出版会，1975
3) アルヴィーゼ・ゾルジ，金原由紀子，松下真記，米倉立子 訳：ヴェネツィア歴史図鑑，東洋書林，2005
4) 永井三明：ヴェネツィアの歴史−共和国の残照，刀水書房，2004
5) 持田信夫：ヴェネツィア−沈みゆく栄光，徳間書店，1982
6) Instituto Veneto di Scienze Lettere ed Arti：A Future for Venice?，Umberto Allemandi & C.，2008
7) Fondazione Giogio Cimi：Canaletto -prima maniera-，Electa，Milano，2001
8) F.ブローデル，岩崎力訳：都市ヴェネツィア−歴史紀行−，岩波書店，1986
9) Calli，Campielli e Canali，Edizioni Helvetia，1989
10) 福田太郎：ヴェネツィアの「絵になる」都市的空間デザインに関する研究，九大大学院修士論文，2002
11) 陣内秀信：ヴェネツィア，水上の迷宮都市，講談社

第４部　まとめ

第4部　まとめ

景観の調査を行うことは，現地をよく観察すること，今後に役に立つ知見をうること，そのような調査の情報を第3者に過不足なく伝えることと思う。もとより，写真やビデオなどの媒体を用いれば，よりよく景観の内容を伝えうる。その中から，見る人が選択して，それなりの見方，感想を持つ。

ただ，景観デザインの立場にたてば，視野に入るすべてが操作可能ではない。デザインできる分野・要素は限られている。しかも，景観デザインの出発点は，まずもって対象空間の解読である。本書では，① カナレットが描いた絵画，② その実景の写真，③ その視点場と視対象を結ぶ視界線，④ オープンスペースでの人の行為，についてつぶさに解読してきた。

1　広場景観の諸特徴

1）サン・マルコ湾沿いの「モーロ河岸」の代表的な景観は，モーロ河岸通りに建つ建築物と通りを軸景とした景観である。これが，カナレットが最も力を入れた構図であって，サン・マルコ湾上に位置するマッジョレー教会を配した対岸景ではない。

視点場は，サン・マルコ湾沿いに位置した場合がほとんどで，開放的であり，囲繞感はない。

2）サン・マルコ広場，サン・マルコ小広場の景観は，広場とともにそれを囲むサン・マルコ聖堂，新旧行政長官府，鐘楼，それにドゥカーレ宮殿などを望む景観であり，「奥行き」を感じさせる景観である。

視点場は，サン・マルコ広場内，サン・マルコ小広場内にあって，たいていの場所が「絵になる景観」を与える。鐘楼などの垂直に聳える要素の配置が，「絵になる景観」の視点場の位置を決定するポイントである。

3）カンポ（広場）の景観は，教会や大邸宅の建物群に囲まれた空間の景観であり，その構図は，相対的に奥行き感を持たない。教会や鐘楼とともに，広場を囲む街並みのファサードをそのまま立ち上げて見る景観である。

カンポ（広場）の景観の視点場は，次の3つの地点である。1つは広場全体を見渡せる地点，2つは街路から広場内に入った時の結節点付近，3つは主題を意図的に選ぶことのできる滞留地点。

2　カンポ（広場）の利用と空間装置

1）ヴェネツィアの広場には，最小限の設備しか用意されない。井戸，キオスク（露店），オープンカフェ，それにベンチや樹木は，戸外での生活の拠点として活用されている。

井戸の周辺には子供たち，キオスクでは観光客，オープンカフェでは大人，ベンチや樹木周辺では，幼児を連れた母親，それにお年寄りが憩っている。

広場内のコーナーは，このように適度に使い分けされている。広場が不整形であることや最小限の設備の配置が，このような利用を誘発し，観光客と地元住民の利用を適度に分離・誘導している。

2）カンポ（広場）の機能を見ると，1つは観光客を中心とした広場として，2つは地元住民のための広場として，3つは通過交通用の交通広場として，特徴づけられる。

1つの広場で3つの機能を充足させている場合もあるし，2つの機能を充足させている場合もあり，それを可能にしているのは，やはり不整形な広場の形状と，設備や装置の配置である。

3）カンポ広場は，その複雑な形状により，カナレットが描き得なかった凹んだスペースが存在している。その影となった部分は，現在の利

用状況を考えると，住民の空間として使用されている。カナレットが描いたカンポの景観は，観光客の視線に基づいた構図と推測できる。

3 運河景観の諸特徴

1) 運河沿いに立地する教会や大邸宅は，逆S字型の大運河の景観にとって，ランドマークの役割を果たす重要な目印である。
2) 運河の景観は，画面中央に運河を配した流軸景であり，ランドマークを効果的に活用して「運河上にかかる橋の景観」，「水視率の高い景観」，「運河沿いのシンボリックな建築物の景観」，「運河沿いの街路の景観」の4類型で細かく描き分けられている。
3) その描かれた大運河の実景を見ると，大運河の運河幅と両岸に面する建物高さの割合が，一定の値を示すのではなく，4類型の特徴に応じてリズムをもって変化している。
4) 運河空間の水際線の実景は，水面と階段（段差），広場，街路，建築壁面など数多くの接続タイプが存在し，その組み合わせによる接続形式によって，運河景観が変化している。この接続形式も多様で，距離景に応じて変化している。
5) 「水視率の低い運河景観」では，水際線にオープンスペースが配される傾向が強いのに対して，「水視率の高い景観」では，水際線は建築壁面で構成され「絵になる景観」としている。

4 運河沿いの広場と街路の利用

1) カナレットが描いた運河沿いの街路と運河沿いの広場は，第1には，水上交通の結節点となっていること。

第2には，運河沿いの広場には基壇が設けられ，また水際にはオープンカフェなども設置され，賑わいの中心となっていること。

第3には，運河沿いの街路や広場は，対岸を見る，あるいは運河の軸景を見る視点場となり，一方で対岸から，あるいは運河の船上から見られる視対象として機能していること。
2) このような運河沿いの空間で人々を滞留させる装置は，① レベル差のある空間，② 運河沿いのオープンカフェ，③ 水上交通の施設の3つである。

これらが滞留行動を促進するとともに，それが基点となり運河沿いの多様な行動を生み出している。
3) 運河沿いの街路，広場での現在の人々の利用行動を見ると，カナレットが描いた当時の人物の行動とほぼ一致しており，運河景観を通じてヴェネツィアの都市活動，都市生活の一端を描いたと推測できる。

5 運河景観と広場景観

1) カナレットの絵画を通してみると，ヴェネツィアの景観は，広場景観と運河景観の2つの代表的なタイプにつきる。そのバリエーションは豊富であるけれども，結局のところ，この2つの景観タイプに収斂する。
2) それぞれの景観の特徴は次のようである。
   ① 流軸景を中心にした運河の景観では，商業を中心とした都市活動を表現したこと。
   ② 広場の景観では，1つはサンマルコ広場の景観で，広場を中心とした高次の行政と宗教の機能を持つ施設を描いたこと。もう1つのカンポ（広場）の景観では，奥行きが短く囲まれ感が色濃くにじんでおり，ヒューマンスケールの生活空間を印象づけたこと。

第4部　まとめ

6　複数の視点場から1点の絵画を描く

1)　カナレットが運河を複数の視点場から描く理由は，第1には，中央部分から2分して，左右の要素をそれぞれ描き，最後にそれを軸景として結合させ，パノラマ的景観の印象を強めるためである。その手法は，運河の景観を描く場合に多用される。

第2は，視点場に主と従の明確な区分があり，主たる視点場で全体の構図を描き，従たる視点場で見えない部分やディテールを描きこみ，広場景観の奥行き感を強めている。これには，「奥行き空間の強調」「パースペクティブの強調」「フォーカスの強調」が見られ，サン・マルコ広場，小広場の景観を描く場合に多用される。

2)　直接的には，主要な視点場で広場や運河の構図の大枠を描き，次にアトリエで絵としてまとめる時に建物のイメージを修正したり，ディテールを追加する。カメラ・オブスキュラを移動させた時に，誤差が生じたと考える必要はない。

3)　複数の視点場の位置の特徴は，広場の結節点を最初の視点場として選択し，ついで，広場内の滞留地点に移動して，部分的に付け加える。

一方，最初に滞留地点を視点場に選んで描いたときには，すぐ近くの滞留地点に移動して，そこを第2の視点場として描いている。

このような視点場の移動を体験することによって，私たちはカナレットの視線を体感することができる。

7　景観デザイン・ボキャブラリー，解読から共有へ，そして景観デザイン

1)　運河沿いの街路や広場などのインフラは，大運河を見る景観の視点場，視対象として，活用される。また水際で特徴的な階段の陰影は，本来の機能以外に，景観を楽しませる要因ともなる。

2)　「焦点」に必要な空間条件は，焦点の背面にシンボリックなファサードを持つ建造物が立地すること，広場の空間的規模に対応したスケールであること，広場の中心に位置するのではなく，広場の短辺方向を分割する地点に位置することである。

3)　「偏向」に必要な空間条件は，平面的および立面的に適度な凹凸のある軸景が存在し，アイ・ストップとなる要素がシンボリックなものであり，軸線に対して鈍角の振れ角を持っていること，さらにそのアイ・ストップまでの距離と運河幅員との比が一定の値を持つことである。

4)　「切断」に必要な空間条件は，前景と後景の間に広大かつ均一な性格を有する水面が存在し，後景に位置する主たる視対象に対して一定の見込み角を持つことである。

5)　「丸屋根」に必要な空間条件は，視対象の丸屋根がシンボリックな形状であること，街並みの壁面ラインからドーム直径と同程度の引きがあること，前景を形成する建築物群とドームとの距離景が，運河軸に対して適度の角度でドームを望めることである。

6)　祭事は，景観の共有化を幅広く促進する。

今日の祭事は，世界にヴェネツィアの抱えている現状を発信し，ヴェネツィアの景観とその背後に隠された「ヴェネツィア問題」を観光客に担わせるためのものである。景観の面から解

読された結果は，世界の人々に共感，共有されねばならない。その後に初めて，景観デザインはスタートする。

8　カナレットの絵画と景観デザイン

　風景画家を景観デザイナーと見なすことができれば，描かれた絵画は景観デザインの図面の1つである。

　とすれば，絵画と実景との関係をどのように考えればよいのか。

　「素晴らしい」と考えて実景の前に立ち，実景を参照しながら描いたけれども，画家は，さらにそれにそれ以上の望ましい風景の姿（図面）を追加して描く。

　その絵画（図面）は，画家が考えた望ましい景観設計図である。実景は美しく見えたので，それをさしあたり参考にして描いた。確かに実景の見える視点場に立って，視対象を描いたことは，調査結果でも理解できた。しかし，それをベースにしながらも，視点場を移動して付け加えて完成させる，いわゆるデフォルメしていることも，同時に分かった。

　確かにデフォルメして描いた絵画は，実景よりも，素晴らしく見えるように修正した景観設計の図面と考えるべきであろう。画家が，実景を前提にしながらも若干の操作・デフォルメをしているのだから。

　そのように考えると，デフォルメされた図面のほうが，望ましいと画家は考えている。そうすると，デフォルメした絵のように，実景を変えたほうが良い景観が得られるのであろうか。

　そこには考えるいくつかの段階がある。

1）その絵画のように視対象を変えたほうが良いと考えても，デフォルメしたような視対象は，複数でないと見れない。デフォルメした場合でも，1つの視点場ではなく，複数の視点場から見ないと，デフォルメしてした構図は，実は見えないのである。

2）実景を変えない場合，「いくつもの視点場がある」という示唆を与えたことになる。これはヴェネツィアの景観を解読してみせたわけであり，1つの主たる構図はきちんとあるが，あちらこちらを見回すと，またそのような別の視点場が周囲に存在している。総合的に判断すると，良い景観がえられる視点場が，近傍に多いという示唆をえられた，と考えるべきである。

　このような結果を共有して，初めて私たちの解読が力を発揮するのである。

　「ヴェニスの街が，大勢の人びとの集まる曲がりくねった路地という廊下でつながった一大集合住宅の性格を持つものだ」として，ヴェネツィアは評価されている面もある。確かにヴェネツィアの中に一歩はいれば，自分の位置を確かめることも定かでない。薄暗い狭い通りを，人の肩に触れあうように通りぬける空間。建築的に作り出された都市的空間。しかし幾何学的都市秩序がまったく存在しないヴェネツィア。

　このように評価された露地空間は，カナレットによって描かれてはいない。何故カナレットは，路地の空間を描いていないのであろうか。密やかな人の声が行き交う肩を寄せ合うような空間，車も通らない狭い路，しかしながら心落ち着く空間である。

　理由は簡単である。風景画は，対象物を見て描くものであるから，対象に近づいては描くことはない。ヴェネツィアの事例からすると，少なくとも，主対象物から50〜90m以上は離れて描くことになる。つまり「引き」が必要だ。ポルティコが視点場となる場合はある。しかし視対象として，露地空間が取り上げられたことはない。それは，露地空間に「引き」がないからである。

　カナレットを含めてヴェネツィア派のヴェ

第4部　まとめ

デューティスト（風景画家）が描いた絵画には，そのような露地空間を描いた例はまったく存在しない。

　風景画家にとって，残念ながら狭い路地空間は「絵になる景観」の素材にはならないのである。

謝辞と絵画のタイトル，所蔵元，出典

Acknowledgement

◎ The Royal Collection © 2009, Her Majesty Queen Elizabeth II

2.0.1　The Bucintoro at the Molo on Ascension Day, 77 × 126cm, 1732

2.1.3　Entrance to the Grand Canal: from the Piazzetta, 170 × 133.5cm, 1727

2.2.1　The Piazzetta: looking North, 58.5 × 94cm, 1743

2.2.2　The Piazzetta: looking North, 170.2 × 129.5cm, 1727

2.2.5　The Piazza S. Marco: looking West from the North End of the Piazzetta, 77.5 × 119.5cm, 1744

2.2.6　Piazza S. Marco: looking South, 76 × 119.5cm, 1744

3.1.0　A Regatta on the Grand Canal, 77 × 126cm, about 1734

3.2.9　Il Canal Grande dal ponte di Rialto, verso nord, 47.6 × 80cm, 1726-1727

3.2.10　The Grand Canal toward San Geremia from Ca'Vendramin Calergi, 43.7 × 79.4cm, 1724-1730

3.2.12　S. Chiara Canal: looking North-West from the Fondamenta della Croce to the Lagoon, 46.5 × 80.6cm, 1722-1724

3.3.7　Grand Canal: looking South-West from the Rialto Bridge to the Palazzo Foscari, 47 × 78cm, 1727

3.3.9　Venice: The Grand Canal from the Carita towards the Bacino, 47.9 × 80, 1730s

◎ © The National Gallery, London, Photo © The National Gallery, London

2.2.11　The Procuratie Nuove 2.2.11　Venice: Piazza San Marco and the Colonnade of the Procuratie Nuove, 45 × 35, 1760

2.2.15　Venice: Piazza San Marco, 46.5 × 38, 1760

2.4.0　Venice: The Feast Day of Saint Roch, 147 × 199cm, 1735

2.4.10　Venice: Campo S. Vidal and Santa Maria della Carita (The Stonemason's Yard'), 124 × 163cm, 1728

3.2.11　Venice: The Upper Reaches of the Grand Canal with S. Simeone Piccolo, 124 × 204cm, 1738

3.3.2　Venice: Entrance to the Cannaregio, 47 × 76.5cm, 1730s

◎ In the collection at Woburn Abbey, Woburn, Bedfordshire, By kind permission of His Grace the Duke of Bedford and the Trustees of the Bedford Estates

3.3.3　A View of the Grand Canal, from the Palazzo Bembo to the Vedramin-Calergi, 47 × 80cm, 1735

3.3.13　The Arsenal: the Water Entrance, 47 × 78.8cm, 1732

◎ The Trustees of the Goodwood Collection, Photo © The Goodwood Estate Company Limited

3.2.8　The Grand Canal at the Fabriche Nuove, 45.7 × 61cm, 1727

3.3.6　Grand Canal by the Rialto Bridge from the North, 46 × 58.5cm, 1727

◎ Tatton Park/Cheshire East Council/The National Trust, Credit: John Bethell, Copyright: © NTPL/John Bethell

2.1.1　The Molo, Looking West, with the Dogana and S.Maria Della Salute, Venice, 58.4 × 101.6, 1730

2.1.6　The Doge's Palace and Riva degli Schiavoni, Looking East, Venice, 58.5 × 102, 1731

◎ Upton House, Credit: © NTPL/Angelo Hornak, Copyright: © NTPL / Angelo Hornak

3.2.1　Bacino di San Marco, Venice, 144.5 × 235, 1726

◎ © bpk/Gemaldegalerie, SMB, Leihgabe der Stiftung Streit/Jorg P. Anders

2.4.4　Der Campo di Rialto, 119 × 185cm, 1756

3.3.4　Der Canal Grande mit Blick in sudostlicher Richtung auf die Rialtobrucke, 119 × 185cm, 1756

第4部 まとめ

3.3.11 Santa Maria della Salute in Venedig vom Canal Grande aus, 44 × 89cm, 1725

◎ Gemaldegalerie Alte Meister, Staatliche Kunstsammlungen, Dresden
2.4.3 Der Campo S. Giacometto di Rialto in Venedig, 95.5 × 117cm, 1725/26
3.2.5 Der Canal Grande in Venedig mit der Rialtobrucke, 146 × 234cm, 1724
3.3.12 An der Mundung des Canal Grande in Venedig, 65 × 98cm, 1722/23

◎ Pinacoteca del Castello Sforzesco, Milano
2.1.2 Il molo verso ovest con la Zecca e la colonna di S. Teodoro, 110.5 × 185.5cm, 1738
2.1.5 La riva degli Schiavoni verso est con la colonna di S. Marco, 110.5 × 185.5cm, 1738

◎ Venice, Ca'Rezzonico, FONDAZIONE MUSEI CIVICI DI VENEZIA
3.2.4 Canal Grande guardando a Nord est da Palazzo Balbi al Ponte di Rialt, 144 × 207cm, 1723
3.3.14 Rio dei Medicanti guarando a Sud, looking South, 140 × 200cm, 1723, circa

◎ COPYRIGHT © Museo Thyssen-Bornemisza, Madrid
2.2.13 View of Piazza San Marco, Venice, 141.5 × 204.5cm, 1723
3.3.10 View of Canal Grande from Campo San Vio, 140.5 × 204.5cm, 1723-24

◎ Gift of Mrs. Barbara Hutton, Image courtesy of the Board of Trustees, National Gallery of Art, Washington
2.1.4 Entrance to the Grand Canal from the Molo, Venice, 114.5 × 153.5cm, 1742 / 1744
2.2.9 The Square of Saint Mark's, Venice, 114.6 × 153.0cm, 1742 / 1744

◎ The Ella Gallup Sumner and Mary Catlin Sumner Collection Fund. Endowed by Mr. and Mrs. Thomas R. Cox, Jr., 1947.2, THE WADSWORTH ATHENEUM MUSEUM OF ART
2.2.7 The Square of Saint Mark's and the Piazzetta, Venice, 67.3 × 102cm, c.1731

◎ Harvard Art Museum, Fogg Art Museum, Bequest of Grenville L. Winthrop, 1943.106, Photo : Katya Kallsen © President and Fellows of Harvard College
2.2.12 Piazza San Marco, Venice, 76.2 × 118.75cm, 1730-1735

◎ The Nelson-Atkins Museum of Art, Gift of The Ahmanson Foundation, Kansas City, Missouri. Purchase : William Rockhill Nelson Trust, 55-36. Photograph by Mel McLean.
2.2.3 The Clocktower in the Piazza San Marco, 52.1 × 69.5cm, 1728-1730

◎ Los Angeles County Museum of Art, Gift of The Ahmanson Foundation, Photograph © 2009 Museum Associates/LACMA
2.2.8 Piazza S. Marco: looking South and West, 56.5 × 102.2cm, 1763

◎ 出典：Fondazione Giogio Cini：Canaletto Prima Maniera, Electa, 2001
2.1.7 Il Bacino di San Marco dalla Piazzetta, 68.5 × 96.8cm, 1723-1724 circa
2.2.4 La Piazza San Marco, 74 × 96cm, 1722, Vaduz, collezione Liechtenstein
3.2.6 Il ponte di Rialto da sud, 153 × 208cm, 1724-1725
3.2.7 Grand Canal: the Rialto Bridge from the South, 91.5 × 134.5cm, 1725
3.3.5 Grand Canal: the Rialto Bridge from the North, 91.5 × 135.5cm, 1725-1726
4.9 Le isole di San Cristoforo, San Michele e Murano Dalle Fondamenta Nuove, 66 × 127cm, 1724-1725

◎ 出典：Filippo Pedolocco: Visions of Venice Paintings of the 18th Century, Taulis Parke, 2002
2.2.10 St. Marco's Square facing the Church, 56.8 × 102.3cm,
2.4.5 Campo Santi Apostoli, 45 × 77.5cm, 1731-1735
3.2.3 The Grand Canal from Ca'Rezzonico toward Palazzo Balbi, 68.3 × 115.5cm,

◎ 出典：J.G.Links: Canaletto, Phaidon, 1994
2.2.14 Piazza S. Marco: looking East from the South-West Corner, 45 × 35cm, 1760

2.4.6 S. Givanni e Paolo and the Scuola di S.Mar, 91.5 × 135cm, 1726
2.4.8 Campo S. Angelo, 46.5 × 77.5cm, 1732

◎ 出典：Antonio Visentini: Le Prospettive di Venezia - Dipinte da Canaletto -, Vianello Libri, 1984, Le Prospettive di Venezia, 1742
絵画 2.4.1, 2.4.2, 2.4.7, 2.4.9, 3.2.2, 3.3.1, 3.3.8

おわりに

　18 世紀ヨーロッパは，バロックからロココに向かう文字通り激動の 1 世紀であり，17 世紀までが神が支配した世界とすれば，19 世紀は人間中心の世界となり，18 世紀はその大転換の世紀であったと言われている。ヴェネツィア共和国は，盛期を過ぎ爛熟の時期であるが，本人も気付かぬままに新しい文化の萌芽を担っていたのが，カナレットやベルナルド・ベロットのような絵筆 1 本で生計を立ててきたヴェネツィアの画家たちであった。パトロンの意のままに絵画のテーマを選び，時間内に描き上げて，また次の画題に取り組むというものであった。

　しかしながら今日でも通用する風景画を見ると，カナレットの「写実」的な絵画は，王侯貴族や一般庶民の鑑識眼と空間意識に与えた影響は少なくないと思え，絵画の技法は，この時代がピークのような気がしてくる。私の調査では，その一端を明らかにしたに過ぎないが，描かれたカナレットの市街地景観は，きっと読者の目を惹きつけるに違いない。

　私の研究室（九大在職時）では，カナレットに関して，2002 年度福田太郎氏（現日建設計），2004 年度田篭雄一氏（現石本設計），2005 年度森慎太郎氏（現国交省）の 3 氏によって，質の高い修士論文が提出された。本書中の図表は，3 氏の手になるものである。また，2002 年度，印象派アルフレッド・シスレーが描いたモレ・シュア・ロワンの視点場調査をまとめた宮城光行氏（現石本設計）も，一方でヴェネツィア調査の一部を担当した。

　その後，本書の全体を組み立てる段階ではヴェネツィアの補充調査も数年を要し，また訪れるたびに「グローバル化」の波に影響を受けている様子を見て，複雑な思いをいだくこととなった。

　なお現地調査，写真撮影，討論，そして出版のための美術館への交渉などに，村上正浩氏，有馬隆文氏，鵤心治氏，趙世晨氏，井口勝文氏，出口敦氏の各先生方にご苦労をおかけした。また，矢野亜希子氏には，ご多忙にもかかわらず日本語のチェックをしていただいた。

　以上，特記して謝意を表します。

　本書に掲載した絵画は，個人蔵とエッチングを除けば，所蔵元（15 の美術館，コレクション）に問い合わせて借用したデジタル・データ，かまたはフィルムに基づくものである。イギリス，イタリア，アメリカ，ドイツ，スペインと所蔵元は国も異なり，美術館で異なる手続きは予想を超えるものであった。快諾いただいた各美術館，コレクションには心より謝意を表する。

　カナレットの大半の絵画は，イギリスの美術館，コレクションで所蔵されていた。ヴェネツィア

をえがいたものであるが，ヴェネツィアの美術館に所蔵されている絵画はわずかしかない。カナレットのパトロンが，当時の英国の王侯貴族であったことがこれでもわかり，英国風の美的感覚で描かれたのであろうか。

　2007年度からは，カナレットの甥であるベルナルド・ベロットが描いた風景画の調査に並行して取り組んでいる。カナレットが確立した1点透視画法に学んだベロットもまたリアルに風景を描いている。本書で見てきたカナレットのヴェネツィア景観に関する特徴は，ベロットの絵画と構図論の根っこを探すためであった。調査を始めてすでに3年を経過しようとしている。

　なお本書は，科研（基盤研究(A)）課題番号19254003「ベロットの風景画の景観ネットワークを元に修復されたヨーロッパ諸都市の土地利用調査」（代表：萩島哲）による研究成果の一部を構成するものである。

　最後になりましたが，技報堂出版の石井洋平氏，星憲一氏には，貴重な助言をいただき，またレイアウト，デザイン等に力を注いでいただきました。本当に心より感謝いたします。ありがとうございました。

2010年4月15日

萩　島　　哲

著者略歴

萩 島　哲（はぎしま　さとし）

1942年福岡県生まれ

九州大学講師／同助教授／同教授

現在：福岡大学講師，九州産業大学講師，九州大学名誉教授

主な著書：「風景画と都市景観」理工図書，「都市計画」朝倉書店（編著），「バロック期の都市風景画を読む」九大出版会，「広重の浮世絵風景画と景観デザイン」九大出版会（共著），他

その他：日本建築学会学会賞（論文），日本都市計画学会石川賞等受賞

Publisher : Gihodo Shuppan Co.Ltd, Japan
Author : Satoshi Hagishima, Dr.Eng.
Title : Canaletto Paintings from the Viewpoint of Urban Landscape Design Theory

---

カナレットの景観デザイン ―新たなるヴェネツィア発見の旅―　　定価はカバーに表示してあります．

2010年5月25日　1版1刷　発行　　　　ISBN 978-4-7655-2542-8　C3052

著　者	萩　島　　　哲	
発行者	長　　滋　彦	
発行所	技報堂出版株式会社	

〒101-0051 東京都千代田区神田神保町1-2-5

日本書籍出版協会会員　　　　　　電話　営業　(03) (5217) 0885
自然科学書協会会員　　　　　　　　　　編集　(03) (5217) 0881
工 学 書 協 会 会 員　　　　　　　FAX　　　　(03) (5217) 0886
土木・建築書協会会員　　　　　　振替口座　　00140-4-10

Printed in Japan　　　　　　　　　http://gihodobooks.jp/

ⒸSatoshi Hagishima, 2010　　　装幀　パーレン　　印刷・製本　昭和情報プロセス

落丁・乱丁はお取り替えいたします．
本書の無断複写は，著作権法上での例外を除き，禁じられています．

◆小社刊行図書のご案内◆

定価につきましては小社ホームページ（http://gihodobooks.jp/）をご確認ください。

城と城下町 －築城術の系譜－

高見敞志 著
B6・222頁

【内容紹介】城や城下町の多くは，戦国時代から江戸時代はじめにかけてつくられた。しかし，その設計方法はいまだによくわかっていない。城や城下町はどのようにしてつくられたか？ 群雄割拠する戦乱から幕藩体制の確立までの歴史をたどりながら，軍事，宗教，技術面からその謎を解き明かす。黒田孝高，藤堂高虎，南光坊天海ら軍師によるもう一つの戦国史。

よくわかる まちづくり読本
－知っておきたい基礎知識88－

香坂文夫 著
A5・220頁

【内容紹介】今，まちづくり，地域づくりは行政だけの問題ではなくなっており，地域の生活者も参加し，知恵を出し合い，活力あるまちをつくるよう求められている。本書は，まちづくりに関わる基礎的，基本的な事柄を簡潔に説明することをコンセプトとし，地域の現状や，問題点，取り組みなど，まちづくりの要点や概要を1テーマ，見開き2ページ単位の構成で，コンパクトに整理した。まちづくりに取り組む一般，まちづくりを学ぶ学生のための入門書として最適。

アーバン・フィジックスの構想
－2009年度 日本建築学会設計競技優秀作品集－

日本建築学会 編
A4・120頁

【内容紹介】1952年から開催されてきた「日本建築学会設計競技」の2009年度の課題は「アーバン・フィジックスの構想」。アーバン・フィジックスとは，熱・空気・湿度・光・音のような物理的因子に加え，交通・エネルギー・気象・社会科学的要素も含め，建築のあり方を科学的に考察するもの。今回も，326作品の中から審査を経て入選した優秀作品を，講評とともに掲載した。建築家を目指す若い設計者，学生の皆さんに，参考にされたい一冊。

水辺のまちづくり －住民参加の親水デザイン－

日本建築学会 編
A5・218頁

【内容紹介】住民参加型の水環境整備とまちづくりをどのような観点から評価し，どのように実践していくべきかを事例をとおしてまとめた書。それぞれの執筆者が，具体的な整備計画案が作成されていく過程で，住民参加型のワークショップなどに参画した体験をもとに，ファシリテーターの役割，周辺住民と一般市民の利害関係の調整，意見交換をとおした計画案の収束過程などに触れながら，特徴ある住民参加型事業の実践を紹介した。

田園で学ぶ地球環境

重村 力 編著
B5・254頁

【内容紹介】田園体験を通じた環境教育というものについて，事例を紹介しながら，そのアプローチや学び方を考える環境「学問のすすめ」の書。農作業体験や，生物の育生，収穫活用の体験，農山漁村環境での生活体験などの田園における環境学習には，総合性，集団性，体験性，身体性という意味において他の手段による環境教育では容易に得られない特徴がある。土と生き物から子どもたちは何を学ぶのか。子どもたちの田園体験の意義について考える。

「間」と景観 －敷地から考える都市デザイン－

山田圭二郎 著
B5・240頁

【内容紹介】都市の計画や設計，景観を考えるときは，一度視点をおろして，人々の暮らしや家々，敷地内外の造作，その連なりのとしての町並みを観察し，それらとの関係から全体を捉え直す必要がある。本書では，対象を歴史文化が今なお息づき，複雑で洗練された京都のまちにおき，伝統的な寺院敷地と川・山などとの位置関係や，地形との関係を研究・分析しながら，自然との間のとり方を考えていく。「敷地」を媒介とし，景観を読み解くことによって，新たな都市デザインへのヒントを探ろうとする書である。

建築ストック社会と建築法制度

日本建築学会 編
A5・304頁

【内容紹介】これからの時代は，新築の建築活動は減少し，既存の建築物を活用することが重要になってくる。こうした状況を建築ストック時代と認識し，建築ストック時代の本格化に際して，あるべき建築法制度のあり方を考える書。古くなって現在の基準に適さない建築物，既存不適格建築物の現状と問題点，現行法制度の有効性，今後求められる法制度等を中期，長期的観点から調査，研究する。

技報堂出版 TEL 営業 03(5217)0885 編集 03(5217)0881
FAX 03(5217)0886